U0262743

北京市农林科学院科技创新能力建设专项（KJCX20180416）资助

THE BEIJING FOREST INSECT ATLAS（II）

北京林业昆虫图谱（Ⅱ）

虞国跃　王合　著

科学出版社
北　京

内容简介

本书收录了作者在调查中发现的北京林业昆虫522种，其中43种仅鉴定到属。本书包括了北京新记录216种（书内用“北京*”表示），包含36个中国新记录种和3个中国新记录属，3个新异名（其中1个为属的异名）；包含的范围从原始的弹尾目到全变态的脉翅类（蜻蜓目、半翅目粉虱科、蚜总科及蚧总科的种类未列入本书）。每种均配以精美的生态图片，共870余张（均列出拍摄时间、拍摄地点）。本书是积累北京昆虫多样性的基础性资料，也是认识北方昆虫的重要工具书。

本书可为农林生产和科研人士、自然爱好者等提供参考。

图书在版编目（CIP）数据

北京林业昆虫图谱. Ⅱ / 虞国跃，王合著. —北京：科学出版社，2021.6
ISBN 978-7-03-068703-6

Ⅰ. ①北… Ⅱ. ①虞… ②王… Ⅲ. ①林业—昆虫—北京—图谱
Ⅳ. ①Q968.221-64

中国版本图书馆CIP数据核字（2021）第076121号

责任编辑：李　悦　刘　晶 / 责任校对：严　娜
责任印制：肖　兴 / 书籍设计：北京美光设计制版有限公司

科学出版社 出版
北京东黄城根北街16号
邮政编码：100717
http://www.sciencep.com

北京九天鸿程印刷有限责任公司 印刷

科学出版社发行　各地新华书店经销
*
2021年6月第　一　版　开本：787×1092　1/16
2021年6月第一次印刷　印张：23 1/4
字数：551 000

定价：348.00元

（如有印装质量问题，我社负责调换）

Summary
The Beijing Forest Insect Atlas (II)

YU Guo-yue, WANG He

The first part of *The Beijing Forest Insect Atlas* (*I*) was published in 2018 and containing 629 species. Most of them are herbivores, some are predators and parasitoids, and a few are common species met in Beijing forests with no obvious relationship with trees. The second part (II) contains 522 species, from Collembola to Megaloptera, excluding Odonata, Aleyrodidae, Aphididae, and Coccoidea. The latter 3 belong to Sternorrhyncha of Hemiptera, and *Photographic Atlas of Beijing Aphids* (Aphidoidea) was published in 2019. Four species belong to other orders are included hereafter for their occasionally as important pests in Beijing or adjacent areas.

Each species is provided with up to seven images including an adult image. Images are taken in the field with a few indoor ones, and some species are provided with genitalia pictures. Each species includes succinct text with information on scientific name, recognition, food plants and concise biology, and distribution. Three new synonyms are suggested, 216 species are recorded as new to Beijing, and 36 of them are new records to China (8 and 22 species belong to Cicadellidae and Miridae respectively).

New synonyms:

Batracomorphus spadix Cai et Shen, 2010 = *Batracomorphus expansus* (Li et Wang, 1993), syn. nov.

Ganachilla zhenyuanensis Wang et Huang, 1989 = *Cixidia kasparyani* Anufriev, 1983, syn. nov.

Ganachilla Wang et Huang, 1989 = *Cixidia* Fieber, 1866, syn. nov.

New records to China:

Dorypteryx domestica (Smithers, 1958) (Psyllipsocidae)

Aphrophora rugosa Matsumura, 1903 (Cercopidae)

Reptalus iguchii (Matsumura 1914) (Cixiidae)

Tautoneura polymitusa Oh et Jung, 2016 (Cicadellidae)

Xestocephalus cognatus Choe, 1981 (Cicadellidae)

Platymetopius undatus (De Geer, 1773) (Cicadellidae)
Pediopsis kurentsovi Anufriev, 1977 (Cicadellidae)
Idiocerus nigrolineatus Kwon, 1985 (Cicadellidae)
Arboridia koreana Oh et Jung, 2015 (Cicadellidae)
Eurhadina dongwolensis Oh et Jung, 2016 (Cicadellidae)
Linnavuoriana decempunctata (Fallén, 1806) (Cicadellidae)
Apolygus fraxinicola (Kerzhner, 1988) (Miridae)
Bagionocoris alienae Josifov, 1992 (Miridae)
Cyllecoris vicarius Kerzhner, 1988 (Miridae)
Deraeocoris castaneae Josifov, 1983 (Miridae)
Deraeocoris josifovi Kerzhner, 1988 (Miridae)
Dryophilocoris jenjouristi Josifov et Kerzhner, 1984 (Miridae)
Dryophilocoris kanyukovae Josifov et Kerzhner, 1984 (Miridae)
Dryophilocoris pallidulus Josifov et Kerzhner, 1972 (Miridae)
Harpocera choii Josifov, 1977 (Miridae)
Harpocera koreana Josifov, 1977 (Miridae)
Orthophylus yongmuni Duwal et Lee, 2011 (Miridae)
Orthotylus kogurjonicus Josifov, 1992 (Miridae)
Peritropis advena Kerzhner, 1973 (Miridae)
Psallus amoenus Josifov, 1983 (Miridae)
Psallus cheongtaensis Duwal et al., 2012 (Miridae)
Psallus injensis Duwal, 2015 (Miridae)
Psallus koreanus Josifov, 1983 (Miridae)
Psallus loginovae Kerzhner, 1988 (Miridae)
Psallus taehwana Duwal, 2015 (Miridae)
Pseudophylus stundjuki (Kulik, 1973) (Miridae)
Rubrocuneocoris quercicola Josifov, 1987 (Miridae)
Ulmica yasunagai Oh et Lee, 2018 (Miridae)
Montandoniola kerzhneri Yamada, Yasunaga et Miyamoto, 2010 (Anthocoridae)
Hermolaus amurensis Horváth, 1903 (Pentatomidae)
Nematus ulmicola Togashi, 1998 (Tenthredinidae)

前　言

《北京林业昆虫图谱（I）》于2018年1月出版，该书共记录北京林业（包括园林及果树）昆虫629种。它们多数是林业上常见的植食性昆虫，一部分为天敌昆虫，另有个别属于在林地内常见，但与树木关系不大的种类。

《北京林业昆虫图谱（II）》包含从原始的弹尾目 Collembola（现多认为是弹尾纲）到全变态的脉翅类（脉翅目、蛇蛉目和广翅目），是我们在野外调查（包括个别室内昆虫）遇见且能鉴定的昆虫（但不包括已编入《北京林业昆虫图谱（I）》部分的种类）。蜻蜓目 Odonata，以及半翅目 Hemiptera 中的粉虱科、蚜总科和蚧总科的种类未列入本书。其中属于蚜总科的195种，已于2019年单独出版了《北京蚜虫生态图谱》。另属于鞘翅目（2种叶甲）、鳞翅目（1种螟蛾）和膜翅目（1种叶蜂）的4种昆虫也列入本书，这是因为近年来它们在北京或周边地区可大量发生。

《北京林业昆虫图谱（II）》共记录北京昆虫522种，其中43种仅鉴定到属。本书包括北京新记录216种（书内用“北京 *”表示），36个中国新记录种和3个中国新记录属，另有3个新异名（其中1个为属的异名）。本书按昆虫的分类系统排列。每种提供生态照片（最多7张，均列出拍摄地点和时间，部分种类附外生殖器等显微照片）、简单的外部形态特征、分布（其中“朝鲜”指朝鲜半岛）、已知的食性及简单的习性等。属于半翅目的叶蝉科和盲蝽科种类最为丰富，分别为111种和107种，这2个科的种类排列先分亚科，亚科下按拉丁学名字母排序；除此之外的所有类群也均按拉丁学名字母顺序排列。

生物分子测序技术越来越先进和便捷，具有分子条形码的昆虫物种数量也在快速增长，同时昆虫图像的人工智能识别技术也在探索之中。就目前而言，核对附有简洁描述的昆虫图谱（图鉴）类书籍（或网站）仍是认识昆虫最方便的途径。这3种识别昆虫的方法，其前提条件是数据库中的物种数据或图片的鉴定是正确的。

生物分类及鉴定往往是一项逐渐接近真理（正确的物种）的工作，有时需要多次的更正才能找到真正的归属。我们的工作也不例外，本书指出了我们过去所出的图谱中存在的一些错误。

本书可作为农林生产和科研人士、自然爱好者等的参考用书，也为北京昆虫多样性积累一些资料。

由于作者知识水平有限，书中难免有疏漏之处，敬请读者批评指正。

虞国跃

2021 年元旦

致 谢

本书是我们多年工作的小结。在北京林业昆虫的调查、研究和本书写作、出版过程中，得到了许多人士的帮助和支持。

感谢本书两位作者的单位和领导——北京市林业保护站（朱绍文站长）、北京市农林科学院植物保护环境保护研究所（燕继晔所长）为调查提供了大力支持，使我们的工作得以长时间顺利开展。北京市农林科学院（李成贵院长）给予项目经费支持。

感谢冯术快、卢绪利、王兵、刘彪、潘彦平、薛正、周达康、王山宁等先生不时参加调查、采集或参与讨论；孙福君、张崇岭、吴有刚、屈海学、杜进昭、杨新明、岳树林、颜容、胡亚莉、李忠良、王长民、王永明、王长月、韩石、赵连祥、梁红斌、陈超、王进忠、何熙、彭慧炜等先生（女士）为我们的调查提供帮助或提供了标本。

本书是我们撰写的有关北京昆虫图谱的第8本，前7本分别为：《北京蛾类图谱》《王家园昆虫》《我的家园，昆虫图记》《北京林业昆虫图谱（Ⅰ）》《北京蚜虫生态图谱》《北京访花昆虫》《北京甲虫生态图谱》。以上工作中对于昆虫物种的鉴定，得到了许多专家的帮助，在此表达衷心的感谢。本书有不少是新增的种类，个别物种的鉴定得到以下专家的大力帮助：内蒙古师范大学白晓拴教授（银脊扁蝽）、华南农业大学童晓立教授（安领针蓟马）、云南农业大学张宏瑞教授（后稷绢蓟马）、贵州大学邢济春博士（带纹截翅叶蝉）。不少国内外专家、学者给予了文献上的支持，他们或帮助寻找文献（韩辉林先生、初宿成彦先生等），或提供中文名[彩万志教授（背同色猎蝽）、刘星月教授（栉形等鳞蛉）、罗心宇博士（武装梨喀木虱）、华南农业大学童晓立教授（紫腹异唇蜉东方亚种）]。衷心感谢专家们的帮助，如果本书物种的鉴定有误，责任仍在我们。

我们的研究工作和本书的出版，得到了北京市农林科学院科技创新能力建设专项“北京平原造林害虫调查和重要种防治技术研究”（KJCX20180416，2018～2020）的资助。

如果没有以上诸位的帮助和支持，我们不可能完成此书的编写和出版，为此深表谢忱！

虞国跃　王合

目录

革翅目 DERMAPTERA

弹尾目

COLLEMBOLA

《北京林业昆虫图谱（Ⅱ）》

似少刺齿跳虫

Homidia similis Szeptycki, 1973

体长2.4毫米。体浅黄色具黑褐色斑，体被长刚毛（具缘毛）。触角长，第2～4节灰色，各节向端部颜色加深；眼区黑色，各具8个眼，两触角间有暗色横带。中胸两侧缘具暗褐色纵纹，后胸中间具黑褐色横斑；腹部第3节后缘具黑褐色横带，第4节长，约为前节的3倍，中间具断开的暗色斑（左右对称），有时不明显，近后缘具黑褐色横带（中间断裂），第5节呈黑褐色。

分布：北京、山东、浙江；朝鲜。

注：现在的研究把弹尾目升为纲，隶属于动物界六足总纲，与昆虫纲平行。为了简便，把“跳虫”简称为“蛾”，因此本种又称为“似少刺齿蛾”。生活在土壤中，可取食落果。北京7月、9月可见，具趋光性。

成虫（桃，海淀瑞王坟，2013.IX.13）

缨尾目

《北京林业昆虫图谱（Ⅱ）》

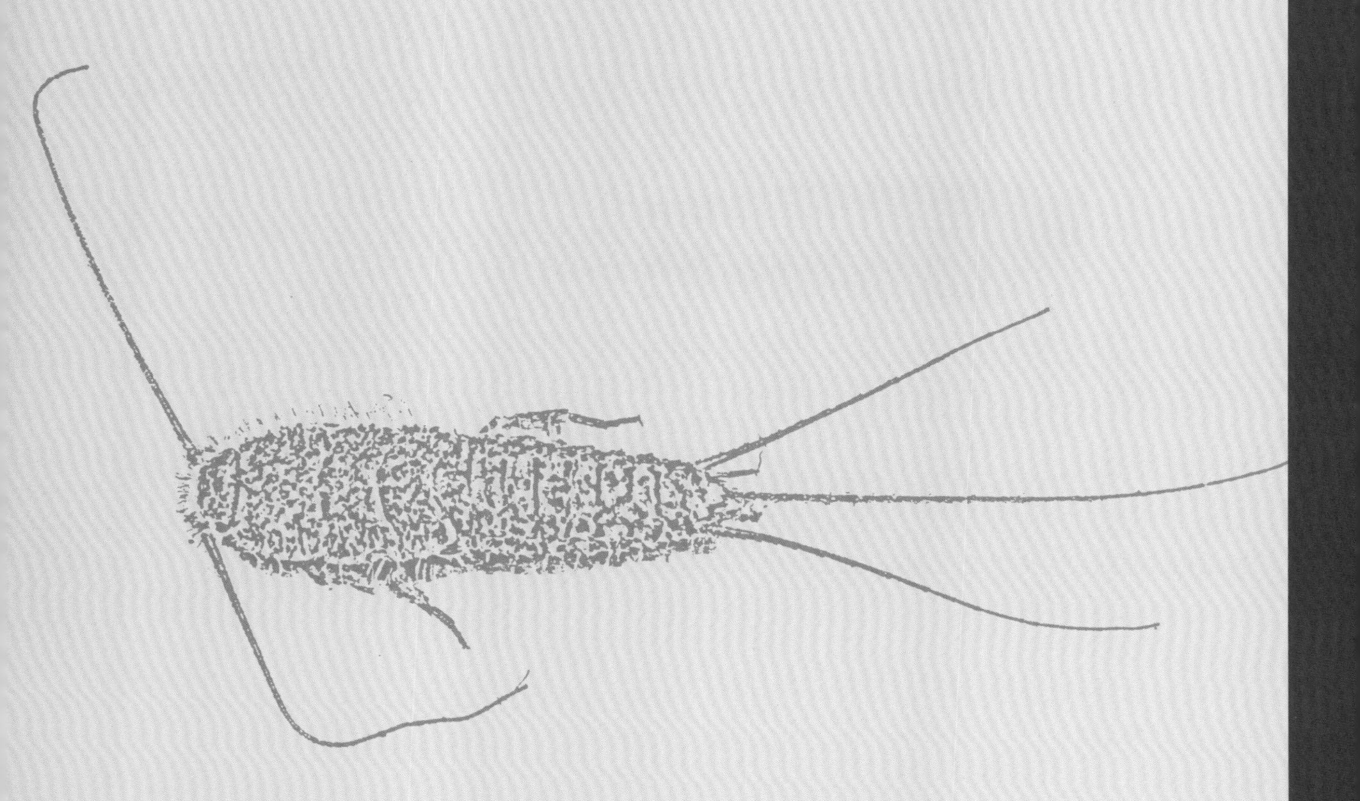

灰衣鱼

Ctenolepisma longicaudata Escherich, 1905

体长7～13毫米。体扁平，腹面银白色。头部具复眼，不发达，无单眼；额部两触角间具4个毛丛，其前方具2个很小的毛丛。胸背板后缘各具刚毛栉1对，腹部背板第2～6节各有刚毛栉2对，第7～9节各有刚毛栉1对；第10腹节背板后缘稍内凹。

分布：北京*、台湾；世界性分布。

注：我国记录的常见种为毛衣鱼 *Ctenolepisma villosa*，胸部背侧毛的端部2叉，腹背板仅2～5节具2对刚毛栉。一些文献鉴定有误，因为有这样的描述“腹部2～6节各有刚毛栉2对”与其特征不符。生活在潮湿、阴暗的地方，怕光，可取食多种物品（包括纸张），可成为图书馆的重要害虫。

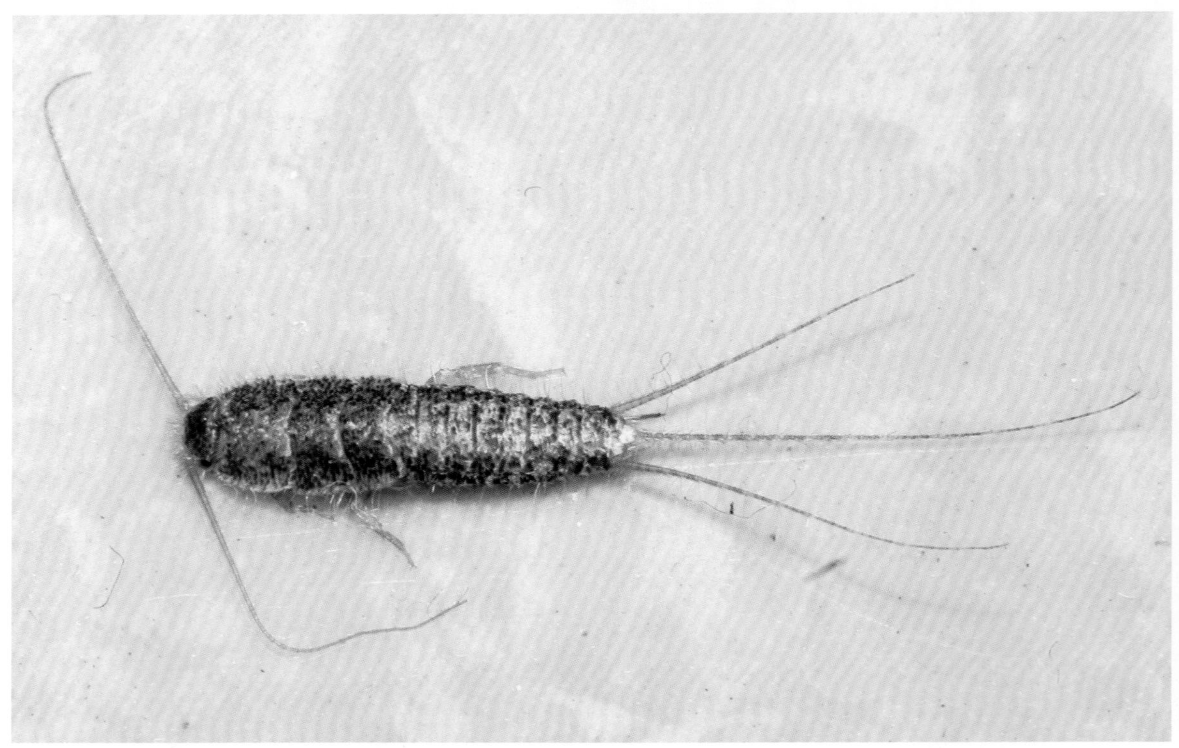

雌成虫及腹部（门头沟小龙门，2015.III.12）

双尾目

《北京林业昆虫图谱（Ⅱ）》

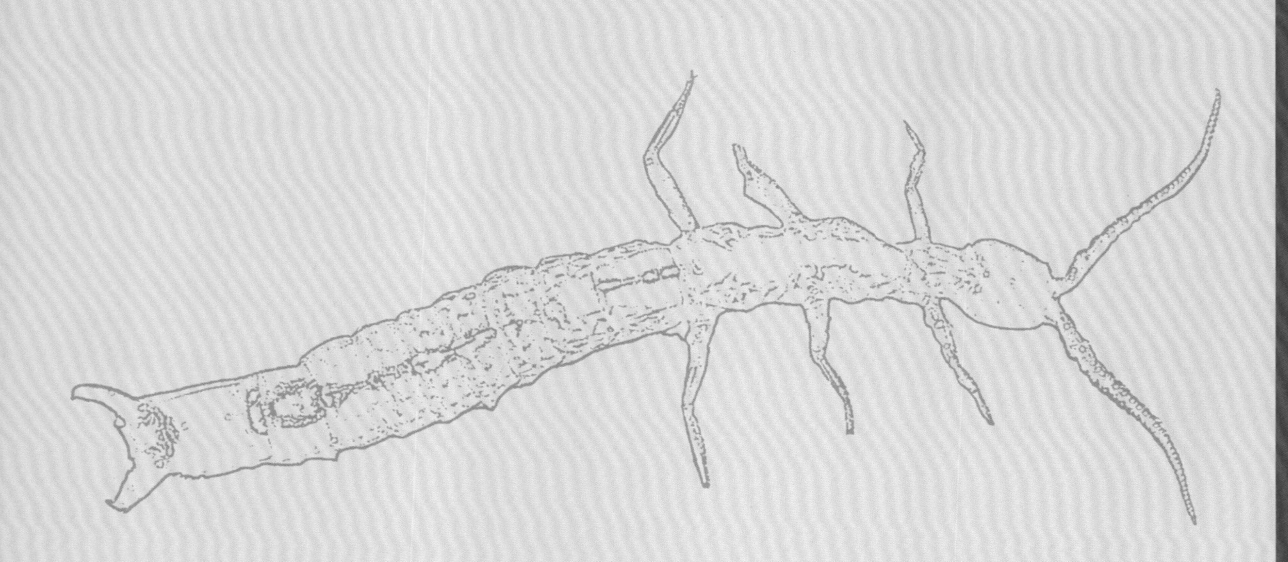

蒲洼偶铗虮
Occasjapyx sp.

体长约17毫米。体浅黄色，腹末2节褐色，尾铗黑褐色。

分布： 北京。

注： 尾铗的结构与分布于陕西、山东的异齿偶铗虮*Occasjapyx heterodontus* (Silvestri, 1949)几乎一致（卜云, 2018），但经检标本的触角31节、前胸背板具10对毛而不同。见于鹅耳枥林下的枯枝落叶层中，捕食性，行动非常活跃。

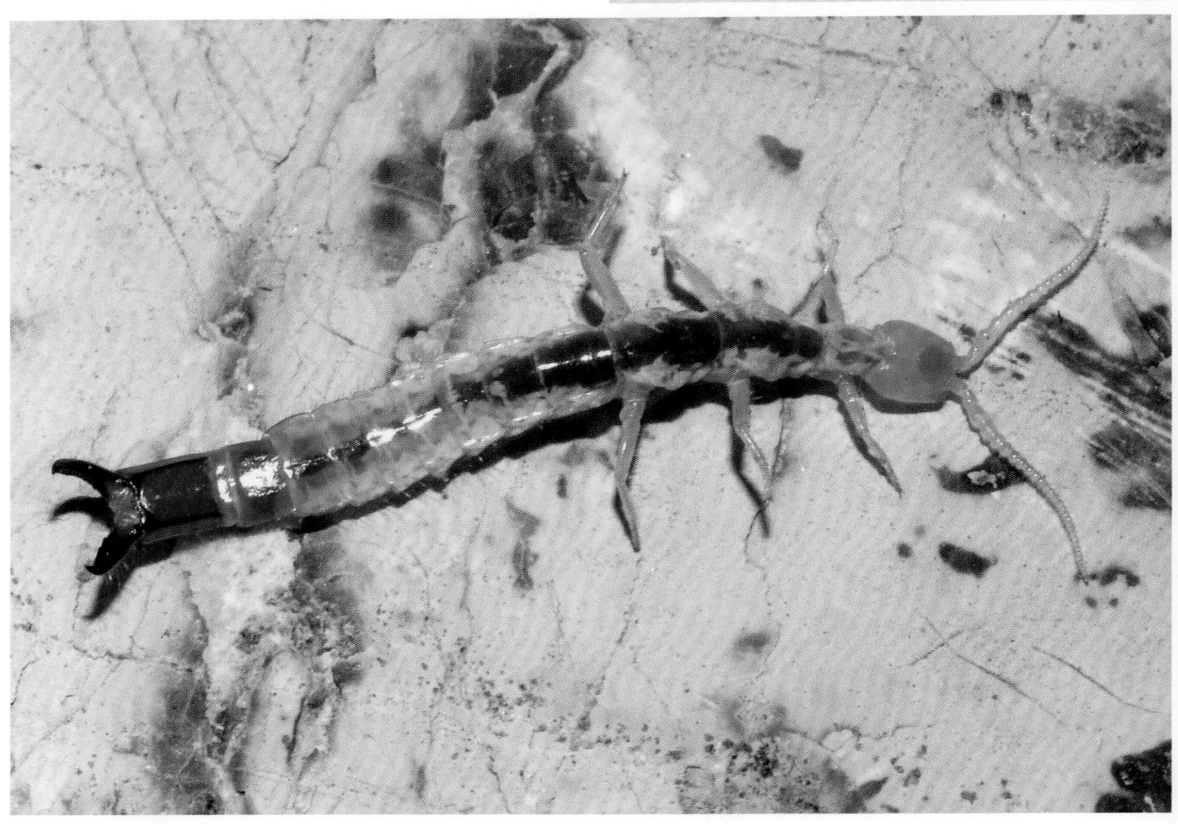

成虫及标本图（房山蒲洼，2019.VII.9）

石蛃目

《北京林业昆虫图谱（Ⅱ）》

希氏跳蛃

Pedetontus silvestrii Mendes, 1993

体长12毫米。暗褐色，体背具鳞片，部分呈黑色，在第5及第8腹节尤为明显。复眼隆起，带橄榄绿色，两复眼间的连线长约为复眼长的0.6倍，复眼长宽相近。触角：身体：尾须比例约为72：85：90。第2、3胸足基节具刺突。第1、6、7节腹板具1对伸缩囊，而第2～5节腹板具2对伸缩囊。

分布：北京、辽宁、河北；朝鲜。

注：石蛃以植食性为主，主要以藻类、地衣、苔藓或腐败的枯枝落叶等为食。本种见于林下的岩石上，行动迅速。本种线粒体基因组全序列已被测定，并记录了北京密云有分布（Zhang et al., 2008）。

成虫及头胸部（延庆松山，2018.V.23）

蜉蝣目

EPHEMEROPTERA

《北京林业昆虫图谱（Ⅱ）》

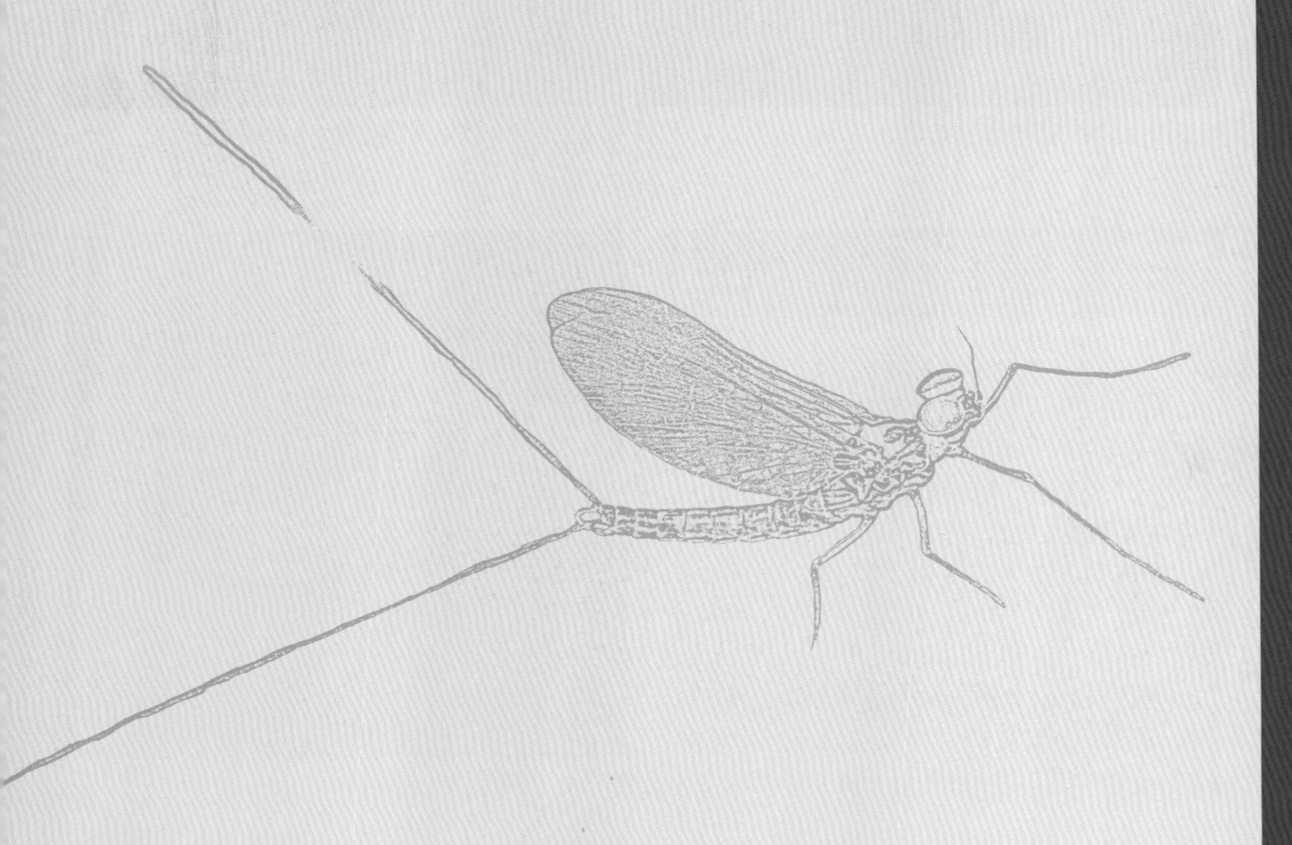

扁蜉科 Heptageniidae

红斑似动蜉

Cinygmina rubromaculata (You et al., 1981)

体长9～10毫米。淡黄色或淡黄褐色，腹部两侧具红褐色纵条。雄虫两复眼几乎相接，表面近椭圆形；2根尾须长约为体长的2倍。雌虫两复眼分离，表面近扇形；尾须长约为体长的1.5倍。翅面无斑。

分布： 北京*、陕西、江苏、浙江、福建、湖南、广西、贵州、云南；俄罗斯，泰国。

注： 也有作者用*Afronurus rubromaculata* (You et al., 1981)（Boonsoong & Braasch, 2013）。图上的雄亚成虫两复眼接近，并不相接；雄虫尾须长远不及体长的3倍，暂定此种。北京5月见于溪边的植物上。

雌亚成虫（荆条，房山四渡，2016.V.26）

雄亚成虫（荆条，房山四渡，2016.V.26）

四节蜉科 Baetidae

紫腹异唇蜉东方亚种

Labiobaetis atrebatinus orientalis (Kluge, 1983)

体长5.0～5.5毫米。尾须2根，长约10毫米。触角梗节、胸部及腹部第1节黑色，腹部第2～6节浅色、透明，第2节两侧具浅褐色斜带，后几节褐色。翅透明，后翅很小。雄虫尾铗第2节基部约1/3膨大。

分布： 北京*、山西、河南、浙江、台湾、湖北、湖南、广东、广西、香港、海南、贵州；日本，朝鲜，俄罗斯。

注： 从复眼桶形、触角柄节浅色、梗节黑色及腹第2～6节浅色，易与其他种区分（Shi & Tong, 2014）。北京5月见于溪边的植物上。

雄成虫（核桃，房山四渡，2016.V.26）

尼氏细蜉

Caenis nishinoae Malzacher, 1996

雌虫体长3.7毫米。头顶、前胸背板具褐色斑纹；复眼及单眼基部黑色。中后胸棕黄色。足白色，但前足腿节和胫节背面暗褐色。腹部白色，腹背板具褐色斑块。尾丝3根，白色。触角梗节长约为宽的2倍，鞭节基部膨大。

分布：北京*、内蒙古、黑龙江；日本，朝鲜。

注：图片中的个体为雌虫，体略大（原始描述雌虫为3.0～3.5毫米）(Malzacher, 1996)，由于未检视雄虫，暂定为本种。

雌成虫（房山霞云岭，2015.VII.2）

萨夏林蜉

Ephemera sachalinensis Matsumura, 1911

体长14～15毫米。腹背第1节后缘中央具黑褐色横纹，第1～7节近后缘具细黑色横纹，第1节无其他斑纹，第2节两侧具1大黑色点；第3～5节2对黑色纹，其中第5节前缘尚具有1对不明显的小斑，第6～9节这对斑较长（第6节仍为最短），第10节具2对纵斑，两侧的略长。雄虫阳茎端部外侧部向后突出，呈乳头状。

分布：北京*、黑龙江；朝鲜，俄罗斯，蒙古国。

注：蜉蝣科昆虫的稚虫在静水水体底部的泥质中做穴，并生活其中，滤食性。经检标本体小于原描述（Matsumura, 1911），且腹部第2节具斑纹，由于雄性外生殖器一致，鉴定为本种。北京较为常见，5～8月均可见成虫，具趋光性。

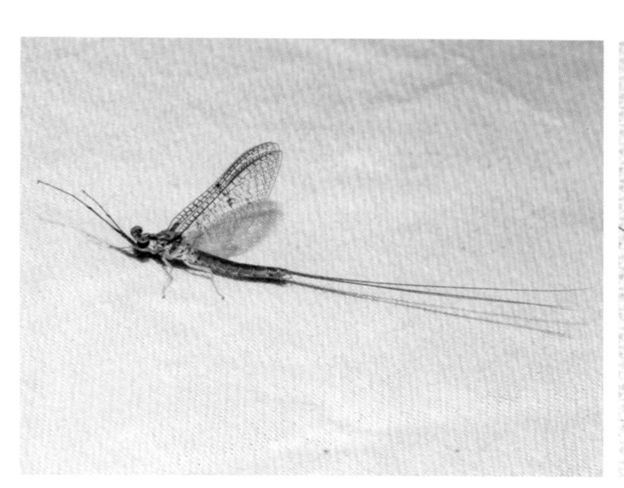

雄成虫（昌平康陵，2019.V.22）

雄成虫（密云梨树沟，2019.VI.10）

梧州蜉
Ephemera wuchowensis Hsu, 1937

体长14毫米。单眼内侧具黑色斑，两单眼之间的上方尚有1对小黑色斑。前胸及中胸两侧具黑色斑。腹背第1节后缘中央具1黑褐色横斑（有时呈1对点斑），第2背板两侧具1对相连的黑色斑，前缘中侧各具1小黑色点，第3～5节具2条纵斑，其外侧各具1不明显的黑色条，第6～9节具3对黑色纵纹；第2～8节近后缘具黑色横细纹（明显）；第10节具2对黑色纵纹，有时1对不明显。雄虫阳茎端部向侧后方延伸，外侧略呈菜刀形。

分布：北京、陕西、甘肃、河北、河南、安徽、湖北、湖南、广西、贵州。

注：过去曾用中文名湖州蜉，实为对地名的误解（Zhou & Zheng, 2003）。北京5月、8～9月可见成虫，具趋光性。

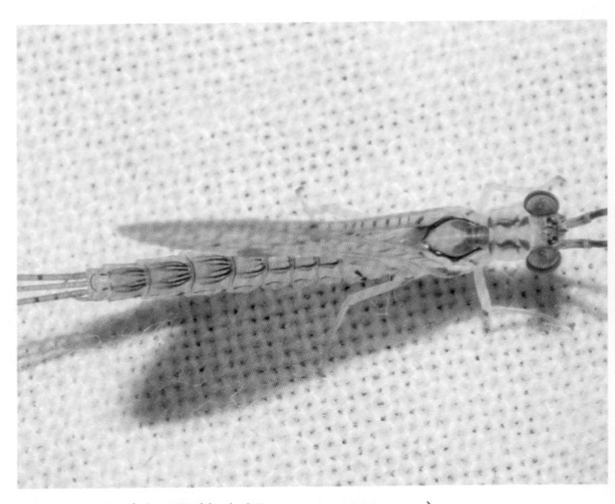
雄亚成虫（怀柔黄土梁，2019.VIII.29）

雄亚成虫（荆条，房山四渡，2016.V.26）

螳螂目

《北京林业昆虫图谱（Ⅱ）》

薄翅螳
Mantis religiosa Linnaeus, 1758

体长雌虫57～60毫米，雄虫47～56毫米。淡绿色至淡褐色。前足基节基部内侧具1深色斑，或为具深色边的白色斑。雄虫触角长于前胸背板，雌虫触角明显短于前胸背板。

分布：中国广泛分布；欧洲，美洲，非洲，大洋洲。

注：可捕食多种昆虫，有时会在花丛中捕食其他昆虫。本种成虫偶尔会上灯。

雄成虫（昌平长峪城，2017.IX.4）

棕污斑螳螂
Statilia maculata (Thunberg, 1784)

又名小刀螂。体长雄虫42～45毫米，雌虫47～56毫米。体灰褐色至棕褐色，散布黑褐色斑点。前胸腹板在两前足基部之间的后方具黑色横带。前足基节内侧基部具黑色或蓝紫色斑，腿节内侧近中部黑斑间具白斑，胫节具7个外刺列。

分布：北京、河南、山东、江苏、上海、浙江、安徽、江西、福建、台湾、湖南、广东、广西、海南、四川、重庆、贵州、云南、西藏；日本。

注：可捕食多种昆虫。北京8～10月可见成虫，可见在花朵上等待猎物的到来，偶见于灯下。

成虫（顺义汉石桥，2016.VIII.12）

中华大刀螂
Tenodera sinensis Saussure, 1842

体长雄虫74～76毫米，雌虫84～102毫米。绿色或褐色。前胸背板狭长，两侧缘近于平行，横沟前区中纵沟两侧具小颗粒，而沟后区小颗粒不明显；前胸背板沟后区与前足基节长度之差较短，雄虫约是背板最宽处的1倍，雌虫仅为0.3～0.6倍。

分布：北京、陕西、吉林、辽宁、河北、河南、山东、江苏、上海、浙江、安徽、江西、福建、台湾、湖北、湖南、广东、广西、四川、贵州、云南、西藏；日本，朝鲜，越南，引入美国。

注：《北京林业昆虫图谱（I）》介绍了2种螳螂：广腹螳螂*Hierodula patellifera*（Serville, 1839）和枯叶大刀螂*Tenodera aridifolia* Stoll, 1813；后者也有用属名*Paratenodera*的。可捕食多种昆虫，北京8～10月可见成虫。

捕食小豆长喙天蛾 *Macroglossum stellatarum* (Linnaeus, 1758) 的雌成虫（醉鱼草，北京市植物园，2017.IX.29）

成虫对（玉米，昌平王家园，2013.IX.11）

直翅目

ORTHOPTERA

《北京林业昆虫图谱（Ⅱ）》

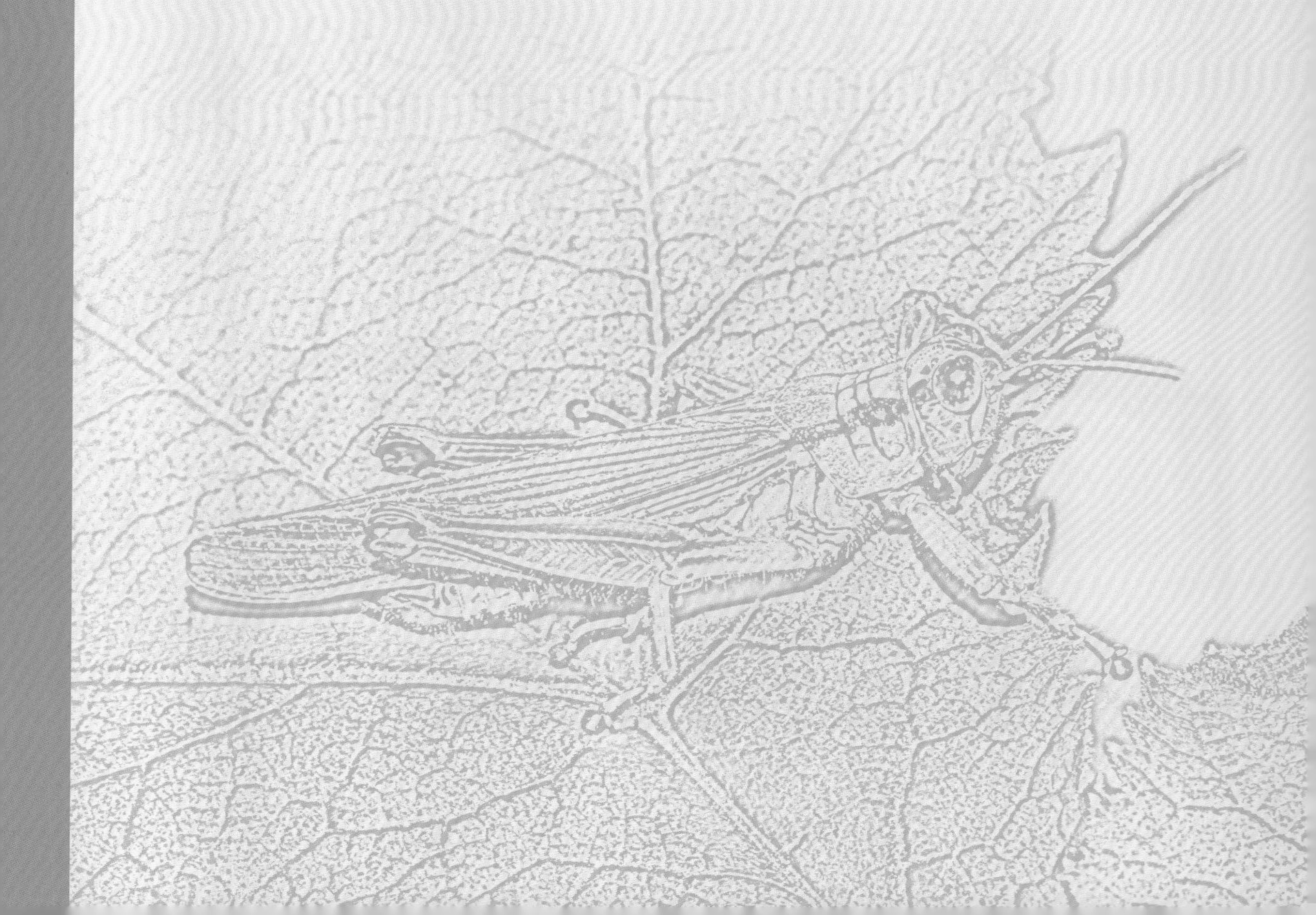

北台蚱
Formosatettix sp.

雌虫体长8.5毫米，前胸背板长6.1毫米。头顶宽为复眼宽的1.79倍；侧面观颜面隆起在复眼处内凹，在触角之间的宽度狭于触角基节宽。触角14节，中段节长约为宽的3倍。前胸背板前缘钝角形，沟前区长方形，中隆线明显，侧面观呈弧形。中足腿节下缘波形，粗于前翅外露部分。下生殖板长短于宽，后缘中央近等角三角形突出。尾须尖细。

分布： 北京。

注： 河南台蚱*Formosatettix henanensis* Liang, 1991与本种明显不同：体大（雌虫为10.6～11.2毫米），触角中段长为宽的5倍，颜面纵沟宽，最宽处约为触角基节宽的1.2～1.3倍（梁铬球，1991）。北京8～9月灯下可见成虫。

成虫（昌平王家园，2008.IX.17）

成虫（房山上方山，2016.VIII.25)

长翅长背蚱
Paratettix uvarovi Semenov, 1915

体长（至腹末）8.0～11.1毫米。体褐色至黑褐色。前胸背板肩角前后各具1对黑色斑，有时仅肩角后方具1对黑色斑，或无，体中隆线呈一淡黄色纵带，或无。头顶前缘平直，伸至或超出复眼。触角丝状，14节，中部1节长为宽的5倍。前胸背板比体长，接近后足胫节端，前缘平直，中隆线低，全长明显。后翅伸出背板末端。

分布： 北京、陕西、甘肃、新疆、吉林、河北、河南、广东、广西、云南；俄罗斯，哈萨克斯坦，伊朗。

注： 取食地衣、旋覆花等。北京7～8月可见成虫，具趋光性。

雌虫（平谷金海湖，2016.VIII.4）

雄虫（平谷金海湖，2016.VIII.4）

日本蚱
Tetrix japonica (Bolívar, 1887)

体长8～13毫米。黄褐色至暗褐色。前胸背板两侧可具1～3对黑斑，或无；后足腿节有时具2个不明显的黑色横斑。头顶颇宽，为复眼宽的1.5～2.0倍。前胸背板前缘平直，中隆线全长且明显，侧观上缘前段略呈屋脊形。后翅发达，略短于前胸背板后突。中足腿节下缘几乎平直。

分布： 北京、陕西、宁夏、甘肃、黑龙江、吉林、辽宁、河北、山西、江苏、安徽、浙江、福建、台湾、湖北、湖南、广东、广西、四川、云南；日本，朝鲜，俄罗斯，蒙古国，伊朗。

注： 经检的标本与《中国动物志》描述的头顶"宽约为一复眼宽的1.1倍"（梁铬球和郑哲民, 1998）不同。取食地衣、车前草及蔬菜等。北京5～8月可见成虫，具趋光性。

雌虫（昌平王家园, 2013.VII.18）

雌虫（延庆米家堡, 2013.VII.24）

乳源蚱
Tetrix ruyuanensis Liang, 1998

体长11毫米，前胸背板长9毫米。头顶宽为复眼宽的1.73倍。触角15节，中段节长约为宽的5倍。前胸背板前缘近于平直，沟前区近于方形，中隆线明显，侧面观在横沟处隆起最高。后翅短小，不达前胸背板突的端部。中足腿节下缘波形，粗于前翅外露部分。后足腿节上下隆起具微齿。

分布：北京*、陕西、甘肃、浙江、广东、广西、四川、云南。

注：原始描述触角14节和头顶宽为复眼的1.5倍（梁铬球和郑哲民, 1998）。北京8～9月可见成虫于灯下。

雌虫（房山上方山，2016.VIII.24)

隆背蚱
Tetrix tartara tartara (Saussure, 1887)

雌虫体长9毫米，前胸背板10毫米。头顶宽约为眼宽的1.7倍。触角15节，端节短，稍超过前节之半，中段1节长约为宽的5倍。前胸背板前缘广角形前突，隆线明显，屋脊形隆起。中足腿节下缘波纹状，其宽度与前翅可见部分宽相近。雌性下生殖板长短于宽，后缘呈角形突出。

分布：北京、陕西、宁夏、甘肃、河北、河南；中亚，伊朗。

注：国内记录的指名亚种前胸背板较短，未达后足腿节端部，且后翅未露出前胸背板端部（梁铬球和郑哲民, 1998）；模式产地为土库曼斯坦，前胸背板可长于体长（Bolívar, 1887）。经检标本为长翅型。国内从新疆五台记录的亚锐隆背蚱*Tetrix tartara subacuta* Bey-Bienko, 1951可能有误，这一亚种分布于更北的地区（Benediktov, 2014）。

雌虫（昌平长峪城，2016.VIII.23)

短星翅蝗

Calliptamus abbreviatus Ikonnikov, 1913

体长雄虫14.3～20.0毫米，雌虫22.7～32.0毫米。体褐色或暗褐色，有时前胸背板侧隆线及前翅臀域具黄褐色纵条纹。前翅具黑褐色斑点，后翅腿上侧具3个黑色横斑（有时不明显），内侧红色，具2个不完整的大黑色斑。前翅较短，不达或仅达后足腿节顶端，后翅基部无红色。

分布：北京、陕西、甘肃、内蒙古、黑龙江、吉林、辽宁、河北、山西、山东、江苏、浙江、安徽、江西、湖北、广东、四川、贵州；朝鲜，俄罗斯，蒙古国，哈萨克斯坦。

注：取食禾草、豆类、萝卜、白菜等。北京7～10月可见成虫。

雌虫（怀柔喇叭沟门，2016.IX.20）

雄虫（圆叶牵牛，昌平王家园，2014.VII.29）

3 龄若虫（狭叶米口袋，昌平黄花坡，2016.VII.7）

4 龄若虫（油松，昌平溜石港，2016.VII.26）

棉蝗

Chondracris rosea (De Geer, 1773)

体长48～81毫米。体鲜绿色，略带黄色，沿背中线具淡黄绿色纵条。复眼下方具黄色纵条。前胸背板侧片中部具2个黄色长形斑。后翅顶端无色透明，基部玫瑰色。

分布： 北京、陕西、内蒙古、河北、山西、河南、山东、江苏、福建、台湾、湖北、湖南、广东、广西、海南、四川、贵州、云南；日本，印度，东南亚。

注： 这是我国体型最大的蝗虫，1年1代，可取食多种农作物及刺槐、枣等的树叶。北京少见，8～10月可见成虫。

成虫（刺槐，平谷石片梁，2018.VIII.24）

若虫（枣，平谷石片梁，2018.VII.26）

小翅雏蝗

Chorthippus fallax (Zubovski, 1900)

雄虫体长9.8～15.5毫米。体褐灰色或褐绿色。复眼后具黑褐色眼后带，后足腿节上膝侧片黑褐色。头短于前胸背板，头侧窝狭长四角形。前胸背板具中、侧隆线，侧隆线在沟前区呈弧形弯曲。雌虫体较大，长14.7～21.7毫米。前翅短，鳞片状，仅达第2腹节。

分布： 北京、陕西、宁夏、甘肃、青海、新疆、内蒙古、吉林、河北、山西；日本，俄罗斯，蒙古国，哈萨克斯坦。

注： 食性广，可取食莜麦、小麦、羊草、冰草等禾本科植物，以及苜蓿、草木樨、藜、刺儿菜等。

雄虫（龙牙草，门头沟东灵山，2014.VIII.21）

华北雏蝗
Chorthippus maritimus huabeiensis Xia et Jin, 1982

体长雄虫14～18毫米，雌虫20～25毫米。桃红色、灰褐色至暗褐色，或头、胸及翅背绿色。前胸背板侧隆线处常具黑色纵纹，前翅在翅顶1/3外具1淡色斑。后足腿节内侧基部具黑褐色斜纹。雄性腹端常橙黄色或橙红色。前胸背板前、中沟不明显，后沟位于中部之前，切断中、侧隆线。中胸腹板侧叶间中隔几呈方形，后胸腹板侧叶在后端明显分开。前后足等长，超过腿节顶端。后足腿节内侧下隆线具音齿133个左右。

分布： 北京、陕西、甘肃、青海、新疆、内蒙古、黑龙江、河北、山西。

注： 曾作为*Chorthippus brunneus* (Thunberg, 1815)的一亚种被归入本种（Storozhenko, 2002）；归于*Glyptobothrus*亚属。北京7～8月可见成虫于海拔1000米以上的山地。

若虫（昌平黄花坡，2015.VII.1）

成虫（沙棘，门头沟东灵山，2014.VIII.21）

成虫（龙牙草，门头沟东灵山，2014.VIII.21）

黑翅雏蝗
Megaulacobothrus aethalinus (Zubovski, 1899)

体长雄虫17～19毫米，雌虫22～26毫米。体暗绿色、灰绿色至暗褐色。前胸背板侧隆线处常具较宽的黑色纵纹，前翅褐色，后翅黑色。腿节上侧及外侧具2个褐色横斑，内侧基部具黑褐色斜纹，膝部黑褐色，腿节端半部及腹部有时橙黄色。前胸背板后横沟明显，沟前后长度相近。

分布： 北京、陕西、宁夏、甘肃、内蒙古、黑龙江、吉林、河北、山西；朝鲜，俄罗斯。

注： 国内曾用名*Chorthippus aethalinus* (Zubovski, 1899)。北京6～8月可见成虫于大果榆、杏等植物的叶片上。

成虫（大果榆，平谷东长峪，2017.VIII.4）

长翅幽蝗

Ognevia longipennis (Shiraki, 1910)

体长雄虫21～24毫米，雌虫27.2～31.5毫米。体被细密的绒毛，黄绿色至黄褐色。复眼后具黑色宽带，直至前胸侧板后缘。前翅淡褐色。前胸背板3条横沟均明显，纵隆线在横沟处消失，后横沟位于中部稍后。后足腿节具2个淡褐色横斑；侧面观后足腿节端部（下膝片）的下缘呈波纹状。

分布：北京、内蒙古、黑龙江、吉林、河北、山西；日本，朝鲜，俄罗斯，蒙古国。

注：国内文献多用名*Eirenephilus longipennis*。可取食核桃楸、榆、杨、槭、酸模、宽叶荨麻等。北京7月可见成虫。

雄虫（短毛独活，门头沟小龙门，2014.VII.8）

长翅素木蝗

Shirakiacris shirakii (Bolívar, 1914)

体长雄虫22.5～29.0毫米，雌虫32.5～41.5毫米。体褐色至黑褐色。前胸背板具黑褐色宽纵纹，两侧淡黄白色，背板前半部分具3条明显横沟，均被中隆线切断，后横沟位于中部或稍后。前翅超过后腿节顶端。雌虫上产卵瓣上外缘无齿。

分布：北京、陕西、甘肃、河北、河南、山东、江苏、安徽、浙江、江西、福建、广东、广西、四川；日本，朝鲜，俄罗斯，印度，泰国。

注：取食芦苇、茅草、玉米、高粱、谷子、小麦、水稻和豆类等。北京9月可见成虫，具趋光性。

雌虫（北京市农林科学院，2008.IX.2）

雌虫（侧柏，大兴安定，2004.IX.23）

短角异斑腿蝗

Xenocatantops brachycerus (Willemse, 1932)

体长15～29毫米，雄虫比雌虫小。触角短，不达前胸背板后缘，中段1节的长度与宽度相近，或稍长于宽度。后足腿节背面的斑纹不明显，胫节红色，胫节刺的顶端黑色。

分布： 北京、陕西、甘肃、河北、河南、山东、江苏、浙江、福建、台湾、湖北、湖南、广东、广西、海南、四川、贵州、云南、西藏；印度，尼泊尔，不丹。

注： 可取食多种农作物，如水稻、小麦等，也可取食柳、栓皮栎、臭椿、榆、核桃、茶、竹、青檀、扁担杆等。1年1代，以成虫越冬，北京9月底后可见新一代成虫。

低龄若虫（臭椿，平谷鸭桥，2019.VIII.15）

雄虫（臭椿，平谷石片梁，2018.VII.26）

雌虫（槲树，平谷石片梁，2018.VI.13）

大龄若虫（核桃楸，怀柔慕田峪，2018.IX.13）

花胫绿纹蝗
Aiolopus thalassinus tamulus (Fabricius, 1798)

体长雄虫18～22毫米，雌虫25～29毫米。体褐色或桃红色。前胸背板中央具黄褐色纵条纹，两侧具褐色条纹。体侧、翅、腿节常具绿色区域或条纹，有时缩小或不明显。后足腿节内侧具2条黑纹，顶端黑色。后足胫节端部红色，基部白色或淡黄色，中部蓝黑色。

分布：北京、陕西、甘肃、宁夏、辽宁、河北、河南、台湾、海南、四川、贵州、云南、西藏；日本，朝鲜，南亚，东南亚至大洋洲。

注：过去曾认为分布于亚洲东部及大洋洲的为独立种。取食禾草、小麦、玉米、水稻等。北京6～9月可见成虫，具趋光性。

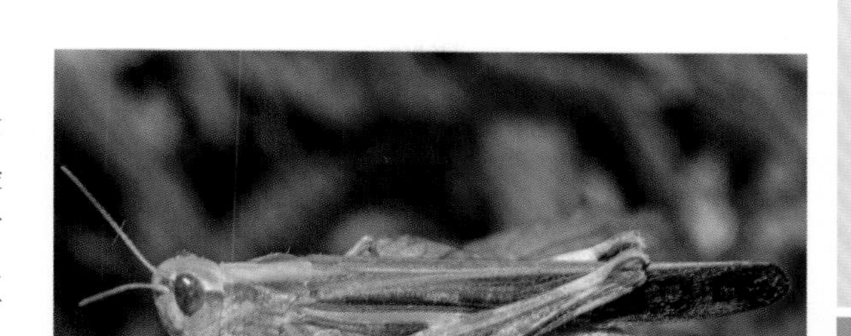

雌虫（昌平王家园，2008.VIII.8）

雌虫（门头沟东灵山，2014.VIII.21）

成虫（海淀，2004.VII.9）

条纹异爪蝗
Euchorthippus vittatus Zheng, 1980

体长雄虫17.0～17.5毫米，雌虫20～21毫米。体黄绿色，眼后具黑色宽带，直至腹侧。雄虫头顶较窄，雌虫较宽，两性顶端均呈圆形。雄性触角长，可超过后足腿节基部。前胸背板仅后横沟明显，沟前区略长于沟后区。前翅狭长，顶尖，雌虫伸达第6腹节，雄虫可达第6～8节。

分布：北京、陕西、甘肃、河北、山西。

注：北京8月可见成虫于较高海拔的草地上。

雌虫（欧旋花，门头沟东灵山，2014.VIII.20）

大垫尖翅蝗
Epacromius coerulipes (Ivanov, 1888)

体长雄虫13.7～15.6毫米，雌虫20.0～24.7毫米。体色多变，暗褐色、褐色至黄褐色或黄绿色。前胸背板背面中央常具红褐色或暗褐色纵纹；前翅具大小不等的褐色、白色斑点，后翅无色透明。后足腿节顶端黑褐色，多具3个黑色横斑，后足胫节淡黄色，基部、中部和端部各具黑褐色环纹。触角丝状，明显超过前胸背板后缘，中段一节长为宽的1.5～1.75倍。足跗节爪间的中垫较长，超过爪长的1/2。

分布：北京、陕西、宁夏、甘肃、青海、新疆、内蒙古、黑龙江、吉林、辽宁、天津、河北、山西、河南、山东、江苏、安徽、江西、湖南；日本，朝鲜，俄罗斯，巴基斯坦，印度，欧洲。

注：也有人认为本种是 *Epacromius pulverulentus* (Fischer von Waldheim, 1846) 的异名。主要取食禾本科植物。北京8月可见成虫。

雄虫（牛筋草，北京市农林科学院，2014.VIII.12）

若虫（萝卜，昌平虎裕，2004.X.3）

雌虫（苜蓿，内蒙古锡林浩特，2013.VIII.8）

云斑车蝗

Gastrimargus marmoratus (Thunberg, 1815)

体长雄虫26.0～33.0毫米，雌虫36.0～51.5毫米。体通常绿色、枯草色或黄褐色，前翅具大块黑褐色或黄白色斑纹。前胸背板中隆线具宽黑色纵纹，侧面观稍弧形隆起；背板两侧具黑色纵纹。前翅前缘绿色，其余部分褐色，密布暗色斑纹。后翅基部鲜黄色，中部具宽的黑褐色轮纹状，完整，抵达后缘。后足胫节上侧绿色，外侧黄褐色，内侧和底侧污黄色。

分布：河北、河南、山东、江苏、安徽、浙江、江西、福建、台湾、广东、广西、香港、海南、四川、重庆、云南；日本，朝鲜，印度，孟加拉国，东南亚。

注：取食水稻、甘蔗、玉米、柑橘等多种作物及禾本科杂草。北京8月可见成虫。

雄虫（荆条，平谷石片梁，2017.VIII.3）

雌虫（平谷石片梁，2017.VIII.3）

亚洲小车蝗

Oedaleus asiaticus Bey-Bienko, 1941

体长雄虫18～23毫米，雌虫28～37毫米。体以黄绿色或暗褐色为主。前胸背板中部明显变窄，有明显的类似“X”形纹。后翅基部淡黄绿色，中部有车轮形褐色带纹，近前缘似乎断裂，后部不达后缘。后足腿节顶端黑色，上侧和内侧有3个黑色斑，胫节红色，基部的淡黄褐色不呈环状。

分布：北京、陕西、甘肃、宁夏、青海、内蒙古、河北、山东；俄罗斯，蒙古国。

注：可取食多种农作物（如玉米、小麦、棉花）。北京7月可见成虫，具趋光性。

雄虫（怀柔喇叭沟门，2017.VII.12）

雌虫（怀柔喇叭沟门，2014.VII.15）

黄胫小车蝗

Oedaleus infernalis Saussure, 1884

体长雄虫20～25毫米，雌虫29～35毫米。体暗褐色，少数草绿色。前胸背板具不完整的“X”形纹，后一对“八”字纹明显宽于前一对。后翅中部具暗褐色横纹带，在近翅前缘有断裂，后端接近（但不达）翅后缘。

分布：北京、陕西、宁夏、甘肃、青海、内蒙古、黑龙江、吉林、河北、山西、河南、山东、江苏；日本，朝鲜，俄罗斯，蒙古国。

注：取食多种蔬菜及杂草。北京7～10月可见成虫。

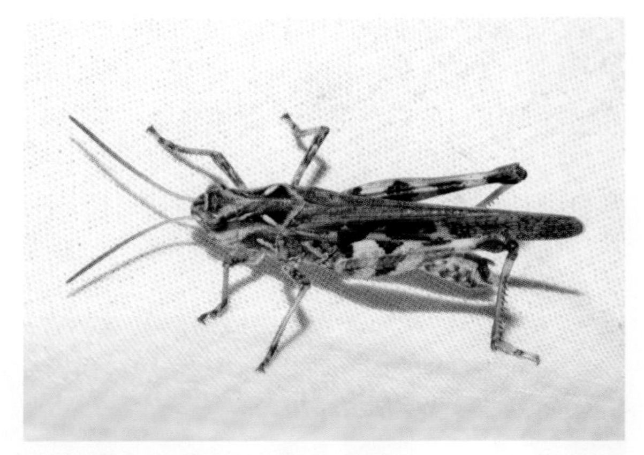

雄虫（昌平王家园，2015.VII.13）

雌虫（昌平王家园，2014.X.29）

东亚飞蝗

Locusta migratoria manilensis (Meyen, 1835)

体长33～52毫米。绿色（散居型）、黑褐色（群居型）或灰褐色（中间型）。头大，短于前胸背板。前胸背板中隆线明显，被后横沟稍切断（没有明显切口），侧面观较平直，背板后缘呈钝圆形（散居型），或侧面观呈弧形隆起，背板后缘呈直角或锐角形（群居型）。后足腿节内侧下缘区中部并非全部黑色。

分布： 北京、陕西、宁夏、甘肃、河北、山东、河南、江苏、安徽、浙江、江西、福建、台湾、湖北、湖南、广东、广西、海南、四川、贵州、云南；东南亚。

注： 群居型，体色深，翅长超过后足腿节长2倍，且胸部腹面密生细长绒毛。这是我国历史上的大害虫，取食芦苇、小麦、玉米、高粱、粟、水稻等多种禾本科植物，也可取食棉花、大豆、蔬菜等。目前已有人工饲养，成为重要的食用昆虫。

雌虫（大豆，北京市农林科学院，2001.VIII.25）

低龄蝗蝻（玉米，山东泰安，2007.VIII.24）

饲养的东亚飞蝗（山东泰安，2007.VIII.23）

雌虫（海淀板井，2003.X.16）

蒙古束颈蝗

Sphingonotus mongolicus Saussure, 1888

体长雄虫17.0～20.9毫米，雌虫26.4～27.6毫米。体黄褐色至暗褐色（甚至橙红色）。前翅基部1/3和中部具暗色横纹，后翅基部淡蓝色，中部具暗色横纹，不达翅后缘。后足腿节内侧蓝黑色，端部色淡；后足胫节近基部具淡蓝色纹，胫节内侧具10枚刺，外侧具6～7枚。

分布： 北京、陕西、甘肃、内蒙古、黑龙江、吉林、辽宁、河北、山西、河南、山东；朝鲜，俄罗斯，蒙古国。

注： 取食禾草，可为害谷子、玉米等农作物。北京7～8月可见成虫，具趋光性。

雌虫（昌平王家园，2013.VII.18）

疣蝗

Trilophidia annulata (Thunberg, 1815)

体长雄虫11.7～16.2毫米，雌虫15～26毫米。体黄褐色至暗灰色，具黑褐色斑点。前胸背板中隆线明显隆起，被中、后横沟深深切断，侧面观时可见2个齿形突起，中隆线两侧各有3对疣突。

分布： 北京、陕西、甘肃、宁夏、内蒙古、黑龙江、吉林、辽宁、河北、河南、山东、江苏、安徽、浙江、江西、福建、广东、广西、四川、贵州、云南、西藏；日本，朝鲜，印度。

注： 取食禾草、棉花、桑等植物。北京7～9月可见成虫，具趋光性。

雌虫（苘麻，平谷金海湖，2014.VII.22）

中华蚱蜢
Acrida cinerea Thunberg, 1815

又名中华剑角蝗。体长雄虫30～47毫米，雌虫58～81毫米。体绿色或枯草色，有时复眼后、前胸背板侧片上部及前翅后缘具红褐色宽纵纹，而枯草色个体有时前翅中部具黑褐色纵纹，内有一列淡色斑点。后翅淡绿色。爪间的中垫较长，达到或超过爪的顶端。

分布：北京、陕西、宁夏、甘肃、河北、山西、河南、山东、江苏、安徽、浙江、福建、湖北、湖南、广西、四川、贵州、云南；日本，朝鲜，俄罗斯。

注：“中华”的名称源于一异名，即 *Truxalis chinensis* Westwood, 1838，发表时附有精美的彩色图片（Westwood, 1838）。我国蚱蜢属已知14种（印象初等, 2003）。可取食多种植物，如高粱、小麦、水稻、棉花、甘薯、甘蔗、白菜、甘蓝、萝卜、茄子、马铃薯、豆类等。北京8～10月可见成虫。

成虫对（昌平王家园 , 2006.VIII.24）

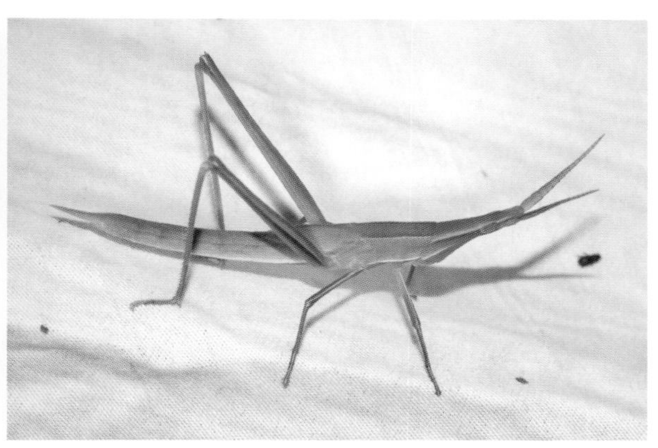

若虫（昌平王家园 , 2013.VII.30）

雌虫（昌平王家园 , 2014.X.15）

隆额网翅蝗
Arcyptera coreana Shiraki, 1930

雄虫体长29.4毫米。体褐色至暗褐色。前翅端部及后翅黑色。后足膝部黑色，腿节浅褐色至褐色，上部及内侧具3个深色斑。触角中段长约为宽的2倍。复眼长约为眼下沟长的1.6倍。

分布： 北京、陕西、甘肃、内蒙古、黑龙江、吉林、辽宁、河北、山东、江苏、江西、四川；朝鲜。

注： 过去曾放在网翅蝗科Arcypteridae。雌虫前翅端部不呈黑色。取食禾本科植物。北京6～8月可见成虫。

雄虫（平谷东长峪，2018.VII.13）

若虫（平谷东长峪，2018.V.31）

条纹鸣蝗
Mongolotettix vittatus (Uvaron, 1914)

体长雄虫14.5～18.5毫米，雌虫23.6～27.5毫米。体淡黄褐色。头部较大，与前胸背板长度相近；顶向前突出。触角剑形，21节，基部数节较扁宽。雄虫翅较发达，达后足腿节的2/3，前翅后缘具白色条纹。雌虫翅短，约为后足腿节的1/3。

分布： 北京、陕西、甘肃、内蒙古、黑龙江、吉林、河北；朝鲜，俄罗斯，蒙古国。

注： 北京7月可见成虫于禾本科芒类植物上，数量不多。

雌虫（昌平黄花坡，2016.VII.7）

雄虫（昌平长峪城，2016.VII.6）

无齿稻蝗

Oxya adentata Willemse, 1925

体长雄虫23毫米，雌虫24毫米。体黄绿色，头部在复眼之后、沿前胸背板侧缘具褐色纵条纹，体背面（包括翅背）黄褐色或绿色。后足腿节膝淡褐色。雄虫肛上片三角形，明显短于尾须；雌虫尾须不达肛上片端部。雌虫生殖板后缘稍圆突，具2个不明显的小齿突。

分布：北京、陕西、宁夏、甘肃、黑龙江、河南等；俄罗斯。

注：模式产地为陕西太白山（Willemse, 1925），其下生殖板有变化（Bey-Bienko, 1929）。国内不同文献中描述的似乎有所不同（如阳具基背片）。本鉴定参考郑哲民（1985），但经检雌虫的前胸背板较短，长约5毫米；雄虫肛上板基部具横向凹陷。取食芦苇，北京9月可见成虫。

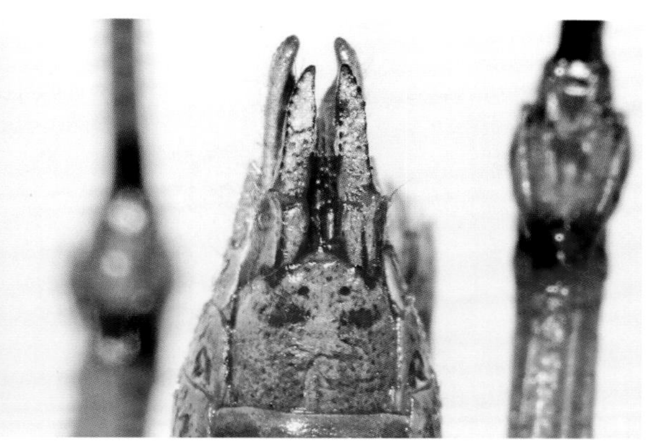

成虫对及雌虫腹末（腹面）（芦苇，怀柔中榆树店，2017.IX.13）

素色杆蟋螽

Phryganogryllacris unicolor Liu et Wang, 1998

雄虫体长19毫米。体淡黄色，头部、腿节端部及翅脉红褐色。头顶较宽，约为触角第1节宽的2倍，或与其长相近。触角长，为前翅长的3倍多。前胸背板前缘弧开突出，而后缘几乎平直。后翅长于前翅。下生殖板短，后缘中央开裂；尾须长约7毫米。

分布：北京、河南、四川。

注：北京6～7月可见成虫；成虫和若虫生活在树上，可把桑、鹅耳枥枝端的叶片缀起来，作为巢穴。

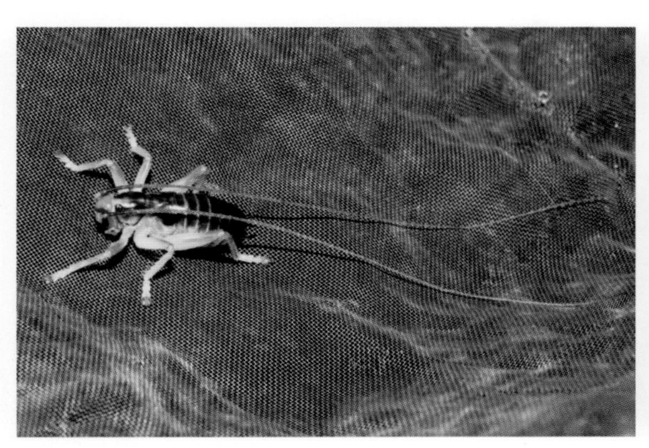

若虫（房山合议，2020.V.19）

雄虫（栓皮栎，平谷东长峪，2018.VII.27）

寰螽
Atlanticus sp.

雌虫体长30毫米。前胸背板长9.6毫米，前足胫节长8.6毫米。前翅稍露出了前胸背板后缘。前足腿节腹面外缘前半部具2～3齿，内缘无齿；中足腿节腹面外缘近端部具2齿，内缘无齿；后足腿节腹面内缘中部具4～5齿，外腹缘无齿。产卵瓣长19毫米，基部最宽2.8毫米，端部1/3浅弧形弯曲，末端斜截。

分布：北京。

注：北京及附近地区已知3种：中华寰螽*Atlanticus sinensis* Uvarov, 1924、热河寰螽*Atlanticus jeholensis* Mori, 1936和东陵寰螽*Atlanticus donglingi* Liu, 2013 (Liu, 2013)，对其相互关系仍未清楚，且国内对中华寰螽的描述与原始描述（Uvarov, 1924）并不完全相同。可见于山楂叶悬钩子、桑、栓皮栎、大果榆等植物上。

雌虫（平谷东长峪，2018.VII.6）

若虫（山楂叶悬钩子，平谷东长峪，2018.V.10）

雄虫（桑，平谷东长峪，2018.VI.14）

长瓣草螽

Conocephalus exemptus (Walker, 1869)

体长16.0～22.5毫米。体黄绿色，头顶背面具较宽褐色纵带，向后延伸到前胸背板后缘，渐扩宽，两侧具黄白色边。雌虫产卵瓣长而直，长于后足腿节，端部渐尖。雄虫尾须端尖，中部具1内齿，齿端延长并侧扁。

分布：北京、陕西、辽宁、河北、河南、上海、浙江、江西、福建、台湾、湖北、湖南、广东、广西、四川、重庆、贵州；日本，尼泊尔，泰国。

注：也称豁免草螽；*Conocephalus gladiatus* (Redtenbacher, 1891)是本种的异名。北京8～9月可见成虫，具趋光性。

雌虫（平谷金海湖，2016.VIII.4）

若虫（北京市农林科学院，2007.VII.4）

雄虫（北京市农林科学院，2008.IX.1）

日本条螽

Ducetia japonica (Thunberg, 1815)

体长16.0～28.9毫米。体绿色，前翅后缘带褐色；头顶尖角形，狭于触角第1节。前翅狭长，近端部具4～6条近于平行的翅脉（R脉分支）。各足腿节腹面均具刺。雄尾须细长，内弯，端1/3呈斧形扩大；产卵器弯镰形（比雌若虫的产卵器更弯）。

分布： 北京、陕西、内蒙古、吉林、辽宁、河北、河南、山东、江苏、上海、浙江、安徽、福建、台湾、湖南、广东、广西、海南、贵州、云南、西藏；日本，朝鲜，俄罗斯，印度，斯里兰卡，东南亚至澳大利亚。

注： 较为常见的种类，北京8～10月可见成虫，具趋光性。

雌虫（刺槐，怀柔喇叭沟门，2016.IX.20）

若虫（榆，怀柔喇叭沟门，2014.VII.16）

雄虫（房山蒲洼村，2019.IX.5）

秋掩耳螽
Elimaea fallax Bey-Bienko, 1951

前翅长26～28毫米。体绿色，体背面自头至翅端形成褐色纵带；触角黑褐色，具白色环，基部红褐色；中、前足腿节以下染橘红色，后足腿节端部以下染褐色。前翅短于后翅，网纹状翅脉红褐色。产卵器短镰状，长5～6毫米，上弯，周边染棕色。雄虫尾须弯曲，端部稍扩大，顶端齿状。

分布：北京、陕西、内蒙古、吉林、河北、山西、河南、安徽、浙江、云南；朝鲜，俄罗斯。

注：北京较为常见的种类，8～10月可见成虫，常待在多种植物的枝端。

雌虫（刺槐，怀柔喇叭沟门，2016.IX.20）

雄虫腹末（紫穗槐，密云雾灵山，2014.IX.17）

优雅蝈螽
Gampsocleis gratiosa Brunner von Wattenwyl, 1862

体长39～51毫米。体色多样，或翠绿色、褐绿色，或褐色、黑褐色，或金黄色。前翅长短不一，雄虫前翅长可超过腹长之半，不达腹末；雌虫前翅很短，常不达腹长的一半。雄虫尾须基部 1/3 处内缘具齿，向内前方弯曲；下生殖板端缘稍内凹。雌虫尾须圆锥形，无齿。

分布：北京、内蒙古、河北、河南；朝鲜，俄罗斯，蒙古国。

注：柴金艳（2019）通过分子技术对本属进行了详细研究，基本厘清了过去鉴定上的一些错误。我国重要的鸣虫，俗名“蝈蝈”、“哥哥”等，栖息于灌丛、矮林或庄稼地，常栖于高位枝条上，行动敏捷，一受惊便径直往下跌落。杂食性，植物和昆虫均可。北京野外较为少见。

雄虫（平谷东长峪，2018.VII.27）

暗褐蝈螽

Gampsocleis sedakovii sedakovii (Fischer von Waldheim, 1846)

体长26～39毫米。体绿色或褐色，前胸背板不长于前足腿节。前翅长，通常雌雄成虫前翅达腹部末端，前翅通常具明显的暗褐色斑。雄性尾须近三角形，端尖，基部宽大；雌虫产卵瓣直。

分布：北京、青海、内蒙古、吉林、辽宁、河北、山西、河南、山东；朝鲜，俄罗斯，蒙古国，哈萨克斯坦。

注：本种除指名亚种外还有*Gampsocleis sedakovii obscura* (Walker, 1869)，如何界定可能还有困难（周志军等, 2011）。

雄虫（芦苇，平谷东长峪，2017.VIII.4）

雌虫（门头沟东灵山，2005.VIII.21）

短翅桑螽

Kuwayamaea brachyptera Gorochov et Kang, 2002

体长20.5毫米，前翅长17毫米，后腿节长19毫米。体绿色，触角第2节及后黄褐色，前复翅背部褐色。前复翅长，后翅远不及前翅长。尾须内弯，尖端黑色；尾须间的肛上板舌形。

分布：北京*、陕西、河南。

注：经检标本尾须间的肛上板稍不同，但雄虫外生殖器及复翅的中缘在镜膜附近的曲线相近，暂鉴定为本种。北京8月见成虫于灯下。

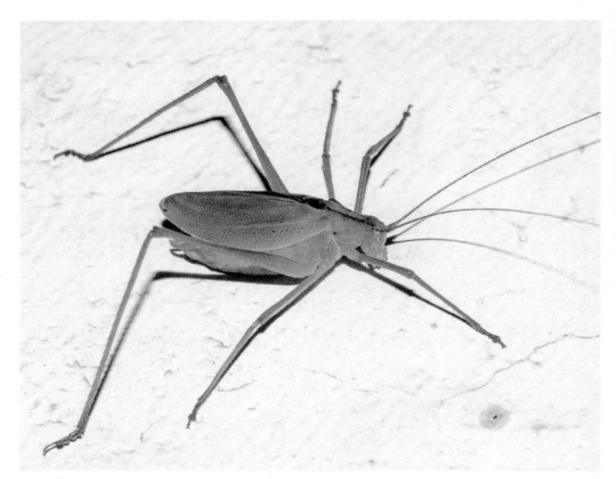

雄虫（门头沟东灵山，2014.VIII.21）

铃木库螽
Kuzicus suzukii (Matsumura et Shiraki, 1908)

体长10.5～12.0毫米。体淡绿色，触角窝内侧深褐色，触角具不明显褐色环纹。前胸背板前缘平截，稍凸，后缘近半圆形。前翅长，明显超过后足腿节末端，后翅明显长于前翅。雄性尾须基半部厚实，端部双叉近"Y"形；产卵瓣短于后足腿节，腹瓣基部具1对下垂的瘤突。

分布：北京、陕西、甘肃、河北、山东、江苏、安徽、上海、浙江、江西、福建、台湾、湖北、湖南、广东、香港、海南、四川、重庆、贵州；日本，朝鲜。

注：北京8～9月可见成虫。

雌虫（刺榆，北京市植物园，2017.IX.29）

刚羽化的雄虫（孩儿拳头，平谷金海湖，2014.VIII.5）

疑钩额螽
Ruspolia dubia (Redtenbacher, 1891)

体长26.5～33.0毫米。体绿色或褐色，跗节及后足胫节浅褐色。头顶长、宽相近，顶端钝圆。前足、中足腿节腹面无齿；前足基节具1齿，胫节腹面内侧、外侧各具6个距，听器裂缝状。雄虫尾须粗壮，端部具2枚指向内侧的齿；雌虫产卵瓣中部不扩宽，约与后足腿节长度相近。

分布：北京、陕西、甘肃、黑龙江、河北、河南、安徽、浙江、江西、福建、台湾、湖南、广西、四川、重庆、贵州。

注：《我的家园，昆虫图记》中记录的黑胫钩额螽*Ruspolia lineosa*，应该是本种的误定。北京8～9月可见成虫，具趋光性。

雌虫（平谷金海湖，2012.VIII.21）

雄虫（北京市农林科学院，2008.IX.1）

黑膝剑螽

Teratura geniculata (Bey-Bienko, 1962)

体长11～17毫米。体黄绿色，头部背面褐色，直伸至前翅腹末，复眼后具白色纵带（内侧具黑褐色细带），伸达前胸背板末；后足腿节端部黑褐色。前足胫节听器开放，前足和中足胫节背面缺刺；雄虫尾须端部扩大。雌虫产卵瓣稍短于后足腿节，腹瓣端部约具6枚小齿。

分布：北京、陕西、河南、安徽、湖北、湖南、四川、重庆、贵州。

注：曾用名*Xiphidiopsis geniculata* (Bey-Bienko, 1962)。这类昆虫多数类群生活在灌木丛或低矮的乔木树冠上，捕食一些小型的昆虫，有些种类取食植物的叶或腐食。此种在北京很常见，成虫见于7～8月，具趋光性。

雌若虫（山楂叶悬钩子，平谷东长峪，2018.VII.13）

雄虫（地肤，平谷石片梁，2018.VII.13）

雌虫（鸭跖草，房山蒲洼村，2019.VIII.21）

棒尾剑螽
Xiphidiopsis clavata Uvarov, 1933

体长8.5～11.5毫米。体绿色，头部复眼后方具1黄白色纵带，向后延伸到前胸背板。前足基节前侧具1钝刺。雄虫尾须端半部稍上翘并向内弯曲，端部稍膨大。雌虫产卵瓣长，与后腿节长度相等，腹瓣端部稍内凹，其两侧略呈齿状。

分布： 北京*、陕西、甘肃、河南、湖北、四川、重庆。

注： 也称棒尾小蛩螽*Microconema clavata* (Uvarov, 1933)（王瀚强和刘宪伟, 2018）。北京9月可见成虫，具趋光性。

雄虫（门头沟小龙门, 2017.IX.26）

雌虫（黄花柳, 门头沟小龙门, 2017.IX.27）

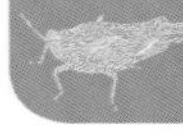

中华疾灶螽
Tachycines (*Tachycines*) *chinensis* Storozhenko, 1990

雄虫体长20毫米，前胸背板长6.5毫米，尾须长8毫米。体淡棕色，具黑褐色斑。两触角间上方的头顶具2个尖形的瘤突。颜面无斑或具2或4条黑褐色纵纹。前足胫节腹面具2～3对刺，后足腿节腹面内缘具5～9个刺，后足胫节内外缘各具38～56个刺，后足胫节内侧长距短于基跗节。

分布： 北京、河北、河南。

注： 我国疾灶螽属已知18种（Qin et al., 2018）。北京8月可见入室活动。

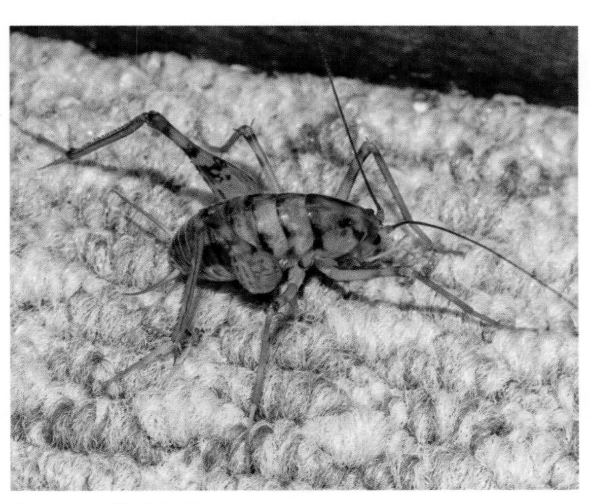
雄虫（平谷金海湖, 2012.VIII.21）

滨双针蟋
Dianemobius csikii (Bolívar, 1901)

雌虫体长6.5～8.5毫米。头部颜面浅，前胸背板侧缘浅色。足浅肉色，前、中足腿节的基部及端部具黑色斑，中间具黑色点，后足腿节具3条黑褐色横带。后翅发达。后足胫节内外侧背距均为3枚。雄虫体略小。

分布：北京*、甘肃、内蒙古、河北、河南、海南、四川；日本，朝鲜，印度，斯里兰卡，缅甸。

注：《北京林业昆虫图谱（I）》中介绍了蟋蟀科2种：银川油葫芦*Teleogryllus infernalis* (Saussure, 1877) 和油葫芦*Teleogrylllus emma* (Ohmschi et Matsummura, 1951)。北京7月可见成虫于灯下。

雌虫（大兴六合庄，2012.VII.24）

斑腿双针蟋
Dianemobius fascipes (Walker, 1869)

体长5～7毫米。体黑褐色，头部玉白色，后头具5条暗褐色纵纹，其中外侧2条间尚具较细的褐色纹。前胸背板玉白色，具或大或小的黑褐色区域。足玉白色，前、中腿节端半部黑色，后足腿节外侧具3条黑褐色横带，各胫节具暗褐色环纹。

分布：北京、甘肃、陕西、河北、河南、山东、安徽、上海、浙江、江西、福建、湖南、湖北、广东、广西、海南、四川、云南、贵州、西藏、台湾；日本，东南亚，南亚。

注：北京9月最为常见，可在草丛中发现。

雌若虫（田菁，北京市农林科学院，2008.IX.2）

雄虫（北京市农林科学院，2011.IX.8）

雌虫（北京市农林科学院，2012.IX.21）

小棺头蟋

Loxoblemmus aomoriensis Shiraki, 1930

又名胥森扁头蟋。体长12～14毫米。雄虫头的前面扁平，头顶和额呈角形向前突出，头面上方有一个小白色点。雌性的头顶及两侧不突出，头面稍凸，也有一个小白色点。后翅长短不一，少数个体的后翅伸出腹部末端。

分布：北京、陕西、河南、安徽、浙江、福建、台湾、湖北、湖南、广西、海南、四川、云南、西藏；日本，印度。

注：8～10月可在农田草丛、林间落叶中及石块下捕捉。呼唤声较低沉而短促，多为"唧唧唧唧（Ji）……"，多为5～6声一循环。雄虫好斗，攻击性强。成虫具趋光性。

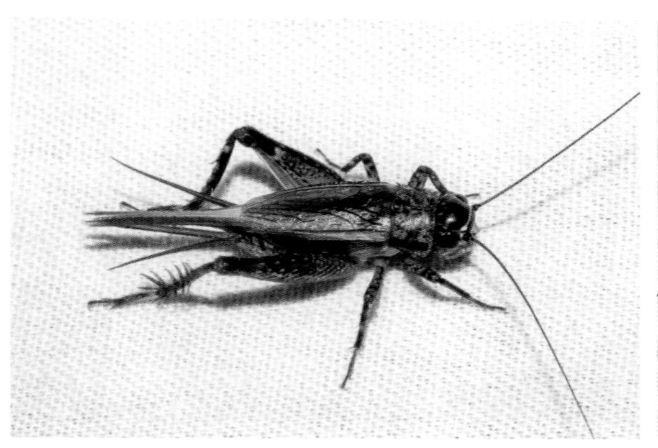

雌虫（昌平王家园，2015.VIII.11）

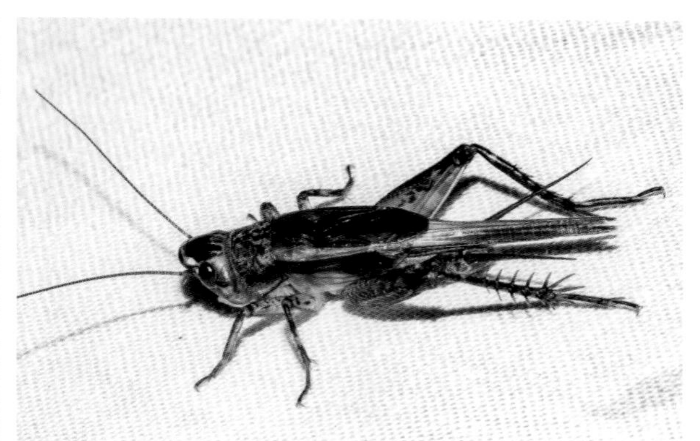

雄虫（顺义汉石桥，2016.VIII.11）

大扁头蟋

Loxoblemmus doenitzi Stein, 1881

又名多伊棺头蟋、石首棺头蟋。体长16～22毫米。雄虫头的前面扁平，头顶呈半圆形突出，而两侧的额呈角形向外突出，头面上方有一个小白色点。雌虫的头顶及两侧不突出，头面稍凸，也有一个小白色点。大多数个体的后翅较短，少数个体的后翅伸出腹部末端，能飞。

分布：北京、陕西、辽宁、河北、山西、河南、山东、上海、江苏、浙江、江西、湖南、广西、四川、贵州；日本，朝鲜。

注：北京7～9月可见成虫，具趋光性。

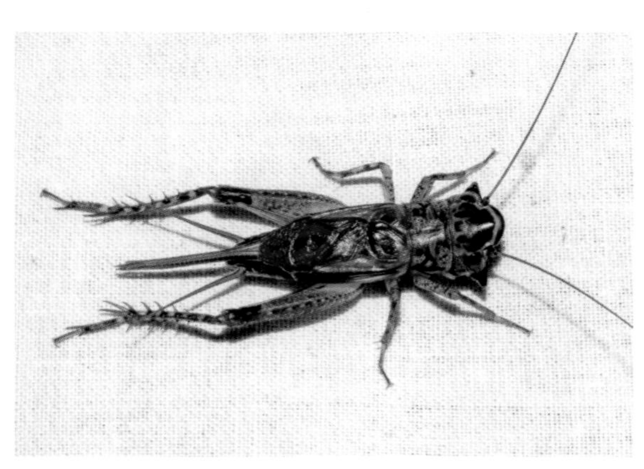

雄虫（顺义汉石桥，2016.VIII.12）

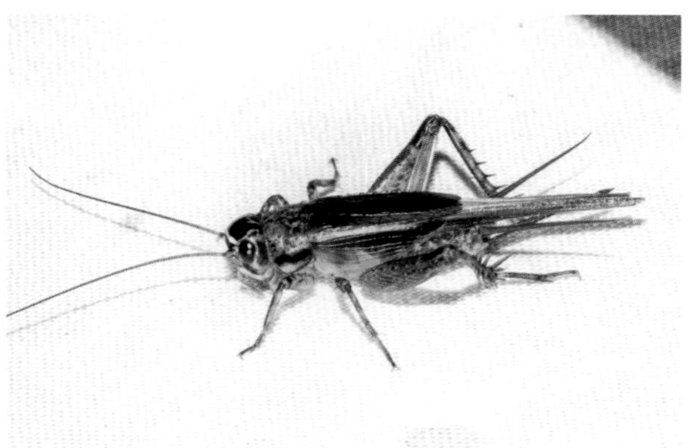

雌虫（顺义汉石桥，2016.VIII.11）

长瓣树蟋

Oecanthus longicauda Matsumura, 1904

体长11.5～14.0毫米。体淡绿色，腹部腹面中央具黑褐色纵纹。雄虫前翅较宽大，雌虫前翅较狭长。后足胫节端部2/5两侧各具3枚刺，通常成对（不包括胫节端刺）。产卵瓣稍长于后足腿节，与胫节长相近。

分布： 北京、陕西、黑龙江、吉林、山西、浙江、江西、福建、台湾、湖南、广西、四川、贵州、云南；日本，朝鲜，俄罗斯。

注： 北京7～9月可见成虫停息在叶面或败酱、旋覆花、大油芒等花上，也会到灯下。树蟋类的食性较杂，除了植物（包括花粉等）外，也可取食其他小昆虫。

雄若虫（核桃，平谷东长峪，2018.VII.13）

雌雄成虫（山楂叶悬钩子，昌平长峪城，2016.VIII.16）

斑翅灰针蟋

Polionemobius taprobanensis (Walker, 1869)

体长5.3～7.5毫米。后头具5条褐色至黑褐色纵纹。前胸背板侧片具宽的黑色纵带或全黑色。前翅常具黑色斑。头及前胸背板具刚毛。后足胫节背距外侧3枚，内侧4枚，端距3对。

分布： 北京、黑龙江、吉林、辽宁、河北、山西、河南、上海、浙江、江西、台湾、湖北、湖南、广西、四川、贵州、云南；俄罗斯，印度，越南，印度尼西亚。

注： 北京7～9月可见成虫，具趋光性。

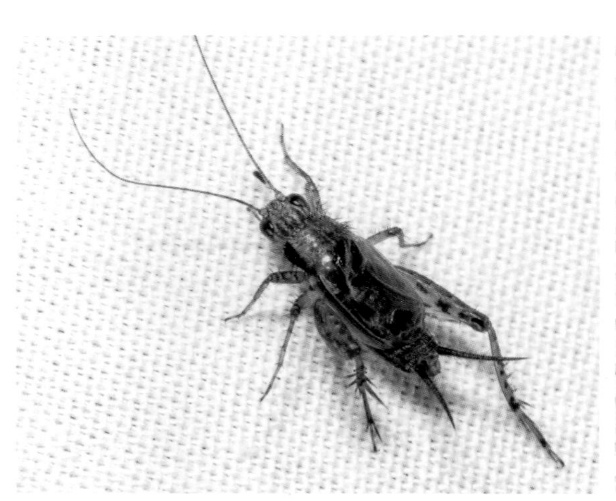

雄虫（昌平王家园，2013.IX.10）

雌虫（平谷金海湖，2013.VIII.14）

斗蟋

Velarifictorus micado (Saussure, 1877)

又名迷卡斗蟋。体长12～18毫米。头黑色有光泽，头背后部有3对浅色纵纹；两单眼间具黄白色横纹相连，呈弧形（有时中部不连）；雄虫颜面平直不凹入，雌虫产卵管长于后足腿节；雄虫前翅长达腹端部，而雌虫前翅长稍超过腹部中央。

分布：北京、陕西、辽宁、山西、河南、山东、江苏、上海、安徽、浙江、江西、湖南、广西、四川、贵州；日本，俄罗斯，印度，印度尼西亚，引入北美洲。

注：成虫多见于8～11月，9月秋收后便集中于村舍附近。成虫喜欢在砖石、土块下挖洞居住，食性杂，可取食多种农作物如豆类、花生等。雄蟋鸣声宽宏响亮，为节奏均匀的"瞿瞿瞿（Ju）……"鸣叫声，可连续长鸣几十分钟；雄蟋具极强的领地占有习性，一个巢穴只能容纳一只。

雌若虫（昌平王家园，2016.IX.8）

雌虫（密云雾灵山，2014.IX.16）

雄虫（昌平王家园，2014.VIII.26）

日本蚤蝼

Xya japonica (De Haan, 1842)

体长4.5～5.6毫米。体黑色，前胸背板侧缘具窄的黄白色边（或仅后下角黄白色）；腹部腹面暗黄色，前足及中足胫节以下褐色或黑褐色。触角10节，念珠状。前翅短，仅达腹部第3节。后足胫节端腹面具片状结构，外侧4片，内侧3片。具尾须2节，被毛，第2节短细，长不及第1节的一半。

分布：北京、天津、河北、河南、山东、江苏、浙江、江西、福建、台湾；日本，朝鲜，俄罗斯。

注：两种常见的蝼蛄可见《北京林业昆虫图谱（I）》。本种见于潮湿的土表上，主要取食苔藓，也可取食多种植物，如蔬菜、草莓、棉花、烟草等。北京5～9月可见成虫，具趋光性。

群体（海淀板井，2003.VI.2）

成虫（昌平王家园，2013.VII.18）

若虫（油松，密云卸甲山，2014.IX.17）

革翅目

DERMAPTERA

《北京林业昆虫图谱（Ⅱ）》

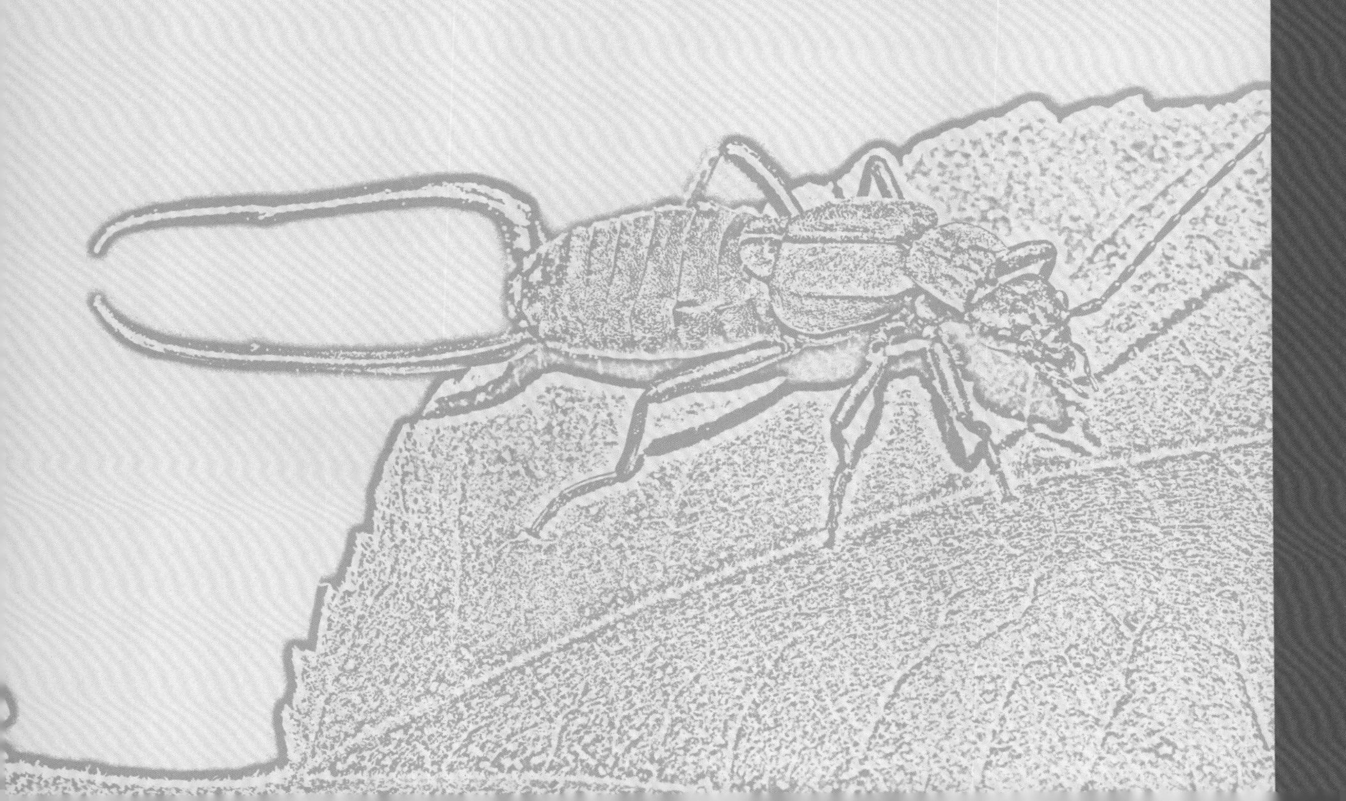

瘤螋
Challia fletcheri Burr, 1904

雌虫体长约11毫米。体狭长，稍具光泽。体暗褐色至黑褐色，腹末节端部红褐色；触角灰褐色，节间灰白色；足灰白色，腿节和胫节染暗褐色；尾铗黑褐色，基部灰白色，端部1/3处及小端黄褐色。足腿节具4条纵肋。胸无前后翅；腹末节长宽相近。尾铗内缘具小齿，近端部的小齿明显。

分布：北京*、吉林、河北、山东、浙江、江西、湖南、西藏；朝鲜。

注：雄虫具更粗大的尾铗。本种可从体狭长、腹末节长宽相近及足腿节具4条纵肋区别于他种。北京5月和8月可见成虫，具趋光性。

雌虫（密云雾灵山，2014.V.12）

卡殖肥螋
Gonolabis cavaleriei (Borelli, 1921)

体长13.5～18.5毫米。体黑褐色或红褐色，足淡黄色，腿节基部或基半部黑褐色，体背光亮。触角15～21节，基节长，棒形，第2节短小，长宽相近，第3节长，约为后2节之和。前胸背板长宽相近，后缘稍变宽；中沟明显。中后胸无翅。末腹背板长短于宽，表面具刻点和皱纹，中沟明显。雄性亚末腹板后缘圆弧形。雄虫尾铗短粗，两支不对称，一支弧形弯曲明显强于另一支。

分布：北京、甘肃、河北、山东、江苏、安徽、浙江、福建、台湾、湖南、广西、海南、贵州、云南。

注：《我的家园，昆虫图记》（虞国跃，2017）一书中记录的肥螋*Anisolabis maritima*应是本种的误定，《中国动物志》（陈一心和马文珍，2004）所附该种的彩图有误。北京常见种，3～10月可见在地面上活动。

雄虫（北京市农林科学院，2011.X.13）

异螋

Allodahlia scabriuscula (Serville, 1839)

体长10.5～15.5毫米。体黑褐色至黑色，背面粗糙，在前胸背板和鞘翅上尤为明显。触角12节，端部2～3节黄褐色。前胸背板前侧角尖，后缘圆弧形；侧缘脊明显，在后缘前消失。

分布：北京、陕西、甘肃、天津、河北、河南、湖北、湖南、台湾、广东、广西、四川、云南、西藏；越南，缅甸，不丹，印度，印度尼西亚。

注：在低矮植物、乔木或地面上活动，捕食其他昆虫等。北京5～7月可见成虫。

雄虫（孩儿拳头，平谷石片梁，2019.VI.21）

雌虫（山楂叶悬钩子，平谷东长峪，2018.VI.29）

日本张球螋

Anechura japonica (Bormans, 1880)

体长12～14毫米，雄虫尾铗长5～7毫米，雌虫尾铗长2.8～3.0毫米。体暗褐色或浅红褐色。触角相对短粗，12节。前胸背板横向，两侧黄褐色。后翅翅柄具1大黄色斑。雄虫两尾铗分开较宽，基部1/3处具1枚大齿。

分布：北京、陕西、宁夏、甘肃、吉林、河北、山西、山东、浙江、江西、福建、湖北、湖南、广西、四川、西藏；日本，朝鲜，俄罗斯。

注：北京7～8月见于灌丛、地面上活动。

雌虫（板栗，平谷山东庄，2017.VIII.24）

雄虫（怀柔喇叭沟门，2012.VIII.13）

达球螋

Forficula davidi Burr, 1905

体长11.5～16.0毫米。体褐红色或褐色，头部深红色，前胸背板黑色，两侧常黄褐色，腹部基3节以黑色为主，或腹部全为黑色；前翅和尾铗暗红色或褐黄色。触角12节，柄节长大，第2节短小，长稍大于宽，第3节细长，长于第4节但短于第5节。前胸背板两侧具微上翘的黄色宽边；鞘翅长大，约为前胸背板长的2倍；腹末节后缘两侧各具1瘤突；尾铗长短不一，长6.5～11.2毫米。雌虫两尾铗基简单，末端尖。

分布：北京、陕西、甘肃、宁夏、河北、山西、山东、福建、湖北、湖南、四川、云南、西藏。

注：模式产地为四川穆坪（Burr, 1905）。捕食多种小昆虫，也会进入室内捕食。北京4～7月、11月可见成虫，具趋光性。

雌雄虫（门头沟小龙门，2014.VII.7）

雄虫（门头沟小龙门室内，2015.V.27）

大基铗球螋

Forficula macrobasis Bey-Bienko, 1934

体长11毫米。体红褐色，头部、足腿胫节间、腹中后部颜色稍深（仍为红褐色），前胸背板两侧及鞘翅淡黄色。触角12节，第2节短小，长宽相近，第3节与第5节长度相近，均长于第4节。雄虫尾铗特殊，基部3/5内缘片状，端部2/5弧形内弯并上翘（这两部分并不在同一平面上）。

分布：北京、河北、山西、四川、西藏。

注：以上描述的体色是乙醇浸泡后的颜色，生态图片并不如此。《中国动物志》（陈一心和马文珍, 2004）书末所附图片与描述并不相同。北京6月见成虫于林下（此图左尾铗不正常）。

雄虫（门头沟小龙门，2014.VI.10）

迭球螋
Forficula vicaria Semenov, 1902

体长10毫米。体红褐色为主，触角浅褐色，前胸背板两侧、鞘翅大部分、足及尾铗基部淡黄色。触角12节；前胸背板窄于头宽，宽稍小于长。鞘翅长于前胸背板，约为1.3倍，后翅短小，约为前胸背板长的1/4，基半部颜色浅，黄白色。雄虫尾铗基部约1/3扩大化，内缘具微齿，其扩大区的后端具1枚小齿。

分布：北京、内蒙古、黑龙江、吉林、辽宁、河北、山东、江苏、湖北、四川、云南、西藏；日本，朝鲜，俄罗斯，蒙古国。

注：《中国动物志》（陈一心和马文珍，2004）所附的尾铗黑白线条图有误（彩图正确）。北京5～8月可见成虫，具趋光性。

雌虫（油松林，延庆佛爷顶，2017.VIII.29）

雄虫（柳，昌平老峪沟，2014.VII.1）

克乔球螋
Timomenus komarowi (Semenov, 1901)

雄虫体长14.5毫米。红褐色，头暗褐色，唇基更深；前胸背板暗褐色，两侧褐色；后翅端内角黄色；腹基部数节黑褐色。触角13节，具2种毛，平伏和直立，后者数量较少，但各节均可见；第3节中央稍收缩，长于第4节，与第5节相近。前胸背板窄于头。腹部第2、3节具瘤突（第3节明显的大），第4、5节两侧各具1个结节（第5节上的大）。尾铗长，基部1/4处的上缘和近中部的内缘各具1齿突，前者明显粗长。雌虫腹部第4、5节两侧的结节不明显，尾铗简单。

分布：北京*、山东、安徽、福建、台湾、湖北、湖南、四川；日本，朝鲜，俄罗斯，菲律宾。

注：过去种本名用*komarovi*，这是误写（Storozhenko & Paik, 2009）；模式产地为朝鲜（Semenov, 1901）。北京8月、10月可见成虫于蒙古栎、板栗、栓皮栎、刺槐等树上。

雄虫（刺槐，平谷东长峪，2018.VIII.24）

雌虫（栓皮栎，平谷石片梁，2017.X.25）

小姬螋

Labia minor (Linnaeus, 1758)

体长6.2毫米。褐色至黑褐色，通常头部颜色较深。触角浅褐色，端部数节颜色更浅；12节，第2节最短，长宽相似，第3、4节长度相近。足浅黄褐色。头披较疏细毛，黄色，而身体其他部分包括足密披细毛。前胸背板比头窄，宽大于长，后缘浅弧形。雄虫尾铗有2种，较长，细，内侧具微小锯齿，或与雌虫相近，略窄；雌虫尾铗短，向端部收窄，披毛。

分布：北京、浙江等；世界温带地区广泛分布。

注：姬螋科Labiidae Burr, 1909为Spongiphoridae Verhoeff, 1902 的异名。本种取食腐败的植物或有机物。北京6月、9月可见成虫，会上灯。

雌虫（昌平王家园，2014.VI.16）

蠼螋

Labidura riparia (Pallas, 1773)

体长12～24毫米。体褐黄色，或体背面大部亮黑色，体背光滑。前胸背板比头窄，长大于宽，后缘浅弧形。腹部向后变宽，末节最宽大，后缘具1对小瘤突。尾铗较尖长，雄虫内缘近中部具1～2个较大瘤突；雌虫相对较直，内缘具众多小齿。

分布：北京、陕西、宁夏、甘肃、黑龙江、吉林、辽宁、河北、山西、河南、山东、江苏、江西、湖北、湖南、四川；古北区，新北区。

注：多在夜间活动，可在灯下活动，捕食蛾类等灯下昆虫。

雄虫（北京市农林科学院，2011.IX.1）

雌虫（北京市农林科学院，2011.IX.1）

蛄虫目

《北京林业昆虫图谱（Ⅱ）》

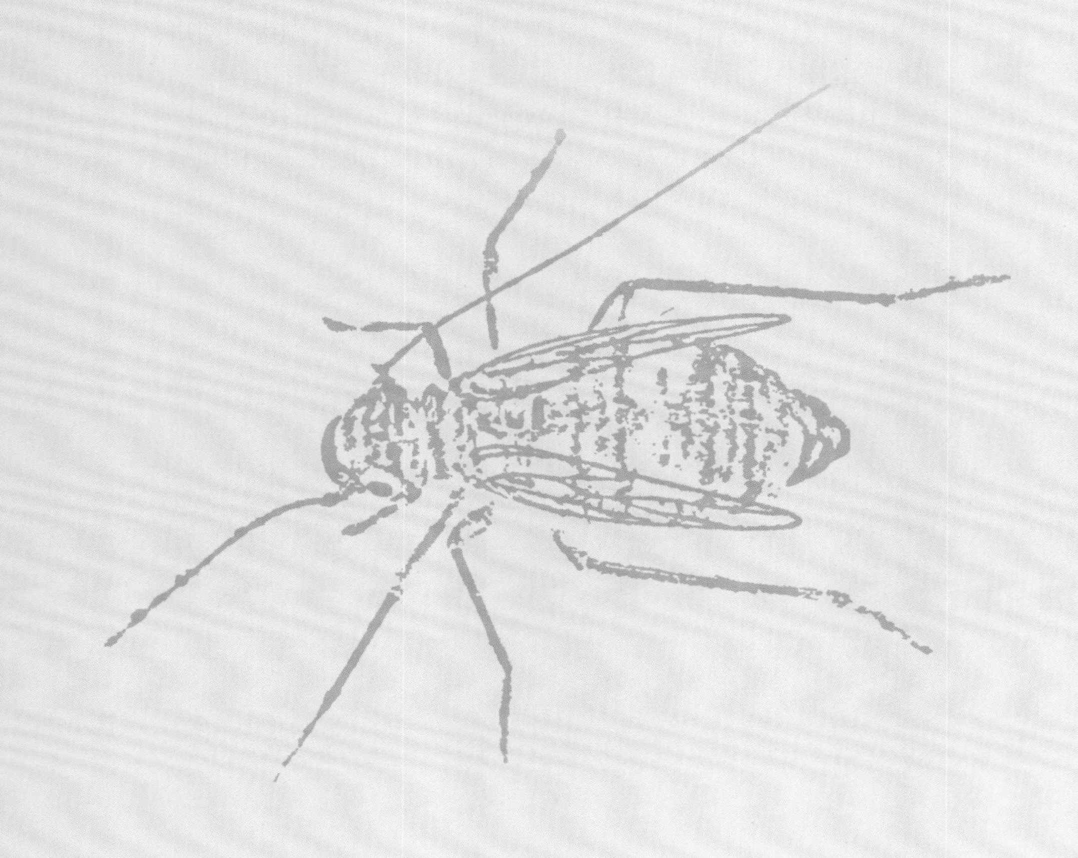

家栖矛翅跳蝎
Dorypteryx domestica (Smithers, 1958)

体长1.5～2.0毫米。体奶油色，头部稍暗，腹部具红棕色环带。触角长于体长。下颚须端节长，约为前节的5倍，近端部稍扩大，最宽处约为长的1/5。前翅不及腹末，具5条纵脉，其上具长鬃毛，多明显长于相邻鬃毛的距离。足跗节爪简单，近端部具1小齿。

分布： 北京*；欧洲，以色列，美国，加那利群岛，津巴布韦。

注： 中国新记录种，新拟的中文名，从学名。本种模式产地为津巴布韦，后引入欧洲多国（Smithers, 1958）。本种体色有变化，翅膀可以退化。欧洲家庭中常见种，可成为仓库害虫。北京发现于居民家中，可能随木材从国外（东南亚）传入。我国南方一些省份（如浙江、福建）也应有此虫的传入。我国此属以前记录了1种（Li & Liu, 2009）。

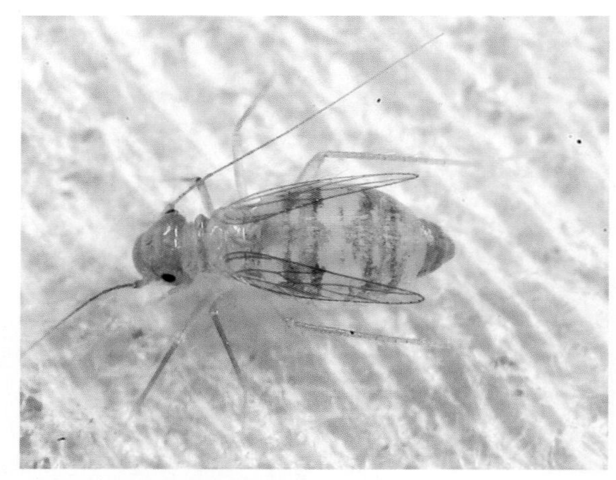

成虫（昌平回龙观室内，2018.V.31）

雕蝎
Graphosocus sp.

体长4毫米。体淡黄白色，头额部浅褐色，头顶红褐色，中后胸红褐色，具黑褐色大斑；触角暗褐色。足腿节端略带暗色，跗节端暗褐色。前翅浅污黄色，臀区具2块黑色斑，内斑近长方形，外斑近三角形；M+Cu_1脉的上方具长形黑色斑，Cu_1脉上具近于三角形或不规则黑色斑（或与前斑相接），前翅外半部具浅烟色斑，近似反方向的“F”形。

分布： 北京。

注： 与分布于陕西的琴雕蝎*Graphosocus panduratus* Li, 1989很接近，由于未经标本检查，暂定至属。北京见于山黄檗的叶背，9月可见成虫。

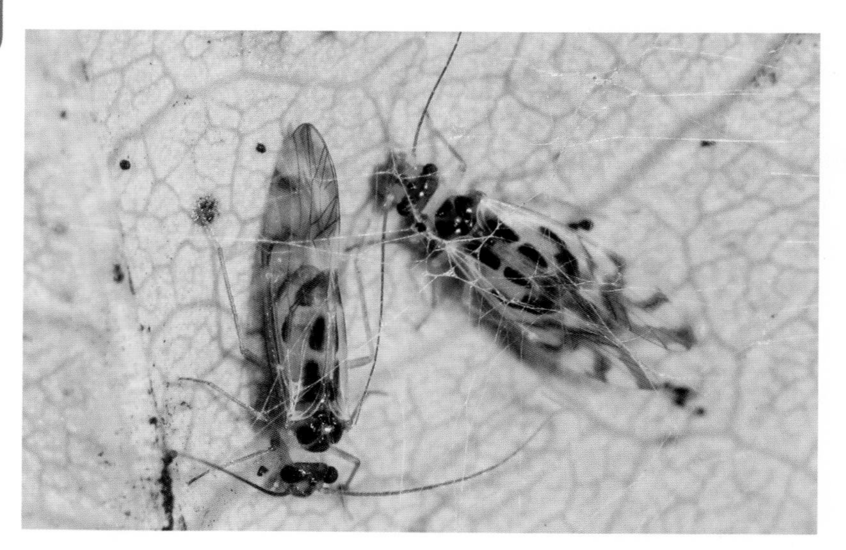

成虫（山黄檗，门头沟小龙门，2014.IX.24）

缨翅目

THYSANOPTERA

《北京林业昆虫图谱（Ⅱ）》

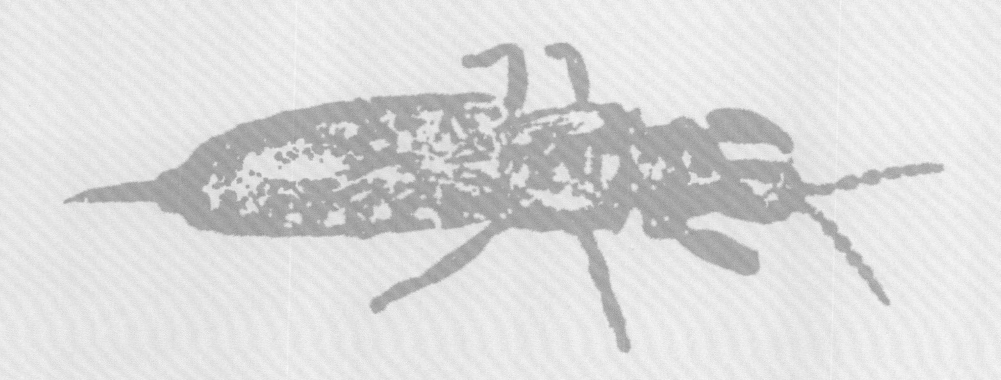

西花蓟马

Frankliniella occidentalis (Pergande, 1895)

体长0.9～1.4毫米。淡黄白色至棕褐色。触角8 节，第2节端部和第3节基部简单，基部中间没有加粗的环。复眼眼后鬃与单眼间鬃的长度近相等。前胸背板的前缘鬃和前角鬃发达，几乎等长。

分布：北京、陕西、河北、天津、河南、山东、江苏、安徽、浙江、福建、湖北、广东、海南、重庆、四川、贵州、云南等；世界广泛分布。

注：本种原产北美洲，传入亚洲、欧洲、大洋洲和南美洲，一种重要的入侵害虫，已知寄主植物多达500余种，为害番茄、辣椒、茄子、大葱、菜豆、瓜类等多种蔬菜，也为害芒果、石榴等果树和多种花卉植物。《北京林业昆虫图谱（I）》介绍了8种蓟马。

成虫（葡萄，顺义赵北郎中室内，2016.IV.1）

若虫（草莓，朝阳蟹岛，2012.III.16）

安领针蓟马

Helionothrips aino (Ishida, 1931)

体长1.5毫米。体黑褐色。触角8节，第1～5节及第6节基部浅黄色，其余褐色。前足腿节端部以下及中后足跗节褐色，中后足胫节两端褐色。前翅端半部黄褐色，基半部黑褐色，其中部具半透明白色宽横带。

分布：北京*、陕西、江西、福建、台湾、湖南、广东、广西、海南、云南；日本，朝鲜。

注：记录的寄主有樟、阴香、兰类、蓖麻、芋头等（卢葳等, 2016），北京发现于软枣猕猴桃，在叶背取食，可见黄褐色至黑色的排泄物，蓟马也可长时间把排泄物留在腹末。

若虫（软枣猕猴桃，北京市植物园室内，2018.V.16）

成虫（软枣猕猴桃，北京市植物园室内，2018.V.16）

桑蓟马

Pseudodendrothrips mori (Niwa, 1908)

又名桑伪棍蓟马。体长0.8毫米。体浅黄色。触角灰色，复眼暗褐色，单眼3个，红色。触角8～9节，端节细长，针状。头部在触角之间浅色。翅稍过腹末。

分布： 北京、陕西、河北、河南、江苏、浙江、福建、台湾、湖北、湖南、广东、广西、海南；日本，朝鲜，菲律宾，智利。

注： 过去为偶发害虫，近30年来已成为南方桑树的重要害虫。北京少见，数量较少。

成虫（桑，海淀百望山，2017.VI.21）

若虫（桑，海淀百望山，2017.VI.21）

后稷绢蓟马

Sericothrips kaszabi Pelikan, 1984

体长1.1毫米。体浅褐色。头、胸、腹部第7～10节及触角第4～8节黑褐色，腹第1～3节暗褐色。前翅短，白色，基部稍暗，长仅达第1腹节。触角8节，第2节粗大，第3、4节感觉锥叉状，第7、8节短而细。

分布： 北京、陕西、宁夏、甘肃、内蒙古、河北、河南、山东、浙江；日本，俄罗斯，蒙古国。

注： 草木樨近绢蓟马*Sericothrips melilotus* Han, 1991是 *Sericothrips houji* (Chou et Feng, 1990）的异名（Mirab-balou et al., 2011），后者被认为是本种的异名（Evdokarova & Vierbergen, 2018）。雌虫除了短翅型外，还有正常翅长的体形。植食性，多见于草木樨、苜蓿等草本植物上。

成虫（苦参，昌平长峪城室内，2016.VII.1）

桃简管蓟马
Haplothrips sp.

体长2.7毫米。体黑褐色。触角基节黑褐色，第2节基部褐色，端部黄褐色，第3节及第4节基部黄褐色，余暗褐色。前足腿节端部及以下、中后足跗节黄褐色。翅透明，淡褐色。腹管暗红褐色。头长约为宽的1.5倍，稍长于前胸。

分布：北京。

注：本种见于桃树桃红颈天牛的蛀道内（可能取食蛀道内的菌类）。北京5月可见成虫。

成虫（海淀香山室内，2018.V.2）

栓皮栎滑管蓟马
Liothrips sp.

体长2.2毫米。体黑褐色，触角基节黑褐色，第2节褐色，余淡黄色；前足胫节大部及各足跗节黄褐色；翅透明，淡褐色。头长约为宽的1.5倍；触角第3节细长，长于前2节之和，第4节起较粗，第4～7节渐短。

分布：北京。

注：本属种类寄生在植物叶上，营造虫瘿。北京成虫见于5月底至7月初，均在栓皮栎的叶片上。在虫瘿外见到老熟若虫，或许是它营造的虫瘿。

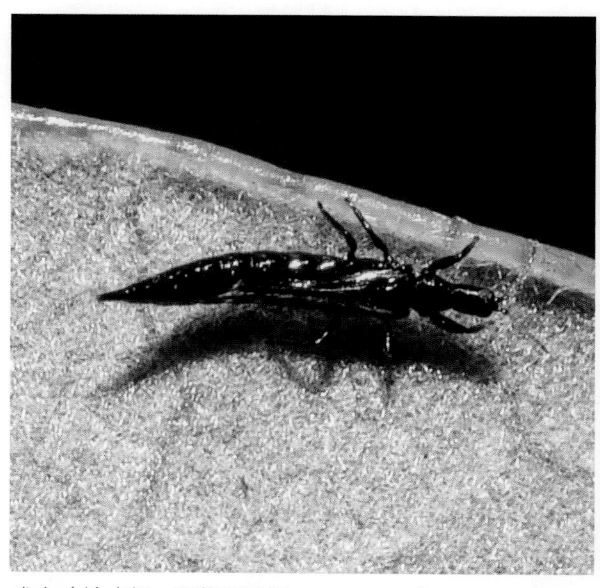

成虫（栓皮栎，平谷石片梁，2018.VII.6）

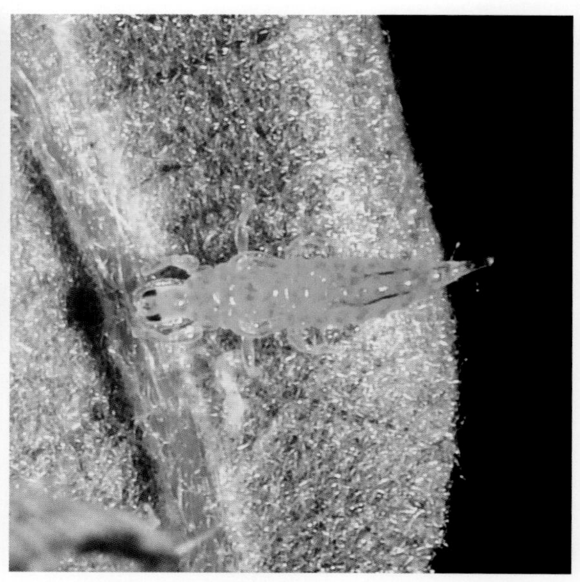

若虫（栓皮栎，平谷石片梁，2018.VI.29）

半翅目

HEMIPTERA

《北京林业昆虫图谱（Ⅱ）》

竖角蝉

Erecticornia sp.

体连翅长7.4毫米。体黑色，前胸背板红褐色，胝部、上肩角端部及后突端部黑褐色，足红褐色，基节和转节黑色，腿节具长条黑色纹，跗节端黑褐色；前翅黄褐色，基部红褐色，臀角处具1无色透明斑。额唇基近于梯形；单眼大，淡黄色，两单眼间距稍大于到复眼的距离。前胸上肩角粗短，上伸，稍向后弯；后突起侧面观后半稍隆起，顶端尖，不达前翅内角。足胫节边具小黑色点，其上着生1根毛。

分布：北京。

注：与栗翅竖角蝉*Erecticornia castanopimmae* Yuang et Tian, 1997相近，但该种体大（10.4毫米）、前胸背板黑色（袁锋等, 1997）。北京6月见于大叶白蜡上。《北京林业昆虫图谱（I）》中介绍了5种蝉科Cicadidae昆虫和2种角蝉：黑圆角蝉*Gargara genistae* (Fabricius, 1775) 和延安红脊角蝉*Machaerotypus yan-anensis* Chou et Yuan, 1981。本图谱未涉及蚜虫和蚧虫, 前者可参考《北京蚜虫生态图谱》（虞国跃和王合, 2019）。

成虫（大叶白蜡，门头沟小龙门，2016.VI.15）

秦岭耳角蝉

Maurya qinglingensis Yuan, 1988

体连翅长5.6毫米。体黑色。前胸背板（后突端部黑褐色）、足（除基节、腿节基部具黑色纹）、腹部各节后缘及雌性产卵瓣红褐色；前翅红褐色，具黑褐色斑纹，翅中略呈横带状。头部腹面和小盾片基部具白色毛。复眼和单眼红褐色，两单眼间距稍大于到复眼的距离。额唇基沟略呈半圆形，额唇基三瓣状，中瓣2/3伸出头顶下缘。前胸上肩角平展，伸向外侧，近于三角形，其外缘的位置与下方肩角相近。后突起屋脊状，侧面观中脊在基半部微凹陷。

分布：北京、陕西、甘肃、辽宁、四川。

注：寄主为落叶松和胡颓子（袁锋, 1988；袁锋和周尧, 2002）。北京6月、10月可见成虫，见于山楂叶悬钩子的嫩茎上。

成虫（山楂叶悬钩子，门头沟小龙门，2016.VI.16）

脊顶耳角蝉
Maurya verticiarinalis Yuan, 1988

体连翅长5.7毫米。体红褐色。头顶、胸部及腹部腹面、足腿节（除端部）以上黑色；前翅基部、顶角及臀角处稍带烟色。头被黄褐色细毛，单眼间距明显大于到复眼的距离。上肩角发达，伸向外上方，前缘弧形，后缘直；后突起基部1/3低平，后2/3弧形拱起，顶端尖，侧面观隆起的中部最高。

分布：北京、福建。

注：头顶具弱的纵脊是本种的重要特征（袁锋, 1988），经检标本的头顶中央前半部稍隆起，未见纵脊，其他特征相同，暂鉴定为本种。

成虫（密云雾灵山，2015.V.12）

西伯利亚脊角蝉
Machaerotypus sibiricus (Lethierry, 1876)

体连翅长5.2～5.7毫米。体红褐色。头、胸部侧面及腹部黑色，小盾片基部具小白色点。复眼和单眼红褐色，两单眼间距稍大于到复眼的距离。额唇基三瓣状，中瓣2/3伸出头顶下缘。前胸上肩角很短小，呈平台状隆起，其外缘不超过下方的肩角。后突起屋脊状，侧面观中脊在基部略高，伸达顶端。

分布：北京、陕西、黑龙江、山西、四川；日本，朝鲜，俄罗斯。

注：模式产地为乌苏里地区，体长4.5毫米（Lethierry, 1876）。我国未记录寄主植物（袁锋和周尧, 2002）。北京5～7月可见成虫，见于鹅耳枥、山楂叶悬钩子和艾蒿上。

成虫（艾蒿，延庆王顺沟，2015.VII.15）

拟黑无齿角蝉

Nondenticentrus paramelanicus Zhang et Yuan, 1998

体连翅长7.0～7.2毫米。体漆黑色。胸部及腹基部两侧、小盾片两侧基部具白色毛斑，小足腿节端以下褐色；翅透明，翅脉黑色。前胸上肩角发达，呈明显伸向外上方的角形突起；后突起端部微向上翘。

分布：北京*、陕西、甘肃。

注：北京8～9月可见成虫，发现于种植的蔬菜（白菜）叶片上，或见于灯下。

成虫（白菜，密云雾灵山，2014.IX.17）

背峰锯角蝉

Pantaleon dorsalis (Matsumura, 1912)

体连翅长6.5～7.0毫米。体红褐色至暗褐色，中后胸侧面、足腿节以上部分黑褐色；前翅黄褐色，具浅色区（如臀角处及翅外缘），有时具黑褐色斑纹。复眼和单眼淡红褐色，两单眼间距与到复眼的距离相近。额唇基沟略呈倒“V”形（端部为弧形），额唇基三瓣状，中瓣2/3伸出头顶下缘，端缘稍扩大。前胸上肩角发达，片状，伸向侧后方，后缘近基部具短分叉（有时不明显）。后突起端半部呈驼峰状，前部隆起最高，顶端尖。

分布：北京、陕西、河北、山东、江苏、安徽、浙江、江西、福建、台湾、湖北、广东、广西、四川；日本。

注：北京锯角蝉*Pantaleon beijingensis* Chou et Yuan, 1983与本种甚为接近，主要区别为头顶的颜色不同，或为异名关系。记录的寄主为苹果和茅莓（袁锋和周尧, 2002），这里增加山楂叶悬钩子。

成虫（山楂叶悬钩子，平谷东长峪，2018.VI.18）

成虫（山楂叶悬钩子，平古东长峪，2016.V.10）

隆背三刺角蝉

Tricentrus elevotidorsalis Yuan et Fan, 2002

体连翅长5.4～5.6毫米。体黑色，胸侧面具白色毛斑，足腿节端以下红褐色；前翅基部黑色，翅面稍带烟色，半透明，翅脉黄褐色，盘室及端室的多数翅脉黑褐色。头长为宽的1.8倍，被金色毛，额唇基上尤为粗长；单眼位于复眼中线稍上的位置，两单眼间距与到复眼的距离为3∶2。上肩角发达，其内外两侧的近后缘均具1明显的隆脊；后突起基部1/3平，后2/3弧形稍拱起，顶端尖。

分布：北京、山东。

注：正模来自卧佛寺（袁锋和周尧，2002），记录的寄主为枣，有黑褐草蚁访问（虞国跃, 2017），又见于珍珠梅小枝上（左翅已坏）。北京7～9月可见成虫。

成虫（珍珠梅，北京市植物园，2017.IX.29）

成虫和黑褐草蚁（枣，北京市农林科学院，2017.VI.2）

褐三刺角蝉
Tricentrus sp.

体连翅长5.9毫米。体暗褐色至黑褐色，胸侧面具白色毛斑，前翅基部黑色，翅面透明，足及翅脉黄褐色。上肩角发达，稍弯向后侧方；后突起仅达前翅臀角，其基部较为隆起，端半部三棱形，顶端尖。

分布：北京。

注：与国内记录的*Tricentrus brunneus* nec. Funkhouser, 1918（袁锋和周尧, 2002）接近。*Tricentrus brunneus*的模式产地为新加坡，体长、体色和形态（Funkhouser, 1918）与国产的不同，如前胸背板后突很长，伸达腹端。北京10月可见成虫于榆、桑、构树等植物。

成虫（榆，海淀西山，2017.X.16）

成虫（构树，海淀六郎庄，2003.VI.15）

成虫（榆，海淀西山，2017.X.16）

朴巢沫蝉

Makiptyelus dimorphus Maki, 1914

雌虫体连翅长5.3～5.5毫米。腹面淡黄褐色，中胸腹板中央大部及腹部背面中基部黑色，后足腿节染有烟色。两单眼位于头冠的后缘，两者的距离短于与复眼的距离。翅面散布褐色斑点，多位于翅脉上，每点具1根短毛。后足腿节比中足短，后足胫节外侧具一大一小2刺；齿式12+9～10+8～9（跗节上的个别小齿端部浅色）。

分布：北京*、陕西、山西、浙江、福建、台湾；朝鲜。

注：巢沫蝉科若虫生活在钙质的巢穴内，通常位于树木的小枝上。朴平刺巢沫蝉 *Hindoloides sparsuta* Jacobi, 1944为本种的异名；浙江记录于慈溪。雄虫体小，体长3.0～4.2毫米，前胸背板和小盾片褐色（谢映平，1994）。寄主小叶朴。北京5月可见成虫在朴树小枝上产卵。

若虫巢（小叶朴，怀柔黄土梁，2020.VI.30）

雌成虫及所产的卵（小叶朴，延庆松山，2018.V.23）

若虫（小叶朴，怀柔黄土梁室内，2020.VI.19）

黑腹直脉曙沫蝉

Eoscarta assimilis (Uhler, 1896)

体连翅长6.5～7.8毫米。体色多变，典型为黑褐色，前胸背板后缘2/3及前翅红褐色，翅外缘玫瑰红色；有时颜色变深，几乎整体呈黑褐色，仅前翅外缘红褐色；或体色变浅，整体黄褐色，仅头部颜色略深。头额近长方形隆起，中央具2条近于平行的纵脊，两侧具8条稍斜的脊线。

分布：北京*、陕西、甘肃、黑龙江、吉林、河北、江苏、上海、浙江、福建、台湾、湖北、湖南、广东、广西、四川、重庆、贵州、西藏；日本，朝鲜，俄罗斯。

注：可取食多种植物，北京山区较多，7～9月可在刺槐、榆、香椿、核桃楸、栓皮栎、反枝苋、鸭跖草、蒿、葎草、旋覆花等植物上见成虫，偶尔可见于灯下。

成虫（榆，平谷金海湖，2014.VIII.5）

成虫（蒿，平谷金海湖，2014.VII.22）

黄尖胸沫蝉

Aphrophora pectoralis Matsumura, 1903

又名柳尖胸沫蝉。体连翅长9.0～10.9毫米。体灰黄色至黄棕色。前翅基部2/5前缘常呈浅黄色，此后带暗褐色，有些个体翅中部前具1条稍斜的暗褐色横带，M脉中部常具一个浅黄色斑点。

分布：北京、陕西、甘肃、新疆、内蒙古、黑龙江、吉林、河北、河南、福建、四川；日本，朝鲜，俄罗斯，欧洲。

注：*Aphrophora costalis* Matsumura, 1903为本种异名。柳树上的尖胸沫蝉种类不少，国内部分生物学文献中的柳沫蝉或柳尖胸沫蝉可能并不是本种。寄主为多种柳树，北京6～7月可见成虫，具趋光性。《北京林业昆虫图谱（I）》中介绍了3种尖胸沫蝉。

成虫（昌平王家园，2013.VII.2）

白点尖胸沫蝉
Aphrophora rugosa Matsumura, 1903

体连翅长11.2～12.2毫米。体褐色。前翅近翅中具一小白色点（在M脉上），中部前具一不明显的稍暗横带。腹部腹面及足淡红褐色。头及胸背的纵脊与体背色相近，背面具较为粗密的刻点，翅脉明显。

分布： 北京*、河北；日本，俄罗斯。

注： 中国新记录种，新拟的中文名，从前翅的小斑点。经检标本的腹面颜色较日本产（Komatsu, 1997）的浅。河北记录于兴隆雾灵山。北京7～9月可见成虫于榆树小枝上，具趋光性。

成虫（房山蒲洼村，2019.IX.5）

叉突歧脊沫蝉
Jembrana wangi Liang, 1995

雄虫体连翅长9.0毫米。体灰褐色。单眼桃红色，小盾片黑褐色，两侧缘中部及端部浅褐色。前翅具2个明显的灰白色斑，前斑位于翅基1/3处，不明显向上延伸至小盾片侧缘，后斑位于翅前缘2/3处。腹面多黄褐色，胸侧稍有黑褐色斑。各足腿节近端部具黑色环，前、中足腿节近基部具黑色斑，前、中胫节近基部及端部具黑色环。喙3节，端部黑色，伸达第2腹板（或后足腿节中部）。下生殖板后缘呈倒“V”形内凹。

分布： 北京*、陕西、四川。

注： 周尧等（1992）在描述叉突歧脊沫蝉 *Jembrana forcipenis* Chou et Liang, 1992时，与上一种叉茎歧脊沫蝉用了相同的学名，属于同名；后改为现名（Liang, 1995），保留中文名。北京8月见于灯下。

成虫（门头沟小龙门，2015.VIII.19）

鞘圆沫蝉

Lepyronia coleoptrata (Linnaeus, 1758)

体连翅长5.3～7.9毫米。体灰褐色至暗褐色，腹面颜色较深，多为黑褐色；前翅从前缘中部斜伸2条宽度相近的“V”形深色带，在两翅背面呈近菱形。后唇基大，强烈隆起。后足胫节粗壮，具强大的2枚侧刺和众多端刺。

分布：北京*、陕西、甘肃、新疆、内蒙古、黑龙江、吉林、河北、山西、江苏、湖北、四川、西藏；日本，朝鲜，俄罗斯，越南，欧洲，（引入）北美洲。

注：寄主为水稻、芦苇及其他禾本科植物。北京7月可见成虫。

成虫背面及侧面（狗尾草，昌平北流长峪城，2016.VII.26）

细带圆沫蝉

Lepyronia sp.

体连翅长6.1～7.2毫米。体灰褐色至褐色，腹面略深（尤其腹板），足黄褐色，腿节和胫节具明显或不明显的褐色环；前翅中部具1近于梯形的暗斑，内侧近于斜直线，伸向小盾片，外侧在近翅缝处具白色细带（或中间断开，或呈弧形）。

分布：北京、河北。

注：二带圆沫蝉*Lepyronia bifasciata* Liu, 1942在北京也有分布，由于未找到原始文献，不能确定是否属于这一种。河北7月见于兴隆雾灵山。北京4～5月见成虫于杨、北京丁香和大花溲疏的小枝上。

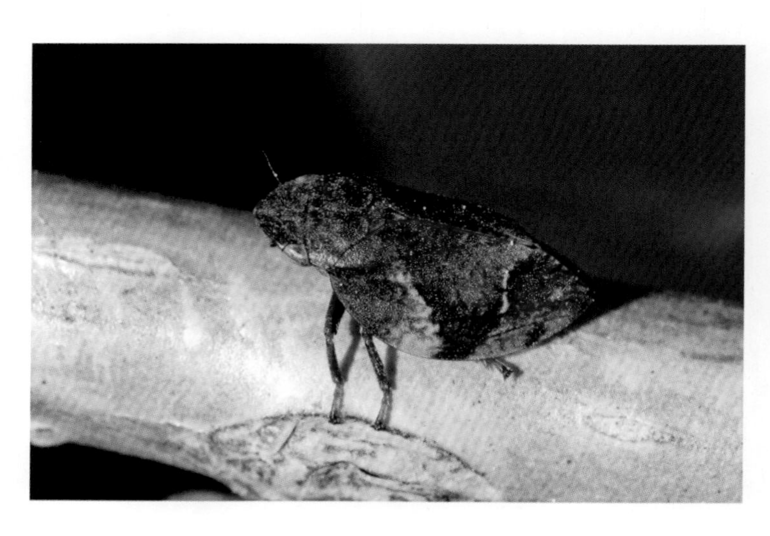

成虫（门头沟小龙门，2014.V.16）

疣胸华沫蝉
Sinophora submacula Metcalf et Horton, 1934

体连翅长10.5～11.3毫米。体褐色至黑褐色，表面具油光，前胸背板后半部分及前半部分的中线、小盾片黑褐色，前中足腿节和胫节具黑色环。头顶及前胸背板表面不平。后足胫节外侧具3～6个刺。雄虫下生殖板端具2个指头状突起，生殖刺突短粗，前端略宽大。

分布： 北京*、陕西、辽宁、山西、四川；日本，朝鲜，俄罗斯。

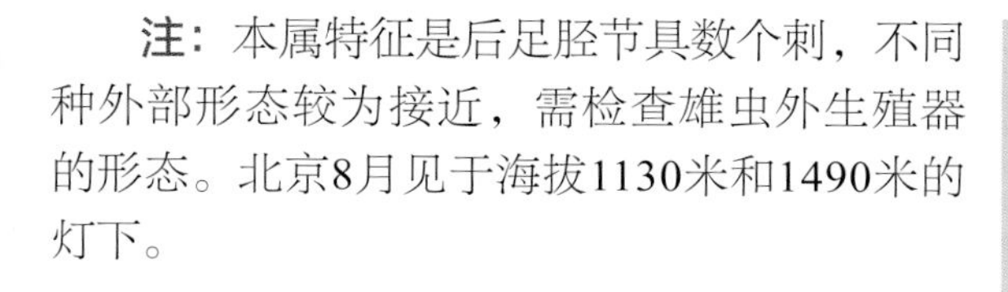
注： 本属特征是后足胫节具数个刺，不同种外部形态较为接近，需检查雄虫外生殖器的形态。北京8月见于海拔1130米和1490米的灯下。

雄虫（门头沟东灵山，2014.VIII.20）

芦苇绿飞虱
Chloriona tateyamana Matsumura, 1935

长翅型连翅体长3.5～4.9毫米；短翅型体长雄虫2.5～4.0毫米。体大部淡黄绿色至绿色，带有铬黄色或蓝色光泽。前翅黄白色，透明，具黑色微毛。腹部绿色，各节后缘和侧区铬黄色，或腹部背面黑褐色，腹部腹面黄色。

分布： 北京*、甘肃、黑龙江、辽宁、河北、河南、山东、江苏、上海、安徽、浙江、台湾；日本，朝鲜，俄罗斯，蒙古国。

注： 寄主为芦苇。北京6～7月灯下可见成虫。

成虫（昌平王家园，2013.VII.2）

大斑飞虱

Euides speciosa (Boheman, 1845)

长翅型体长5.6～6.5毫米。前翅淡黄色，几透明，革片基半部具长三角形黑褐色大斑，翅端缘及中部尚有其他黑褐色斑。

分布：北京、陕西、吉林、河北、江苏、上海；日本，朝鲜，俄罗斯，欧洲。

注：北京灯下5～8月可见成虫，具趋光性，若虫和成虫取食芦苇。

成虫（延庆世界园艺博览会，2019.VIII.19）

灰飞虱

Laodelphax striatella (Fallén, 1826)

长翅型连翅体长3.5～4.2毫米。雌虫体大，黄褐色；雄虫体小，黑色。头顶略突出；颜面均为黑色；雌虫中胸背板中部淡黄色，雄虫中胸背板全部黑色。

分布：中国广泛分布；东亚，东南亚，欧洲，北非。

注：水稻、小麦等禾本科农作物的重要害虫，并传播多种病毒病，也取食禾本科杂草及其他植物。北京种为南方迁入种，6～10月可见成虫，具趋光性。

被螯蜂寄生的若虫（水稻，北京市农林科学院，2016.VII.3）

雄虫（白三叶，门头沟小龙门，2016.VI.15）

雌虫（狗尾草，北京市农林科学院，2016.VI.13）

单突剜缘飞虱
Monospinodelphax dantur (Kuoh, 1980)

体连翅长3.4～3.7毫米。触角第1节基部黑褐色，端部黄褐色，第2节近基部及端部褐色。前翅具明显的花斑。触角第1节长为端宽的1.8倍，第2节长稍大于第1节的1.5倍。后足胫节距具缘齿13～15枚。

分布： 北京*、江苏、安徽、浙江、江西、福建、台湾、湖北、湖南、广东、广西、海南、云南；朝鲜。

注： 本种具短翅型和中翅型，记录寄主为朝阳青茅（葛钟麟, 1980；傅强等, 2012）。与玉米花翅飞虱*Peregrinus maidis* (Ashmead, 1890) 相近，但该种翅更细长，且翅基半部无明显黑色长条纹。北京8月见成虫于灯下。

成虫（平谷金海湖，2016.VIII.4）

褐飞虱
Nilaparvata lugens (Stål, 1854)

长翅型体长3.6～4.8毫米，短翅型体长2.5～4.0毫米。体色多变，黄褐色、黑褐色，有油状光泽。前翅黄褐色，透明，翅斑黑褐色。后足基跗节外侧具数枚小刺。雌虫产卵器第1载瓣片的基部具半圆形小突起。

分布： 北京、陕西、甘肃、吉林、辽宁、河北、山西、河南、山东、江苏、上海、安徽、浙江、江西、福建、台湾、湖北、湖南、广东、广西、海南、四川、重庆、贵州、云南；日本，朝鲜，东南亚至澳大利亚。

注： 寄主为水稻，成虫具迁飞习性，北京地区不能越冬。

成虫（平谷金海湖，2016.VIII.5）

长绿飞虱

Saccharosydne procerus (Mateumura，1910)

体连翅长5.9～6.3毫米。体绿色，复眼黄色。前翅翅脉蓝色（尤其周缘的翅脉），有时翅端黑褐色。头顶突出在复眼前，细长，圆锥形。触角第1节长约为第2节之半。

分布：北京、陕西、甘肃、黑龙江、吉林、辽宁、河北、山西、河南、山东、江苏、安徽、浙江、江西、福建、台湾、湖北、湖南、广东、广西、海南、四川、贵州、云南；日本，朝鲜，俄罗斯。

注：寄主为水稻、茭白、野茭白等。北京8月可见成虫和若虫。

若虫（茭白，颐和园，2016.VIII.20）

寄生状（茭白，颐和园，2016.VIII.20）

成虫（茭白，颐和园，2016.VIII.20）

长突飞虱
Stenocranus sp.

体连翅长5.2毫米。体浅污黄色，背中具黄白色纵中线，前胸背板中脊两侧具1橙黄色纵条；翅端半中央具黑褐色纵条。头顶中央长度约为基部宽的1.5倍，“Y”形脊明显。触角第1节长稍大于宽，第2节长，为第1节的近3倍。

分布： 北京。

注： 与分布于欧洲和非洲的*Stenocranus minutus* (Fabricius, 1787) 相近，但目前此种在东亚没有分布；或为东北亚有分布的*Stenocranus hokkaidoensis* Metcalf, 1943，仍需要研究。北京8月见于·山区玉米叶片上，也可见于灯下。

成虫（玉米，门头沟双塘涧，2014.VIII.21）

安可颖蜡蝉
Akotropis sp.

雄虫体长2.7毫米，连翅长4.0毫米。体淡黄褐色。头、额及唇基淡黄白色，喙端暗褐色，触角下方具一黑色斑。前翅及腹部褐色，前翅前缘黄白色。足淡黄褐色，前足胫节褐色。头顶中长是基部宽（中脊后缘处）的0.78倍；头顶前缘无横脊，向前突出的长约为复眼长径的0.44倍。后足胫节具1刺，齿式8（1+7）+7+5。

分布： 北京。

注： 与分布于我国台湾和香港、日本、朝鲜半岛的*Akotropis fumata* Matsumura, 1914很接近，但在头宽、翅脉上有差异。北京8～9月可见成虫于臭椿叶片和灯下。

成虫（平谷金海湖，2014.IX.16）

镇原颖蜡蝉

Cixidia kasparyani Anufriev, 1983

雄虫体长4.5毫米，体连翅长5.8毫米。体暗褐色，体表及前翅布许多淡褐色小斑。额及唇基褐色，具许多浅褐色小点；侧脊及中脊几乎同色。头顶中长稍短于基部宽，无中脊，呈铁锹形凹陷。前胸和中胸背板具明显的3脊，完整。后足齿式7（2+5）+10+10，跗节还具膜质端齿。

分布： 北京*、甘肃、河北；俄罗斯。

注： 从甘肃镇原描述的镇原颖蜡蝉 *Ganachilla zhenyuanensis* Wang et Huang, 1989（王思政和黄桔, 1989），虽然未检查模式标本，但从描述及附图被认为是本种的新异名，syn. nov.；所在的属*Ganachilla* Wang et Huang, 1989同样被认为是*Cixidia* Fieber, 1866的新异名, syn. nov.。本种的详细特征图可见Long等（2015）。北京8月见成虫于灯下。

成虫（昌平长峪城，2016.VIII.16）

鲁德颖蜡蝉

Deferunda lua Long, Yang et Chen, 2013

体连翅长3.5～4.5毫米。头顶黄白色，具2条褐色纵纹，不达后缘；额侧在复眼前方具3条黑褐色纹，颜面淡黄白色，无斑纹；后唇基两侧中部具褐色斑（正面两侧亦可透视浅褐色）。前翅翅脉具白色颗粒，翅端约1/3斜切，覆盖在体末。

分布： 北京、山东。

注： 北京6～9月可发现于柿、桑、杨的叶背，也可见于灯下。

成虫（昌平王家园，2015.VIII.11）

红痣德颖蜡蝉
Deferunda rubrostigma (Matsumura, 1914)

体连翅长3.5～4.1毫米。体黑褐色，散布黄白色斑或点。头顶黄白色，中脊两侧具褐纵纹，达后缘；额侧在复眼前方具3条黑褐色纹，颜面淡黄白色，前部具倒"V"形黑褐色纹；后唇基两侧中部具褐色纹斑，正面无纹。前翅翅脉具白色颗粒，翅褶处具1个眼状纹；Cu_{1a}在爪片处向上拱曲，与M_2脉短距离相接。

分布：北京*、台湾、湖北；日本，朝鲜。

注：与鲁德颖蜡蝉*Deferunda lua* Long, Yang et Chen, 2013相比，本种的颜色较深，且颜面具"V"形黑色斑。北京8月见成虫于桑、葛、核桃等植物上，也可见于灯下。

成虫（桑，平谷桃棚，2019.VIII.15）

齿茎马颖蜡蝉
Semibetatropis dentucluata (Fennah, 1956)

体连翅长5.5～6.0毫米。体浅褐色至黑褐色，额两侧缘具褐色条纹，中胸背板两侧角、中脊1/3两侧及末端顶角淡黄白色，中脊两侧2/3处各具1眼状斑。后足胫节基部1/3有1侧刺，端部具7枚齿，基附节端部具6枚齿。

分布：北京*、浙江、湖北、广东。

注：模式产地为浙江莫干山（Fennah, 1956）；又名齿茎半贝颖蜡蝉，原属于马颖蜡蝉*Magadha*（徐翩和梁爱萍, 2012）；本种体色深浅差异较大，因而用体色作为属的区分特征之一便有困难。北京8～9月见成虫于灯下。

成虫（平谷金海湖，2016.IX.13）

成虫（平谷石片梁，2017.VIII.25）

红袖蜡蝉

Diostrombus politus Uhler, 1896

体长（不包括腹末的生殖刺突）3.4～3.5毫米，前翅长7.0～8.0毫米。体金红色，光亮，喙端、前中足胫节和跗节黑褐色。前翅淡黄褐色，透明，前缘色略深，常带有灰白色蜡粉。雄虫腹末具一对生殖刺突，钳状、发达，两基部接近，端部黑褐色。雌虫生殖板腹面有1对长刺突，形如雄虫生殖刺突，基部远离，端部同体色。

分布：北京、陕西、甘肃、辽宁、江苏、安徽、浙江、福建、台湾、湖北、湖南、四川、贵州、云南；日本，朝鲜。

注：左右翅的翅脉有时不尽相同。寄主植物有水稻、小麦、甘蔗、高粱、玉米、稗等。北京7～9月可见成虫于玉米、芒等植物上，具趋光性。

寄生状（玉米，密云巴各庄，2019.IX.3）

雌虫（平谷金海湖，2013.VIII.14）

雄虫（平谷金海湖，2014.VII.22）

蓝突袖蜡蝉
Produsa sp.

体连翅长5.0毫米，前翅长4.2毫米。体暗褐色，被灰蓝色粉，额和唇基的中线及两侧褐色，喙（除端节）、足（除前中足端跗节）淡黄褐色。端头明显窄于前胸背板；额中脊不明显，唇基具明显的中脊；触角下突发达，呈叶片状。前翅纵脉与翅面同色或稍深，横脉中部透明（呈淡白色）或具透明点。后足齿式6（1+5）+5+5。

分布： 北京。

注： 与分布于韩国的*Produsa koreana* Rahman, Kwon et Huh, 2012（Rahman et al., 2012a）接近，但本种肛节较短，两侧近于平行，雄性外生殖器也明显不同。北京8～9月见成虫吸食榆、大叶白蜡等树叶的汁液。

成虫（榆，延庆水泉沟，2017.VIII.30）

湖北长袖蜡蝉
Zoraida hubeiensis Chou et Huang, 1985

翅长雄虫12.0～12.5毫米，雌虫15.2毫米。触角第2节淡黄色，柱状。前翅透明，沿前缘从基部到顶角有1条深褐色纵带，此区内的翅脉带红色；前缘基部1/3覆有蜡絮，前翅到达外缘的平行脉14或15条。

分布： 北京*、陕西、湖北、广西；朝鲜。

注： 翅脉可有变异，有时同一个体左右前翅的平行脉数量不一样，14或15条。北京7～8月可见成虫，生活在紫丁香和栓皮栎上，也可见于大叶榆上。

成虫（栓皮栎，平谷东长峪，2017.VIII.25）

成虫（紫丁香，平谷金海湖，2014.VII.22）

云斑安菱蜡蝉

Andes marmorata (Uhler, 1896)

雌虫体长5.0毫米，体连翅长8.2毫米。头顶、额及唇基的侧缘呈片状隆起，具栅栏状黑色纹。前胸背板具3条纵脊。前翅灰褐色，具大理石状云斑，其中近翅中的1个斑，其外缘呈齿轮状，具白色边，翅前缘中央与后缘近臀角处具明显的黑褐色斑。

分布： 北京、陕西、辽宁、河北、河南、江苏、安徽、浙江、广西、贵州；日本，朝鲜。

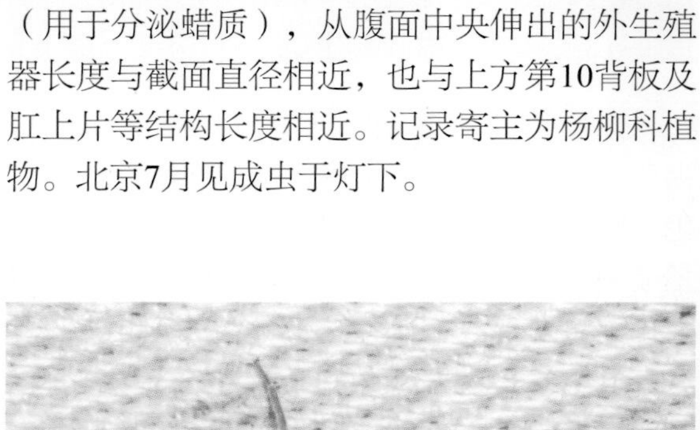

注： 雌虫的腹末（尾节）呈近圆形截面（用于分泌蜡质），从腹面中央伸出的外生殖器长度与截面直径相近，也与上方第10背板及肛上片等结构长度相近。记录寄主为杨柳科植物。北京7月见成虫于灯下。

成虫（房山霞云岭，2015.VII.2）

三横菱蜡蝉

Cixius sp.

体长3.0毫米，体连翅长4.5毫米。体栗褐色，前翅白色，具3条横带，其中端带宽，呈“U”形。头短宽，后缘“U”形浅内凹，中长明显短于基部宽，约为后者之半。中胸具3条纵脊，中脊近端部时不明显或消失。后足胫节无侧刺。

分布： 北京。

注： 本属的种类很多，我国尚未开展深入研究；本种色斑较为特殊。北京8月见成虫于灯下。

成虫（房山上方山，2016.VIII.25）

中华冠脊菱蜡蝉

Oecleopsis sinicus (Jacobi, 1944)

雌虫体长3.5～4.0毫米，体连翅长5.7～7.0毫米。体浅褐色至栗褐色，头顶侧脊暗褐色，具淡白色斑，中胸背板两侧暗褐色，具5条纵脊。头顶较狭，其中央长度约为基部宽的1.6倍,约有近半部分伸出在复眼前方。额和唇基呈长菱形，喙伸达至后足基节间。前翅横脉暗褐色，翅端具数个暗褐色小斑。

分布：北京、山西、河南、安徽、福建、湖南、广西、贵州、四川；日本。

注：国内记录的褐点脊菱蜡蝉*Oliarus cucullatus*（周尧等, 1985; nec. Noualhier, 1896）为本种的误定；以前记录的白点冠脊菱蜡蝉*Oecleopsis* sp.（虞国跃等, 2016）即为本种。记录的寄主植物有蒿属及玉米（Zhi et al., 2018）。北京7～8月见成虫于灯下。

雌虫（平谷金海湖，2013.VIII.15）

异瑞脊菱蜡蝉

Reptalus iguchii (Matsumura 1914)

雌虫体长5.2毫米，体连翅长8.0毫米。体褐色至黑褐色，头顶黑色，纵脊及横脊黄色，额黑色，但3脊线黄褐色。翅透明，翅脉浅褐色，具褐色颗粒，横脉及两侧黑褐色，翅面散布褐色斑点，在翅中部前具1短的横带。头顶前缘宽弧形，后头倒“V”形凹入，中央具铁锹形凹陷；额宽大，中部最宽，中脊及两侧脊细矮。中胸背板具5 条明显的纵脊。

分布：北京*；日本，朝鲜。

注：中国新记录种，新拟的中文名，从雌、雄虫翅面斑纹相异，雄虫无斑纹。记录的可能寄主为蒿属和李属（Rahman et al., 2012b）。北京7月见于成虫于灯下。

雌虫（昌平王家园，2015.VII.27）

四带脊菱蜡蝉
Reptalus quadricinctus (Matsumura, 1914)

又名四带瑞脊菱蜡蝉。雄虫体长3.6毫米，体连翅长4.6毫米。体黑褐色至黑色，体表被灰白色蜡粉，足胫节以下黄褐色；翅透明，具4条褐色至黑褐色横带，翅脉浅褐色，翅脉具褐色颗粒。头顶前缘宽弧形，后头倒“V”形凹入，中央具铁锹形凹陷；额宽大，中部最宽，中脊及两侧脊细矮。中胸背板具5条明显的纵脊。

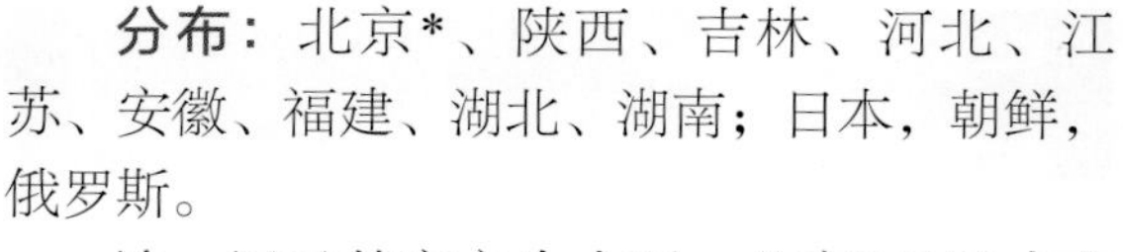

分布： 北京*、陕西、吉林、河北、江苏、安徽、福建、湖北、湖南；日本，朝鲜，俄罗斯。

注： 记录的寄主为水稻。北京8月见成虫于芦苇上。

成虫（芦苇，平谷东长峪，2017.VIII.4）

短突巨齿瓢蜡蝉
Dentatissus brachys Chen, Zhang et Chang, 2014

雌虫体连翅长5.1～5.6毫米。体暗褐色。头顶褐色，近长方形，中长约为基宽1/3。额暗褐色，近基部具分界不清的黄褐色斑，中脊黄褐色，稍过额的中央，沿额背缘域及侧缘域具小疣突。前翅暗褐色，具许多横向的褐色网纹。臀节长条形，两侧近于平行。

分布： 北京*、河南。

注： 经检的标本为雌虫；本种与北京常见种恶性席瓢蜡蝉*Dentatissus damnosus* (Chou et Lu, 1985)（《北京林业昆虫图谱（I）》中列有此种）相近，但前翅具许多横向的褐色网纹，额两侧端半部弧形突出和前缘弧形内凹明显。北京6～7月扫网采于鹅耳枥上。

成虫头部（平谷梨树沟室内，2020.VII.9）

成虫（怀柔黄土梁室内，2020.VI.30）

黑尾凹大叶蝉
Bothrogonia ferruginea (Fabricius, 1787)

体连翅长11.8～12.7毫米。体黄绿色（标本为橙黄色），具黑色斑，额唇基端部及前唇基基部处具黑色大横斑；胸及腹部黑色，足腿节以上黑色。

分布：北京*、陕西、甘肃、青海、黑龙江、吉林、辽宁、河北、山东、江苏、上海、安徽、浙江、江西、福建、台湾、湖北、湖南、广东、广西、香港、重庆、四川、贵州、云南、西藏；日本，朝鲜，泰国，越南，柬埔寨，印度。

注：本种在颜色、斑纹和形态上有较大变异。经检标本雌虫的第7腹板两侧端近于平截，与华凹大叶蝉*Bothrogonia sinica* Yang et Li, 1980（杨集昆和李法圣, 1980）不尽相同，而后者及另几个种被认为是本种的异名；这些种的相互关系仍需研究。北京8月、10月见成虫于樱桃、核桃树叶上。《北京林业昆虫图谱（I）》中介绍了15种叶蝉，2种有误，其中1种分为2种（这里重编），另一种假眼小绿叶蝉为小贯小绿叶蝉*Empoasca onukii* Matsuda, 1952的误定。叶蝉科种类多，这里按所属亚科排列。

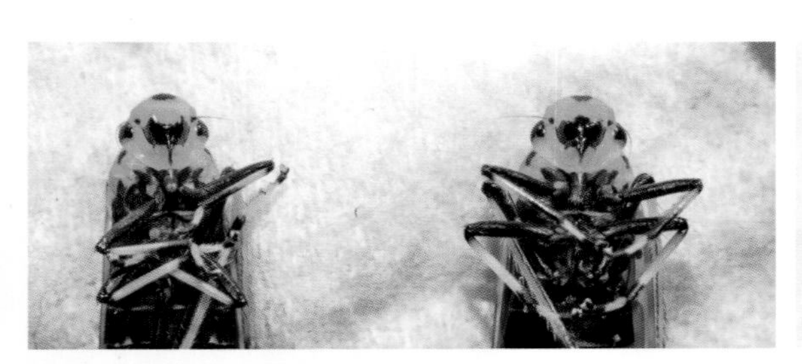
标本头胸腹面（左雄右雌）

标本腹末腹面（左雄右雌）

成虫（核桃，密云雾灵山，2019.X.16）

白边大叶蝉

Kolla atramentaria (Motschulsky, 1859)

体连翅长雄虫5.5～5.6毫米，雌虫6.0～6.3毫米。头胸部背面淡黄绿色至橙黄色，具蓝黑色至黑色斑或区域：头冠具4个黑色斑，基部中央1个最大；前胸背板基大部（有时也具斑纹）、小盾片中基部1对（有时可扩大，仅端部浅色）。复眼黑色，颜面额唇基近端部具1小黑色点。前翅翅端色浅，前缘区淡黄白色或淡橙黄色。

分布： 北京、甘肃、吉林、台湾、广东、重庆、贵州；日本，朝鲜，俄罗斯，东南亚。

注： 与*Kolla paulula* (Walker, 1858) 的关系仍需研究（张雅林, 1990）。北京4～8月可见成虫于栓皮栎、桑、荆条、核桃楸、酸模、火炬树、向日葵、美国地锦等植物上，具趋光性。

成虫（小叶朴，延庆松山，2018.V.23）

成虫（桑，海淀百望山，2017.VI.21）

浆头叶蝉

Nacolus assamensis (Distant, 1918)

雄虫体长14.9毫米。体似枯枝，黄褐色至深褐色。头冠延长，似浆，上缘呈波状。前胸背板中央具3条明显的纵脊，小盾片亦具3条细小纵脊，两基角各有1黑色小点。下生殖板较短，短于尾节侧瓣。

分布： 北京*、陕西、甘肃、河北、台湾、湖北、广东、四川、贵州、云南；日本，印度。

注： 已记录的寄主有荆条和栎；若虫像树枝的芽。北京10月见成虫于金银花枝条上。

成虫（金银花，怀柔官地，2005.X.4）

茶扁叶蝉
Chanohirata theae (Matsumura, 1912)

体连翅长3.7～4.5毫米。头冠、前胸背板和小盾片黄白色，具大量蠕虫状黑褐色纹，雌虫体色偏浅，雄虫偏暗。小盾片两侧中部及端部无黑褐色纹。前翅乳白色，沿翅脉具断续细褐色线纹，爪片具大量蠕虫纹或小黑色点斑，翅面上的褐色纹略呈3条横条，其中中间1条不达翅前缘，第2～4端室中部具1黑褐色点。

分布：北京*、陕西、河南、安徽、浙江、江西、台湾、福建、湖南、贵州、云南；日本。

注：*Penthimia testacea* Kuoh, 1991被认为是本种（原组合*Penthimia theae* Matsumura, 1912）的异名（沈雪林，2009），也有用*Reticuluma testacea* (Kuoh, 1991)（Fu & Zhang, 2015）。过去北京记录的乌叶蝉*Penthimia* sp.（虞国跃，2017）即为本种。记录的寄主有茶、油茶（李帅等，2018），现增加大叶黄杨、刺槐、榆、柳、海棠、山楂、臭椿等。北京7月可见成虫。

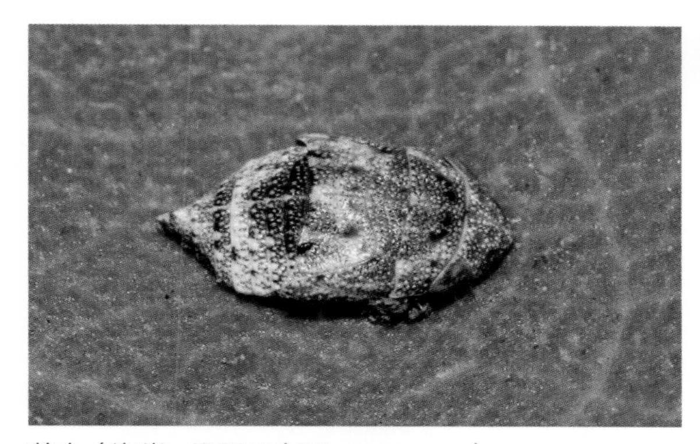

若虫（海棠，昌平王家园，2015.X.15）

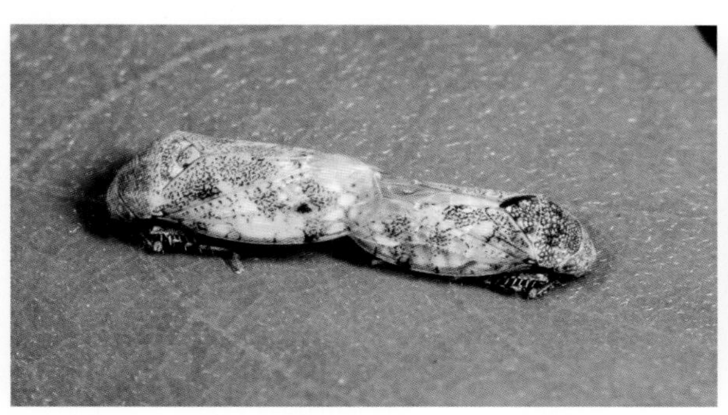

成虫对（刺槐，北京市农林科学院，2011.VII.17）

雌虫（海淀彰化，2007.VII.15）

麻点斑乌叶蝉
Penthimia densa Kuoh, 1992

雄虫体连翅长4.6毫米。体背面黑色，复眼红褐色，颜面黑色，喙栗褐色。前胸背板基部中央及两侧呈栗褐色。前翅基部2/3密布栗色透明小斑点，翅端部透明，但翅脉褐色，翅室内具褐色斑。头冠单眼连线前具横粗隆皱。第8背板具3个呈横列的黄褐色斑，中间的1个“1”字形，细小，均伸达后缘。

分布：北京*、四川。

注：栗斑乌叶蝉*Penthimia rubramaculata*（张雅林等，2017；nec. Kuoh, 1992）或为本种的误定。北京6月采于林下。

雄虫（门头沟小龙门，2014.VI.10）

中华乌叶蝉

Penthimia sinensis Ouchi, 1942

体长4.4～4.5毫米。体黑色，具光泽，体背具8个淡黄色至黄色大斑：位于前胸背板两侧、前翅中部、爪片基部及中部。前翅端片透明，在第一端室处具深褐色斑，翅端缘具窄褐色边。

分布：北京、内蒙古、浙江。

注：黄斑乌叶蝉 *Penthimia citrina* Wang, 1995为本种异名（杨集昆，1997），寄主栎类。北京5～7月见成虫于栓皮栎上，也可见于艾蒿上。

成虫（栓皮栎，平谷东长峪，2016.V.10）

葛耳叶蝉

Kuohledra kuohi Cai et He, 1997

雌虫体连翅长14.6毫米。腹面黄白色，额唇基基部两侧及侧缝（呈倒“V”形）、中胸腹板中央黑色，腹部（包括背面）带红褐色，第7腹节背面具1对黑褐色斑。头顶长稍大于宽，也稍大于前胸背板。前胸背板无中脊，也无耳状突起。小盾片具3个小瘤突，呈倒三角形。前翅中央具1个较大的瘤粒。后足胫节稍扁，端半部一侧具3个小齿，其上具1稍扁宽的刺毛。第7腹板短于前一节，后缘中央浅弧形内凹。尾节侧瓣后半散布小黑褐色点。

分布：北京、内蒙古。

注：原始描述体连翅长为雄虫9.5～10.5毫米，雌虫13.7～14.0毫米（蔡平和何俊华，1997）。北京9月见于灯下。

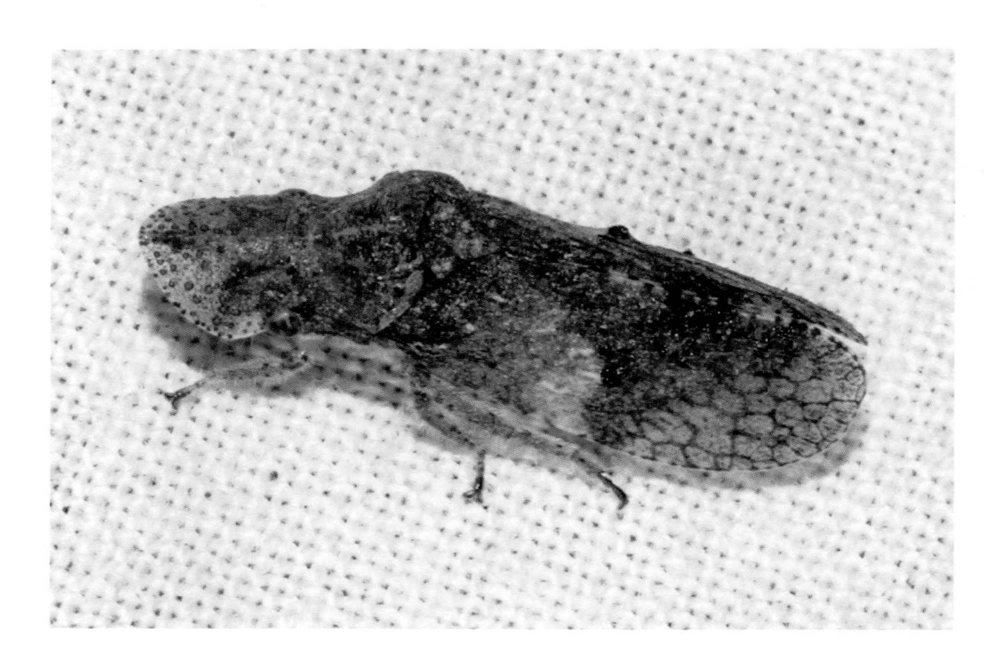

雌虫（房山蒲洼村，2019.IX.26）

窗耳叶蝉

Ledra auditura Walker, 1858

体连翅长雄虫12.5～13.0毫米，雌虫17.3～18.0毫米。体暗褐色，头冠具浅色区域，似“天窗”，腹面（包括足的腹面）淡黄褐色，但头颜面前部（除“窗”外）黑褐色，或仅颜面中央端部黑褐色。头冠中央及两侧具“山”字形隆脊。雌虫前胸背板突起呈片状，大，几乎垂直向上（稍偏向两侧），稍向上前方倾斜，无中隆脊，仅在后缘具短的侧隆脊；雄虫前胸近两侧具耳状突出构造，伸向后上方，前缘较为平滑，后缘具齿。小盾片末端瘤状隆起，其前方具横皱褶。雌虫第7腹板后缘略呈槽形内凹。

分布：北京、陕西、浙江、安徽、福建、台湾、广东、香港、贵州；日本，朝鲜，俄罗斯。

注：本种模式产地为香港，记录的体长比上述的短（Walker, 1858）；明冠耳叶蝉*Ledra hyalina* Kuoh et Cai, 1994与本种的区别为体的大小（葛钟麟和蔡平, 1994），可能为本种的异名。本种前胸背板突起有变异，其变异程度仍需要研究。北京6～8月可见成虫，具趋光性。

雄虫（昌平王家园, 2013.VII.3）

雌虫（房山蒲洼村, 2019.VIII.7）

心耳叶蝉

Ledra cordata Cai et Meng, 1991

雄虫体长13.2毫米。体深灰褐色，头冠中脊两侧具有大的浅褐色斑，其外侧尚有1对小斑；腹面黄褐色，颜面黑褐色，可见3对浅色斑。头扁平，头冠“山”形垅脊较为平坦。前胸近两侧具耳状突出构造，伸向上方，很低矮。前翅端部稍浅，中部前具1浅色横带，不甚明显。

分布：北京*、安徽、江西。

注：本种称为“心耳”，是因前胸侧面观的剪影（蔡平和孟绪武, 1991）。此外，头冠“山”形垅脊的侧脊长仅达该处冠长的2/3（而不是3/4强），暂定为本种。北京6～8月可见成虫于灯下。

雄虫（怀柔喇叭沟门, 2017.VII.12）

八齿耳叶蝉
Ledra sp.

雄虫体长18.0毫米。体背红褐色，具暗褐色区域。腹面淡黄色，颜面中央（不达前缘）及两侧基部黑褐色。头冠中脊明显，较为光滑，其中央具1明显的细沟。前胸背板的突起几乎平直，稍向后上方翘，两耳之间具2条小纵脊。后足胫节外侧的叶状面非常明显，宽，外侧具8枚齿，呈全长分布，其中近基部的1枚最小。

分布：北京。

注：本种后足胫节叶状宽，外侧具8枚齿，可与其他种区分。北京8月见成虫于灯下。

雄虫（密云五座楼，2013.VIII.20）

纵条片头叶蝉
Petalocephala engelhardti Kusnezov, 1931

雌虫体连翅长7.8毫米。体黄褐色。头冠端至小盾片具黄色纵条，头颜面前半部分褐色。单眼生于头冠近中央，单眼间距小于与复眼的距离；头宽与头冠中长之比为1.82，复眼间距与头冠中长之比为25:19。后足胫节不扩延，具分散的5枚刺。第7节腹板稍短于前节，后缘近直线，仅中央微刻凹。

分布：北京*、黑龙江；朝鲜，俄罗斯。

注：新拟的中文名，从体背的黄色纵条。记录于黑龙江帽儿山的*Tlasia borealis* Jacobi, 1943（*Thlasia*的错拼!）为本种的异名。北京6月见成虫于林下的鸭跖草上。

雌虫（鸭跖草，平谷东长峪，2016.VIII.14）

绿胸片头叶蝉
Petalocephala viridis Cai et He, 1997

雄虫体连翅长8.9～9.6毫米。体黄绿色至翠绿色，头冠边缘红色（与颜面基缘的红色一体），体背及部分翅脉散布黄绿色小斑点，前翅合缝处的后大部褐色。头冠中长短于两复眼间距，两者之比为2∶3左右。第7腹板明显长于前节，后缘两侧浅弧形，中部近于平截；尾节侧瓣近于窄心形，后缘较小，腹缘近端部内侧着生1骨化的刺突（基部稍弧弯），指向后方稍偏上。

分布：北京*、陕西、河南、浙江、江西、四川、贵州。

注：本种模式产地为四川丰都（梁爱萍等, 1997），李玉建（2009）认为赤缘片头叶蝉*Petalocephala rufa* Cen et Cai, 2000是本种的异名，而孙晶（2009）认为本种是*Petalocephala rufa* Cen et Cai, 2000的异名（均未见正式发表）。张雅林等（2017）记录了红缘片头叶蝉*Petalocephala rufomarginata* Kuoh, 1984在秦岭的分布，所配的仿图却是本种。北京8～9月见成虫于灯下。

雄虫（怀柔孙栅子, 2012.VIII.13）

沟门角胸叶蝉
Tituria sp.

雄虫体连翅长12.0毫米。体黄绿色（标本呈黄褐色），头冠前缘及前胸背板侧缘红褐色并且黑色边；小盾片顶端、前翅中域一小点与Cu_2、A_1、A_2脉末端黑褐色。腹面淡黄褐色。头冠中长短于前胸背板中长（16∶21），头冠具细中脊。前胸背板后部具细中脊。后足胫节具7枚刺。尾节腹缘近末端着生1长刺突。

分布：北京。

注：雄性外生殖器与黑脉角胸叶蝉*Tituria nigrivena* Cai, 1993（蔡平和墨铁路, 1992）很接近，但该种阳茎近端部的腹面不具1对小齿突，头冠中长与前胸背板相近。北京8月可见成虫。

雄虫及外生殖器（怀柔喇叭沟门, 2012.VIII.13）

大麻角胸叶蝉

Tituria sativae Cai et Shen, 1998

雄虫体连翅长11.8～13.5毫米。体褐色，体前半部背面染有绿色。头缘及前胸背板侧缘黑褐色，常具红色的内缘；腹面及腹部背面浅灰绿色。前胸背板侧突角短而钝，生自侧区后部，后侧缘稍内凹，后缘中央广弧形。后足胫节外侧缘生5或6枚齿。

分布：北京、陕西、山西、河南。

注：本属的一些种类外形相近，需要对雄虫外生殖器进行核查；本种阳茎侧面观端部较细长，向顶端收尖（蔡平和申效诚，1998）。北京8月见成虫于榆、柳小枝上。

雄虫（榆，延庆水泉沟，2017.VIII.29）

小字横脊叶蝉

Evacanthus trimaculatus Kuoh, 1987

雄虫体连翅长5.7毫米。头冠基缘中央两侧具1对黑色圆斑，中央纵脊黑色，前方的溺脊线黑褐色；颜面浅色，略可见唇基两侧的黑褐色横线。前胸背板前缘两侧具黑褐色横斑；小盾片基角处具黑褐色斑，端半部（除顶尖外）黑褐色。雄虫尾节侧瓣宽圆，末端明显收窄，呈现一透明舌状，腹缘突细长，端部变细并弯向内侧（与另一侧的腹缘突相交）。

分布：北京*、甘肃、内蒙古、吉林、河南、湖北、西藏。

注：本种分布较广，颜色和斑纹有变化（杨玲环，2001）。北京7月见成虫于林下植物。

雄虫（门头沟小龙门，2013.VII.29）

鹅耳眼小叶蝉
Alebra neglecta Wagner, 1940

雄虫体连翅长3.6毫米。体淡黄色，小盾片及前翅末端1/3颜色稍浅，复眼大部分为白色。尾节侧瓣后缘背突黑色，短小，稍向背面延伸，略呈小齿状。

分布： 北京*、陕西、甘肃、河北；日本，俄罗斯，哈萨克斯坦，欧洲。

注： 与淡色眼小叶蝉 *Alebra pallida* Dworakowska, 1968很接近，但后者体大（4.1毫米），尾节侧瓣后缘背突略呈三角形外突。记录的寄主较多，欧洲鹅耳枥、稠李、欧洲甜樱桃，以及下列属的某未定种：赤杨属、栗属、山楂属、蔷薇属、苹果属、花楸属等。北京6月在鹅耳枥上有一定数量的成虫。

雄虫（鹅耳枥，平谷梨树沟，2020.VI.11）

淡色眼小叶蝉
Alebra pallida Dworakowska, 1968

雄虫体连翅长4.1毫米。体金黄色，头部、小盾片及前翅末端1/3颜色稍浅，复眼大部分为白色。尾节侧瓣后缘背突黑色，略呈三角形外突，表面具瘤状小颗粒及斜皱纹，下方具1指形突，指向后方，明显长于上方的黑色背突。

分布： 北京*、陕西、甘肃；日本，朝鲜，俄罗斯。

注： 记录的寄主为苹果、蒙古栎。北京6月见成虫于栓皮栎上。

若虫（栓皮栎，平谷石片梁，2018.VI.13）

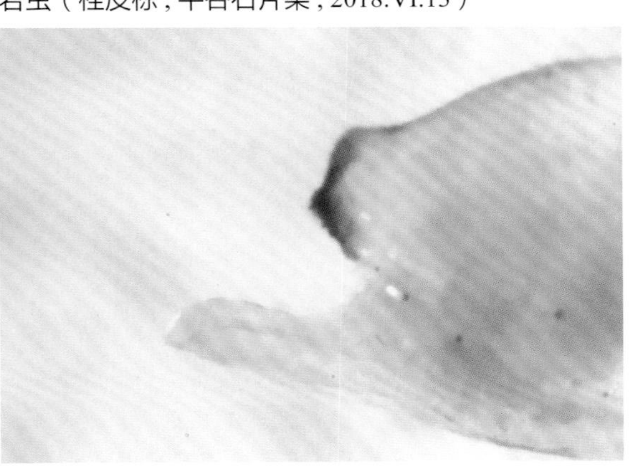

雄虫及尾节侧瓣后缘侧面观（栓皮栎，平谷东长峪，2018.VI.14）

葡萄阿小叶蝉
Arboridia kakogawana (Matsumura, 1932)

体连翅长3.0～3.2毫米。体淡黄色，头顶具1对黑色圆斑，颜面无明显斑纹。前胸背板近前缘两侧各具4个褐色斑，或消失。前翅爪片中部及Cu_1脉上具橙黄色或暗褐色纹。前胸腹板两侧具大黑色斑。腹部背面每节具黑褐色横带，中间断开；第7腹板侧缘长于或近似前一节，后缘中央广舌形后突，长大于其余中长的1/2；产卵器端部黑色。

分布： 北京*、新疆等；日本，朝鲜，俄罗斯，乌克兰，罗马尼亚。

注： 经检标本的雄虫阳茎近基部背面的小齿较短小。国内许多葡萄产区应有此虫的发生，过去与葡萄二星叶蝉*Arboridia apicalis*或*Erythroneura apicalis*有混淆现象，如虞国跃（2017）从北京记录的该种，但该书中所附右侧上图是本种的误订（张君明和虞国跃，2020）。已入侵欧洲；寄主为葡萄，它是新疆葡萄上的重要害虫（曹文秋，2017）。

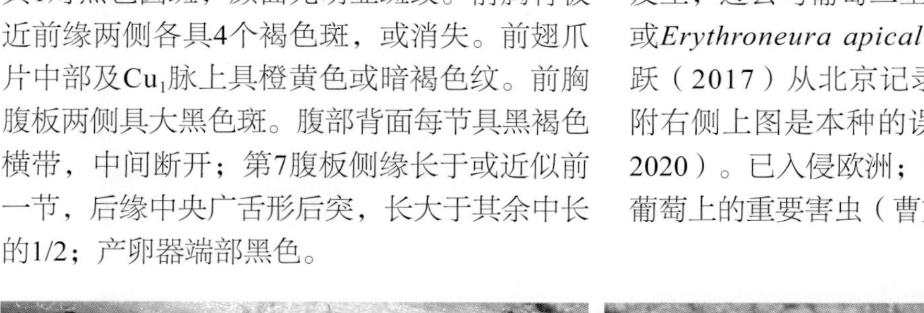

若虫（葡萄，北京市农林科学院，2020.VIII.23）

成虫（葡萄，北京市农林科学院，2020.IV.7）

葡萄二黄斑叶蝉
Arboridia koreacola (Matsumura, 1932)

体连翅长2.8～3.1毫米。头顶具1对黑色圆斑，颜面触角窝的上方、下方及唇基缝内侧具或大或小的黑褐色斑；前胸背板前缘具3个黑褐色圆斑；小盾片两侧具三角形黑褐色斑。两前翅的基部和中部具近圆形的淡黄色斑。前胸腹板两侧具大黑色斑，腹部背面黑褐色，每节后缘淡黄色。雌虫第7腹板侧缘长与前一节相近，后缘中央具舌状后突，长度约为侧缘长的1/2。

分布： 北京、陕西等；日本，朝鲜，俄罗斯。

注： 与上种及与葡萄二星叶蝉*Arboridia apicalis*有混淆现象，可参见张君明和虞国跃（2020）。形态特征（体腹面具红褐色和黄白色两类）及生物学可见扈丹等（2015）。北京的寄主为葡萄、海棠，偶见于桃；可与葡萄阿小叶蝉生活在同一葡萄叶片上。

成虫对（葡萄，北京市农林科学院，2020.VIII.23）

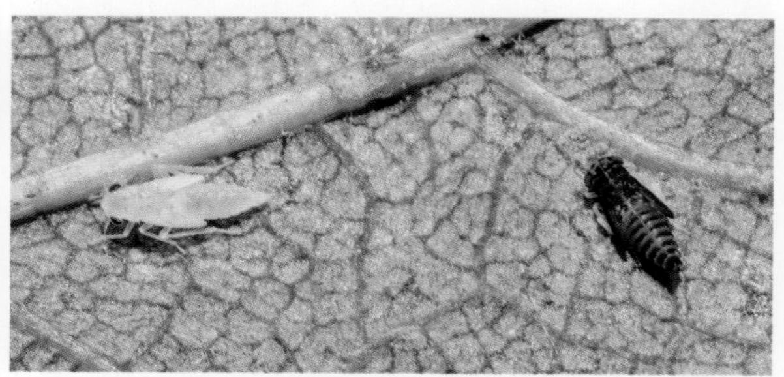

若虫（左为葡萄阿小叶蝉）（葡萄，北京市农林科学院，2020.VIII.23）

朝鲜二星叶蝉

Arboridia koreana Oh et Jung, 2015

雌虫体连翅长3.0毫米。体黄褐色。头顶浅褐色至褐色，中央两侧具1对黑色斑，其前方尚有1对不明显的褐色斑；额唇基两侧暗褐色，前唇基端大部褐色。前胸背板前缘具1对黑色斑，其内侧和外侧尚有不规则的斑。小盾片基部具2个三角形黑色斑。前翅翅脉黄色（有时染有红色），一些翅室内（尤其端室）填充暗褐色。中胸腹板暗褐色。腹第7节中长稍长于前2节长之和，后缘中央短舌形突出，其长约为中长之半。

分布：北京*；朝鲜。

注：中国新记录种，新拟的中文名，从学名。经检的标本为雌虫，小盾片黑色三角形斑可扩大，端部的白色斑可消失。雌虫第1腹板中央具缺刻，拟为产卵时被产卵器所割。北京5月见成虫于灯下。

雌虫（怀柔黄土梁，2020.V.27）

维二星叶蝉

Arboridia sp.

雄虫体连翅长3.2毫米。体淡黄褐色，腹面及足淡黄色；头冠中部具1对黑褐色圆斑，基部中央黑褐色；颜面唇基缝下半部具浅褐色纹。

分布：北京。

注：头胸部的斑纹及阳基侧突等与核桃二星叶蝉*Arboridia agrillacea* (Anufriev, 1969) 非常接近，但本种阳茎干两侧呈片状，近长形，其端部1/3着生2侧突，2枝的基部靠近，呈广“V”形，后者并没有片状及侧突。北京10月可见成虫。

雄虫（门头沟小龙门，2010.X.19）

拟卡安小叶蝉
Anufrievia parisakazu Cao et Zhang, 2018

雄虫体连翅长3.0～3.1毫米。体淡黄褐色。头冠与颜面交接处具1对黑色斑（处于头冠部分的面积略大），头冠基部具黑褐色横纹或无，颜面前唇基略带褐色。中胸腹板两侧具大黑色斑或褐色；腹部背面褐色；下生殖板端2/5黑褐色。第8腹板长大，长于前2节之和，后缘近于平截；下生殖板稍长于第8腹板，弯向上方。

分布： 北京*、陕西。

注： 模式产于陕西周至，雄虫体连翅长3.4～3.6毫米（Cao et al., 2018），描述中并未提到中胸腹板具黑色斑。此属的种类在外形上较为接近，雄性外生殖器的检查是必要的。北京8月见成虫于灯下。

雄虫（房山上方山，2016.VIII.25）

棉奥小叶蝉
Austroasca vittata (Lethierry, 1884)

体连翅长雌虫3.0～3.1毫米，雄虫2.5毫米。体淡绿色至黄绿色，头胸部具黄白色小斑，头冠中央具纵纹，两侧各有2对斑纹；前胸背板前缘（在两侧曲折）、中线黄白色；小盾片前半具4条纵纹，中央2条相互接近。前翅翅脉嫩绿色，端部2/5淡烟褐色。头冠前后缘平行，中长约为复眼间距的1/2。

分布： 北京*、陕西、黑龙江、吉林、辽宁、江苏、浙江、贵州；日本，朝鲜，俄罗斯，蒙古国，哈萨克斯坦，欧洲，智利。

注： 记录的寄主为蒿属植物。贵州在黑麦草上发生量大、个体较大（2.9～3.6毫米）（张莉等, 2017）；北京发现于菊花上，数量不少（雄虫很少），或5月见成虫于灯下。

若虫（菊花，北京市农林科学院，2016.VIII.22）

成虫（菊花，北京市农林科学院，2016.VIII.21）

安小叶蝉
Empoa aglaie (Anufriev, 1968)

雌虫体连翅长3.2毫米。体淡黄色。头冠前缘具1对弧形大斑，颜面无任何斑纹。足浅黄色，爪黑褐色。腹部背面黑褐色，节间淡黄色，尾节侧面黑褐色。腹第7节长与前2节之和相近，后缘稍呈广角形后突，中央圆弧形。

分布：北京*、陕西；朝鲜，俄罗斯，蒙古国。

注：曾放在*Typhlocyba*属（张雅林，1990），现归于*Empoides*亚属。雄虫头冠前缘的1对斑较细小，且前翅后缘烟褐色区较大。北京7月、9月见成虫于灯下。

雌虫（平谷金海湖，2016.IX.14）

雄虫（昌平王家园，2013.VII.3）

平阔小叶蝉
Sobrala sp.

体连翅长雄虫3.4毫米，雌虫3.7毫米。体淡黄白色，有时染有淡红色。头前缘中面具长方形或五边形的黑色斑；颜面无任何斑纹。小盾片端部黑褐色。雄虫前翅端部染有烟色，有时腹背基部黑褐色及前胸背板基部两侧具暗褐色斑。雌虫第7腹板与前2节长相近，后缘中央“U”形内凹，达腹板长之半；产卵瓣端部暗褐色。

分布：北京*、贵州。

注：本种是1未发表种，记录于贵州，模式为1雄虫，采于灯下（焦猛，2017）。本种的下生殖板基部宽大，端部1/3变细且弧形弯曲，与本属其他种有明显的区别。本属世界已知7种（Kang & Zhang, 2015）。北京见于拐枣的叶背，数量较多，为其寄主。

成虫及若虫（拐枣，房山上方山，2015.VII.2）

雄虫（拐枣，房山上方山，2015.VII.2）

多彩斑翅叶蝉
Tautoneura polymitusa Oh et Jung, 2016

体连翅长2.4～2.7毫米。体淡黄色，具橙红色斑纹。头冠中央两侧具1对橙红色斑，两侧中央延伸至复眼，头冠前缘具1横纹。后唇基两侧稍暗色，且向口器方向稍扩大，中间淡黄色，其宽度与稍褐色区相近。前胸背板后半部具2个近圆形白色斑，围以橙红色纹。腹部以褐色为主，但侧区、腹面每节的后缘黄色，腹部背面暗褐色，具浅色中线，后两节黄色，但两侧具褐色大横斑。生殖基瓣长，明显长于前节。

分布：北京*；朝鲜。

注：中国新记录种，新拟的中文名，从学名。模式产地韩国（Oh et al., 2016）。匈牙利也记录了此种，寄主为榆（Tóth et al., 2017），但在雄性外生殖器的特征上仍有一定的差异；经检标本的阳茎端刺略粗。北京6～8月见于灯下。

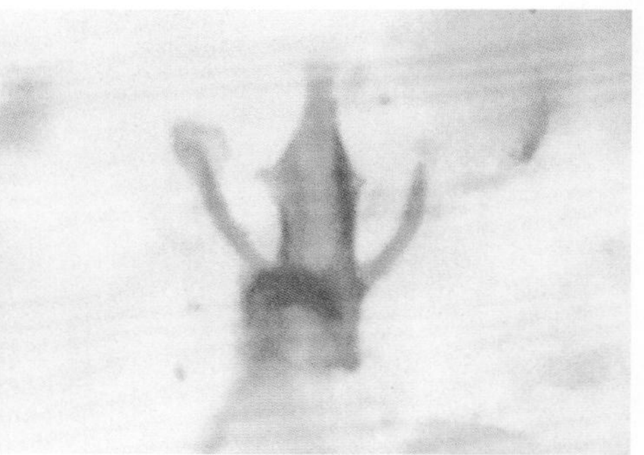

雄虫及外生殖器（怀柔上台子，2020.VI.29）

三点斑翅叶蝉
Tautoneura sp.

体连翅长2.7～3.0毫米。体淡黄白色，头冠、前胸背板前缘及小盾片具黄色斑。前翅半透明，前翅后缘中基部具2个橙黄色斑（有时不明显），在近翅端、翅前缘的中部及近基部各具1黑色斑。

分布：北京。

注：与分布于朝鲜和俄罗斯的*Tautoneura tricolor* Anufriev, 1969 (Oh et al., 2016) 非常接近，前翅的斑纹及雄虫1对“L”形的肛突等几乎一致，但本种阳茎近中部两侧具刺状分枝，贴近阳茎主干，伸达至阳茎端的一半。北京10月见成虫于五角枫叶下，或为躲雨。

成虫（五角枫，门头沟小龙门，2014.X.22）

雄虫（门头沟小龙门，2011.X.19）

野葡萄斑翅叶蝉
Tautoneura sp.

体连翅长雌虫3.0～3.1毫米，雄虫2.8毫米。体淡黄色，雄虫仅头冠前缘两侧具1对白色斑；雌虫头冠还具中纵斑，前胸背板具人字形白色纹，小盾片具中纵斑。雌虫前翅具3个黑色点斑，翅面还常具黄色斑；雄虫只有近翅端的斑点。雄虫头冠中长约为复眼间距。

分布：北京。

注：从外形上接近*Tautoneura formosa* (Dworakowska, 1970)，即前翅具3个小黑色点，阳基侧突也较为接近，但该种阳茎干较细，且近端多了1对枝突。寄主为葎叶山葡萄，5月后可见成虫。

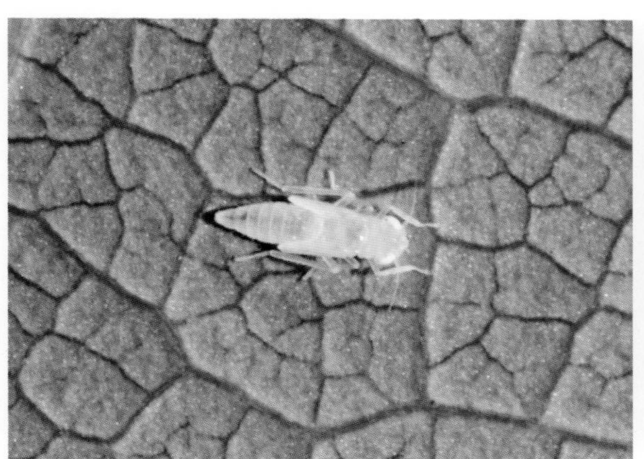

若虫（葎叶山葡萄，平谷石片梁，2020.VI.12）

雌虫（葎叶山葡萄，平谷石片梁，2020.VI.12）

雄虫（葎叶山葡萄，平谷石片梁，2020.V.13）

斑纹栎小叶蝉

Typhlocyba quercussimilis Dworakowska, 1967

体连翅长2.7～2.8毫米。体淡黄绿色。前翅淡白色，基部2/3具3组略斜置的黄色斑纹（有时不明显），翅端淡烟灰色。腹面头胸部淡白色，腹部黄色。尾节侧瓣宽大，末端黑色，呈1个大齿状。阳茎后面观中部稍微膨大，两侧具微粒齿。

分布： 北京*、陕西、甘肃、河北、山东、福建、湖北、广东、四川；朝鲜，俄罗斯，蒙古国，哈萨克斯坦。

注： 记录的寄主为山楂属一种，北京发现鹅耳枥为其寄主。北京5～6月可见成虫。

若虫（鹅耳枥，怀柔黄土梁，2020.V.27）

成虫（鹅耳枥，怀柔黄土梁，2020.V.26）

黑胸斑叶蝉

Ziczacella dworakowskae (Anufriev, 1970)

雌虫体连翅长3.0毫米。前胸背板黑褐色，具3个白色斑，中间前缘的1个较小，后侧的2个较大，两侧有时还有小的浅褐斑。小盾片黑色，具3个白斑，中间的1个最大。前翅淡黄白色，具有灰黑色斑纹，近端部的斑纹颜色较浅。体腹面及足淡黄白色，足爪黑褐色。

分布： 北京、河南、安徽、江西、四川；俄罗斯。

注： 国内以前记录的*Erythroneura hirayamella*和*Zygina hirayamella*（nec. Matsumura, 1932）即为本种的误订。本种从中文名中的“黑斑”（即前胸背板具黑褐色的面积较大）可与近缘种区分。寄主葡萄、芝麻、桑、花生、萝卜、茶等，北京8月见成虫于灯下。

雌虫（房山上方山，2015.VII.2）

七河赛克叶蝉

Ziczacella heptapotamica (Kusnezov, 1928)

体连翅长雄虫2.8～2.9毫米，雌虫3.1～3.2毫米。头冠具1对黑色圆斑（斑纹大小有变化，有时斑很小，但仍明显可见）；颜面玉白色，有时前唇基或前后唇基中部具暗色纵斑。前胸背板玉白色为主，中央具“Y”形黑褐色纹，两侧具黑褐色纹或不明显。小盾片玉白色，仅两侧角和端部具褐色纹，有时褐色纹扩大或加深，可见5个明显的玉色纹。

分布：北京、陕西、浙江、湖南、四川、贵州；日本，朝鲜，俄罗斯，哈萨克斯坦，吉尔吉斯斯坦，乌克兰。

注： 与上种黑胸斑叶蝉 *Ziczacella dworakowskae*相近，但本种前胸背板大部为玉白色，阳茎端部中空，其后两侧具1对刺突。浙江记录于慈溪，贵州记录于贵阳。寄主为葎草、悬钩子等，北京以成虫越冬，4月起可见成虫在葎草上活动。

成虫（葎草，怀柔汤河口，2020.VI.29）

若虫（葎草，北京市农林科学院，2017.VI.18）

成虫（葎草，昌平王家园，2016.VI.22）

齿片单突叶蝉

Olidiana ritcheriina (Zhang, 1990)

体连翅长雄虫7.2毫米，雌虫8.2毫米。体污褐色，被黄绿色粉。复眼大，内侧1/3血红色，外侧黄绿色，有时中部为淡天蓝色。颜面额唇基两侧及前唇基锈黄色。前翅翅脉及翅面具许多淡黄褐色透明小点，其中翅脉上的较大而规则。雄虫下殖板长，粗看似为产卵瓣。雌虫第7腹板稍长于前2节长之和，后缘中部近于平截（稍波曲），中央具一个微小的缺刻。

分布：北京、陕西、甘肃、河北、山西、安徽、四川。

注：复眼内缘血红色，非常漂亮；模式产地为上述分布（除甘肃）（张雅林, 1990）。河北记录于兴隆雾灵山。北京8～9月见成虫于榆、红瑞木和山楂叶悬钩子等植物上。

雌虫（榆，延庆水泉沟，2017.VIII.30）

雄虫（山楂叶悬钩子，昌平长峪城，2016.VIII.16）

朝鲜叉突叶蝉

Aconurella koreacola Anufriev, 1972

雌虫体长3.4～3.7毫米。体黄绿色，具金色光泽，复眼红褐色，头冠前缘具3个黑色斑。足黄褐色。头冠中长稍短于复眼间距，后缘具1对半透明斑。前胸背板窄于头宽，中长稍短于头冠中长，近前缘具1列半透明斑。前翅多为短翅型，常仅达第2腹节基部。

分布：北京*、内蒙古；朝鲜，俄罗斯。

注：本种记录于内蒙古，雄虫体长2.2～2.3毫米（张斌, 2014）。北京9月可见成虫于灯下。

成虫（密云雾灵山，2014.IX.16）

烟草嘎叶蝉

Alobaldia tobae (Matsumura, 1902)

雄虫体连翅长3.1毫米。体淡黄褐色，头冠中部具4个横列的黑褐色斑，中斑大，可与侧斑相连呈横线，近端中央两侧各具1小褐色斑或消失，前缘两侧具褐色带（可断裂，或仅在中侧斑点状）；颜面淡黄褐色，额唇基两侧具颜色稍深的横纹列。前胸背板隐约可见6条淡褐色纵纹。前翅淡黄色，部分翅室周缘褐色，翅近基部中央具中肘横脉（mCu_1）。

分布： 北京*、陕西、甘肃、黑龙江、河南、安徽、浙江、福建、湖南、广西、海南、四川、贵州、云南；日本，朝鲜，俄罗斯。

注： 模式产地为日本，头冠的斑纹更多（Matsumura, 1902）。记录的寄主为竹、水稻、大麦、小麦等。北京8月见成虫于灯下。

雄虫（顺义汉石桥，2016.VIII.12）

门司突茎叶蝉

Amimenus mojiensis (Matsumura, 1914)

体连翅长雄虫5.5毫米，雌虫5.8～6.3毫米。体褐色，头冠前域两侧各具1灰黑色波纹状横纹，在中部扩大呈逗点状，中部两侧具1对不规则暗褐色斑；颜面浅褐色，具6～7条黑褐色横纹。前胸背板中域具2条深褐色纵带。前翅淡黄褐色，散生青白色透明斑，前缘近端部具3～6个小黑色斑，端缘黑褐色。

分布： 北京*、河南、贵州；日本，朝鲜。

注： 经检标本的体长较短，国内记录的体长为雄虫6.0～6.5毫米，雌虫6.2～6.8毫米（戴仁怀和邢济春, 2010）。外形与狭拟带叶蝉 *Scaphoidella stenopaea* Anufriev, 1977相近，该种体更小，且翅脉间具较多的黑色斑。北京5～7月可见成虫于灯下。

成虫（平谷梨树沟，2020.VI.12）

黄脉端突叶蝉
Branchana xanthota Li, 2011

体连翅长雄虫5.5毫米，雌虫5.9毫米。体淡绿色，颜面无明显的斑纹；足胫节和跗节稍带褐色。触角长，稍长于头冠前缘至小盾片端的长度。头冠前稍角形突出，中长短于复眼间距或前胸背板。雄虫尾节侧瓣近心形，端部2/3着生粗刚毛。

分布： 北京*、湖南、四川、贵州；日本。

注： 中文名中的“黄脉”是虫体死后的现象。寄主为竹（陈盛祥等, 2012），北京6月、11月可见成虫。

若虫（竹，北京市农林科学院，2012.VI.13）

成虫（竹，北京市农林科学院，2011.XI.8）

带纹截翅叶蝉
Chelidinus cinerascens Emeljanov, 1962

体连翅长雄虫3.7毫米，雌虫3.9毫米。体乳白色，具黄褐色至黑褐色斑纹。头冠前缘具八字纹；颜面额部具3～4条黑色纹，复眼后缘具斜黑色纹。雄虫尾节端半部密生粗大刚毛，内缘近上端部向下着生1个骨化的指形突（端尖）。

分布： 北京*、甘肃、青海、内蒙古、河北；朝鲜，俄罗斯，蒙古国，哈萨克斯坦。

注： 本种作为中国新记录属和种由李子忠等（2011）记录；甘肃记录的八字纹带叶蝉*Scaphoideus* sp.（孙智泰, 2004）即为本种。本属前翅端部截形，雄虫阳茎呈环状且基部具细长的刺突。北京7～9月见成虫于灯下。

成虫（平谷金海湖，2016.VIII.2）

阔颈叶蝉

Drabescoides nuchalis (Jacobi, 1943)

体连翅长雄虫7.2毫米，雌虫8.4毫米。体暗褐色，头冠、前胸背板前缘及小盾片具青白色纹，颜面青灰色，后唇基两侧具浅褐色横纹列。前翅翅脉浅褐色，各翅室均有烟黑色条斑。第7腹板后缘广弧形内凹，但内凹正中稍外突。

分布：北京、陕西、新疆、天津、河南、安徽、浙江、江西、福建、湖南、广东、广西、海南、四川；日本，朝鲜，俄罗斯。

注：暗褐增脉叶蝉*Kutara fusca* Cai et Kuoh, 1995和黄褐增脉叶蝉*Kutara testacea* Cai et Kuoh, 1995是本种的异名（张雅林等, 1997）。本属的种类在外形上较为接近，需核对外生殖器（Qu et al., 2014）。寄主有玫瑰、柳、榆，北京9月见于灯下。

雌虫（房山蒲洼村，2019.IX.26）

细茎胫槽叶蝉

Drabescus minipenis Zhang, Zhang et Chen, 1997

雄虫体连翅长9.4毫米。体黑色，头冠前缘的中央具黄褐色横斑，颜面后唇基侧缝黄褐色。小盾片中线两侧具不明显的褐色纵条。前翅褐色，透明，具烟褐色大斑纹，中部及基部靠近前缘域各有1白色斑，翅脉黑色，散生数个白色点。

分布：北京*、陕西、河南、台湾、四川、云南。

注：本种的定名人有不同的写法，按原始文献（张雅林等, 1997）应如此。此属的中文名多称槽胫叶蝉。北京8月见成虫于灯下。

雄虫（房山上方山，2016.VIII.24）

尼氏胫槽叶蝉

Drabescus nitobei Matsumura, 1912

雄虫体连翅长7.0毫米。体暗褐色。头冠、前胸背板及小盾片密布黑褐色斑点。前翅中部具透明横带，翅脉具黄白色点。颜面黑褐色，两侧稍具褐色斑点。尾节侧瓣腹缘端部具刺状突起，长过侧瓣后缘，稍伸向上方；下生殖板末端细长，浅色。

分布： 北京*、河北、广西、海南；日本，俄罗斯。

注： 北京8月见成虫于灯下。

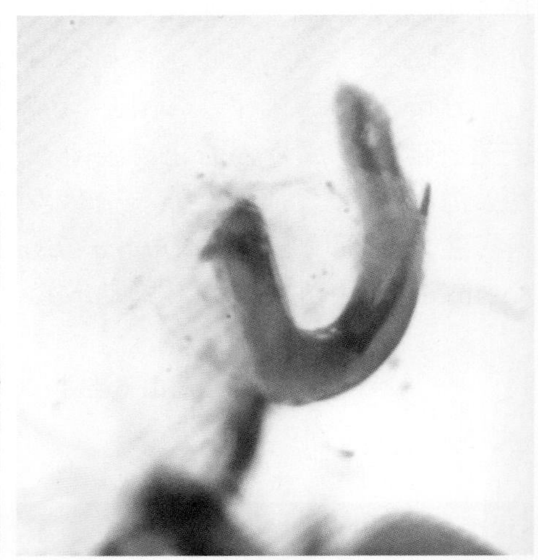

雄虫及阳茎侧面观（门头沟小龙门，2015.VIII.19）

宽槽胫叶蝉

Drabescus ogumae Matsumura 1912

体长7.8～9.7毫米。体色有变化，黄褐色、红褐色至暗褐色，头部褐色，前缘黑褐色；颜面基缘、额唇基区及前唇基为黑色，其余部分褐色；前胸背板和小盾板中间部分黄褐色乃至鲜褐色，两侧黑褐色；前翅具透明斑及翅脉上散布白色小点。

分布： 北京、陕西、甘肃、山东、台湾、广东、贵州；日本，朝鲜。

注： 寄主桑、榆、枣、杨、柘树等。北京8～9月可见成虫，具趋光性。

成虫（榆，延庆水泉沟，2017.VIII.29）

韦氏槽胫叶蝉

Drabescus vilbastei Zhang et Webb, 1996

体连翅长雄虫7.8毫米，雌虫8.1～8.8毫米。体红褐色（干标本黄褐色），头顶前缘黑褐色（中间黄白色）；颜面额唇基及前唇基黑色（雌额唇基黄褐色，两侧具褐色横带，前唇基黑色），颊基部黑褐色（雌性较小）。前翅中部及基部具浅色透明横带，翅脉上散布白色小点。雌虫第7腹板中部黑色，后缘中央呈"V"形深缺刻。

分布：北京*、陕西、吉林、河南、安徽、贵州；日本，俄罗斯。

注：过去曾误定为*Drabescus nigrifemoratus* (nec. Matsumura, 1903)；本种雌虫的第7腹板具有不同的形态，后缘中央的缺刻深浅不一（Zhang & Webb, 1996）。北京8～9月见成虫于灯下。

雄虫（怀柔孙栅子，2012.VIII.13）

雌虫（房山蒲洼村，2019.IX.26）

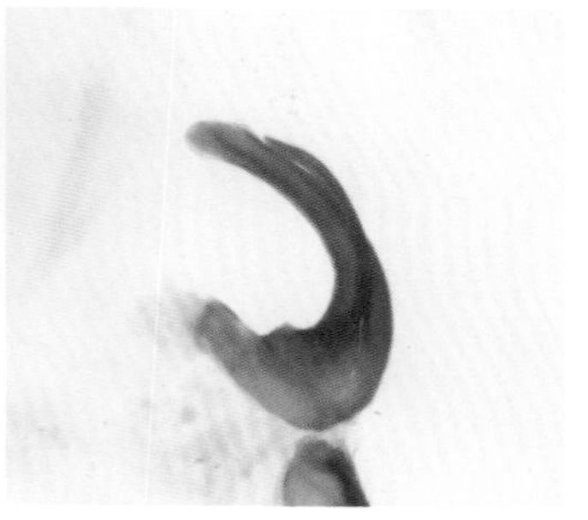

雄虫阳茎侧面观

中华管茎叶蝉

Fistulatus sinensis Zhang, Zhang et Chen, 1997

体连翅长雄虫6.6毫米，雌虫7.0～7.8毫米。体浅黄绿色，头冠前缘具2对黑色斑，可扩大相连，其中两侧的1对位于单眼之后；颜面无黑色部分，触角第2节黑色（除两端）。前胸背板近前缘两侧具3～4个小黑色点。触角长，可达体长1/2。雄虫尾节侧瓣腹缘外端具1个大钩，弯向上，其基部具1三角形的齿，指向内侧（与另一侧的相对）。雌虫第7腹板稍长于前一节，后缘中央具"U"形内凹，凹入长不及腹板长的1/5，其两侧稍突出于腹板后缘。

分布：北京*、陕西、甘肃、河北、河南。

注：本种的阳基侧突向前端扩大，端缘弧形内凹；同时本属叶蝉具有很长的触角。北京6～8月可见成虫于灯下。

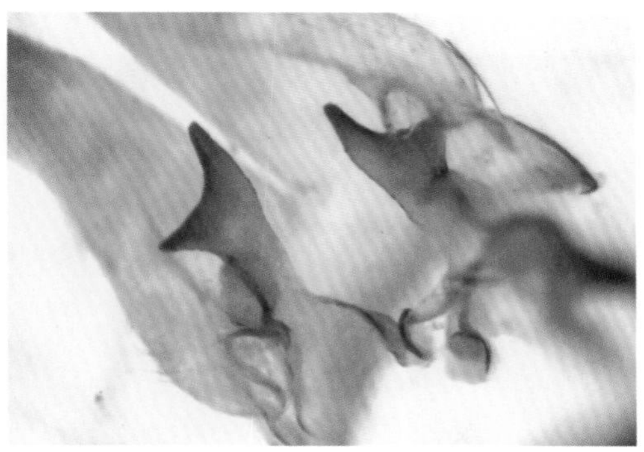

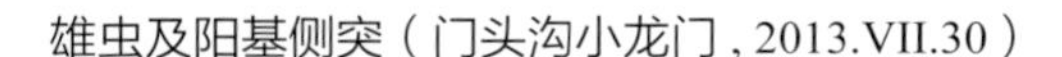

雄虫及阳基侧突（门头沟小龙门，2013.VII.30）

横皱刻纹叶蝉
Goniagnathus rugulosus (Haupt, 1917)

雌虫体长4.9毫米。体灰白色至浅褐色，具暗色斑点。颜面具多条黑色横条，中间被1黑色纵条隔断。头顶宽约为中间长的3～4倍，前胸背板长约为头顶长的3倍。前胸背板的基半部及小盾片端部具明显的横皱纹。第7腹板短于前2节之和，后缘中央梯形突出（两侧具黑色斑，且端部并未超出两侧的后缘）。

分布：北京、陕西、宁夏、黑龙江、河北、山西、山东、河南、湖北；朝鲜，俄罗斯，蒙古国。

注：曾拟名虎纹刻纹叶蝉（虞国跃等，2016），现名自张斌（2014）。寄主为草本植物，北京4月可见成虫于地面活动。

雌虫及头部腹面（昌平王家园，2015.IV.10）

橙带铲头叶蝉
Hecalus porrectus (Walker, 1858)

体连翅长雄虫4.5毫米，雌虫约5.5毫米。体淡绿色。头顶前缘具白色横线，贯穿复眼至前胸背板侧缘。前翅爪片端具小灰褐色点，翅端部浅灰褐色，另具2个灰褐色点。产卵器端部桃红色。头冠中长明显短于两复眼间宽，稍短于前胸背板长（二者比例为37∶39）。雌虫第7腹板中央具1个小突点。

分布：北京、甘肃、新疆、福建、台湾、广东、广西、香港、海南、贵州、云南；南亚，东南亚至澳大利亚。

注：北京记录的白脊匙头叶蝉 *Parabolocratus rusticus* Distant, 1918（葛钟麟，1966）为本种异名。本种性二型及斑纹有变化，异名较多；雄虫头胸部具多条橙色纵条，且翅端部1/3褐色具白色点斑（Morrison, 1973）。寄主为禾本科植物，如水稻、牛筋草等。北京7月发现于芦苇及狗尾草上。

雄虫（狗尾草，北京市农林科学院，2007.VII.15）

雌虫（芦苇，平谷金海湖，2014.VII.22）

褐脊铲头叶蝉
Hecalus prasinus (Matsumura, 1905)

又名褐脊匙头叶蝉。雌虫体连翅长7.3毫米。体黄绿色。头顶端缘近腹面褐色横线，复眼橙黄色具白色中横线，爪片端具小黑褐色点，产卵器端部黄褐色。头冠中长短于两复眼间宽，而长于前胸背板长（三者比例为65∶82∶56）。第7腹板稍短于前2节长之和，后缘平行平截，中央具明显的短“U”形后突。

分布：北京、陕西、甘肃、河北、福建、台湾、广东、广西、贵州、云南、西藏；日本，朝鲜，东南亚。

注：雄虫头冠端部较尖，体连翅长为5.7～6.7毫米（Morrison, 1973）。寄主为棉花、柑橘、茶等及禾本科植物（如玉米、水稻）。北京8月见成虫于灯下。

雌虫（房山上方山，2016.VIII.24）

五峰山美叶蝉
Maiestas obongsanensis (Kwon & Lee, 1979)

雌虫体连翅长4.6毫米。体褐色具黑色斑。头冠与颜面交汇处黑色，具5个淡黄白色斑，均与头冠的浅色区相通，在与复眼相接的浅色斑中，其头冠方具1黑色点，在颜面方则具浅色斑和黑色斑各1个。头冠宽稍长于头冠中长，约5∶4。前翅爪片端所在翅室的端部和基部、端前中室基部具黑色斑；足腿节具黑色斑，前中足呈横向，后足呈纵向。

分布：北京*、辽宁、浙江、江西、湖南；朝鲜。

注：新拟的中文名，从学名。本属我国已知27种（Zhang & Duan, 2011）。本种可从头冠前缘的6个黑色斑、前翅翅室具3个黑色斑与相近种区分。北京6～8月见成虫于灯下。

雌虫（怀柔上台子，2020.VI.29）

对突松村叶蝉
Matsumurella minor Emeljanov, 1977

雌虫体连翅长6.5～7.2毫米。体黄褐色至褐色，头冠及前胸背板前缘具褐色至黑褐色斑点；前翅常具淡白色翅脉及假横脉（有变化）。腹面浅黄褐色，颜面近前缘两侧隐约可见多条浅褐色横带（后几条短且不清楚），第7腹板后缘中央黑色；后足胫节刺着生处暗褐色。头冠中长稍短于复眼间距的1/2（25∶60）；前胸背板长与复眼间距相近。第7腹板稍长于前节，后缘中央呈宽“U”形内凹，凹入的长度可超腹节长之半。

分布：北京*、陕西、河南；蒙古国。

注：又名波缘松村叶蝉。本属叶蝉的外形较为接近且有变化，常需检查雄虫外生殖器或雌性第7腹板的形态。我国已知9种（Zhang & Dai, 2005）。经检雌虫的第7腹板后缘的“U”形内凹稍宽大，暂定为本种。北京7月可见成虫于灯下。

雌虫（房山蒲洼东村，2016.VII.12）

雌虫（房山蒲洼东村，2016.VII.13）

单突松村叶蝉
Matsumurella singularis Cai et Wang, 2002

体连翅长雄虫4.8～5.0毫米，雌虫5.1～5.4毫米。体褐色，头冠和小盾片略浅。头冠中域有1扁三角形褐色纹，近基缘具1对浅褐色点。复眼浅褐色。颜面额唇基暗褐色（比其他部分略暗），分布浅色横印痕列；触角窝区黑色，其前方具1暗褐色斑。前翅翅脉浅灰白色，有时翅脉两侧具暗褐色边（由小碎纹组成）。雄虫腹部腹板黑色（各节后缘黄褐色），仅下生殖板黄褐色（基部稍暗褐色）；雌虫仅腹基部黑色（不同个体黑色区大小不同，从基2节至基5节），余黄褐色，且第 7 节腹板后域有“W”形黑色斑。

分布：北京*、河南。

注：本种的特点是雄虫阳茎具1根端突（其端或尖或圆突），这与通常的成双成对不同；此外，雌虫第7腹板后缘正中央未见缺，其两侧可有小缺刻或无。北京5～6月可见成虫，多见于灯下，偶见于辽东栎。

成虫对（辽东栎，密云雾灵山，2015.V.13）

雄虫阳茎侧面观

六斑光叶蝉

Metalimnus steini (Fieber, 1869)

体连翅长雄虫3.8毫米，雌虫4.0～4.5毫米。体色有变。头冠具2对黑色斑，颜面触角下方具斜黑色条，雄虫前唇基具大黑色斑。前胸背板具6个黑色斑，前排2个，后排4个，斑纹可扩大并相连。小盾片侧角各具1黑色斑，分别可与后方的小斑相连。后足胫节刺着生点、胫节端及跗节第1～2节端部黑色。雄虫尾节侧瓣端的上方具4～6条长刚毛，稍短于侧瓣（另有一些短毛），下方具1列短毛，下角具1指形骨化突，端部稍弯。雌虫第7腹节后缘中央短矩形突出（黑色）。

分布： 北京；日本，朝鲜，俄罗斯，欧洲。

注： 北京6～9月可见成虫于灯下。

成虫（平谷金海湖，2016.IX.13）

成虫（延庆米家堡，2015.VII.15）

斑翅额垠叶蝉

Mukaria maculata (Matsumura, 1912)

雌虫体连翅长3.6毫米。体黑褐色，前翅褐色，翅端缘黑褐色，前缘近端部具1小褐色斑，爪片（除端部）姜黄色。足淡褐色。头冠圆弧突出，具缘脊，中长明显短于前胸背板。

分布： 北京*、福建、台湾、湖南、广东、香港、海南、贵州、云南；日本，印度尼西亚。

注： 雄虫前翅底色多为黑褐色斑，前缘近端部具2个黄色斑，爪片具或大或小的黄色斑（有时仅爪片端部黑褐色）（陈祥盛等，2012；罗强等，2017）。北京9月见成虫于竹叶上。

雌虫（竹，北京市农林科学院，2008.IX.27）

黑褐环茎叶蝉

Neoaliturus fenestratus (Herrich-Schäffer, 1834)

雌虫体连翅长3.0～3.2毫米。体黑色，斑纹有变化。头冠、颜面、前胸背板及小盾片具或多或少的浅色斑，或几乎全黑。触角基2节暗褐色，余浅黄褐色。喙具端部外浅黄褐色。前翅具青白色斑点，近翅端呈一横带，近翅中在中间断开；斑点可减少。前中足黄褐色，后足黑色，刺及毛浅黄褐色，各跗节基部浅褐色。第7腹板长与前2节之和相近，后缘总体宽弧形浅内凹，稍有些波曲。

分布： 北京、内蒙古；古北区广布，印度。

注： 描述于北京的*Bothrognathus hui* Chang, 1938被认为是本种的异名，但Tishechkin (2007)认为鸣声有所不同。欧洲重要植物（麦、水稻、苹果、葡萄等）的传毒媒介，在我国显然少见，我国东北地区有记录（未能查到相关文献）。北京7～9月可见成虫，取食菊花，具趋光性。

雌虫（菊花，北京市农林科学院，2016.VII.31）

雌虫（昌平王家园，2015.VII.1）

雌虫（昌平王家园，2015.VIII.11）

黄带扁茎叶蝉

Neomacednus marginatus (Emeljanov, 1962)

雄虫体连翅长5.7毫米。体浅褐色。头冠、前胸背板具古铜色光泽，颜面淡黄色，无斑纹。小盾片横刻痕前方具2小褐色点。前翅烟褐色，前缘（除翅端）淡黄色。腹足淡黄色，后足胫节着生刺基点黑褐色。前唇基两侧近于平行。尾节侧瓣后端呈尖状（端部骨化），背缘中部具有1个弯向内侧的强大的钩（骨化）。

分布： 北京*、内蒙古；朝鲜，俄罗斯，蒙古国。

注： 原隶属于*Macednus* Emeljanov，由于同名而改（Xing & Li, 2011）。本种的阳茎主干薄片形，侧面观略近菱形，端部弯角形，非常有特点。北京6月见成虫于灯下。

雄虫（门头沟小龙门，2012.VI.25）

柽柳叶蝉
Opsius stactogalus Fieber, 1866

雌虫体连翅长4.0～4.6毫米。体豆绿色。小盾片黄绿色，前翅具浅色斑，翅端褐色，具黑褐色斑或无，有时翅面散生黑色点。腹部背中（除两侧）黑色。第7腹节中长约与前3节2和相近，后缘广弧形后突，中央具很浅的缺刻或无。

分布：北京；哈萨克斯坦至欧洲，北非，（引入）美洲、澳大利亚。

注：寄主为柽柳，成虫具趋光性。原产于欧洲，是柽柳上的一种重要害虫。对美洲来说是一外来种（Zahniser & Dietrich, 2013），可用于柽柳的生物防治。在我国，它或为外来种（虞国跃等, 2016）。

若虫（柽柳，北京市农林科学院，2020.VII.19）

成虫（柽柳，北京市农林科学院，2020.VII.19）

雌虫（昌平王家园，2015.VI.15）

雌虫（柽柳，北京市农林科学院，2016.VII.5）

石原脊翘叶蝉
Parabolopona ishihari Webb, 1981

体连翅长6.0～6.2毫米。体黄绿色。头冠、前胸和中胸具淡绿色纹，前翅近中央具黑色点，后缘具3个黑色点，翅端黄褐色，后缘具槽形黑褐色纹。足具小黑色点，多为刺着生点的基部。

分布：北京、陕西、湖南、广西、海南、云南；日本。

注：本属叶蝉外形较为接近，外生殖器的核对是需要的。经检标本腹背具纵斑或无，中足腿节内侧前缘具2条平行、断续并在外端相连的黑色纹或不明显；后足第2、3跗节基部具黑褐色斑或无。北京6月灯下可见成虫，寄主为板栗。

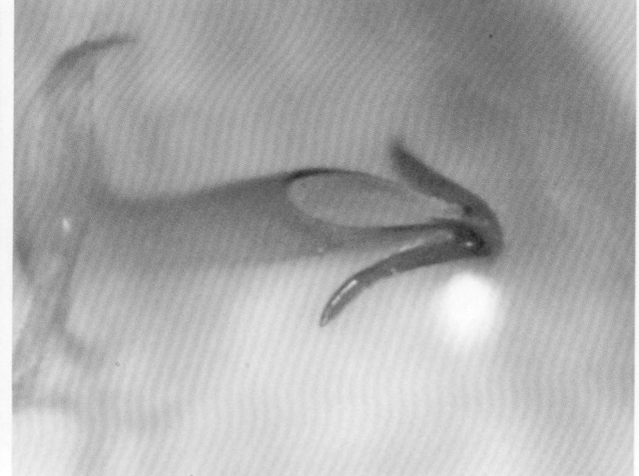

若虫及阳茎（板栗，密云梨树沟，2019.VI.10）

雄虫（密云梨树沟，2019.VI.10）

锈斑隆脊叶蝉
Paralimnus angusticeps Zachvatkin, 1953

雌虫体连翅长3.6毫米。头冠前缘具褐色弧形纹，两复眼间具锈色角形纹，其后具浅色弧形纹，常相连。前胸背板前缘具1对钩形锈色纹。前翅具浅白色斑和褐色翅室。

分布：北京*、内蒙古；俄罗斯，塔吉克斯坦。

注：本种的雄性阳茎呈“C”形（张斌，2014）。北京5月见成虫于灯下。

雌虫（平谷金海湖，2015.VI.10）

北京冠带叶蝉
Paramesodes sp.

雄虫体连翅长5.6毫米。体浅褐色。头冠中部具1黑色横带，颜面两侧具浅褐色横带列。前胸背板中线褐色，两侧各有3条褐色纵条。前足腿节外侧近端部具2黑色斑；中足腿节近端部外侧具连续或略断开的黑色横带。

分布：北京。

注：本属叶蝉在外形上均很接近，需利用外生殖器的特征进行区分（Wilson, 1983），我国已记录5种（Duan & Zhang, 2012）。本种雄虫尾节背缘内突长，背面观端部弯向外侧，侧面观伸出侧瓣并弯向下方而与其他种不同。北京6月见成虫于灯下。

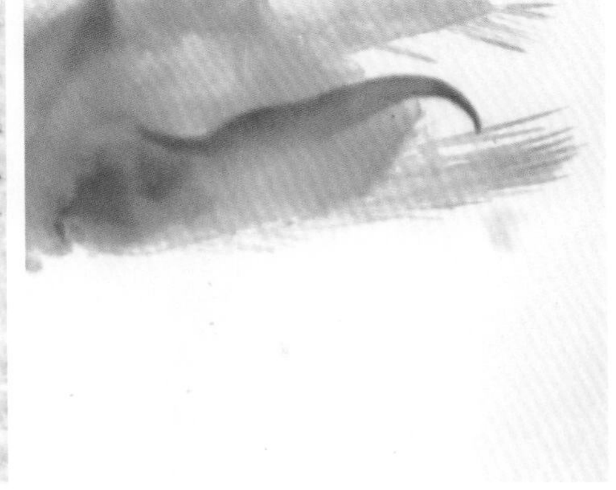

雄虫及尾节（昌平王家园，2015.VI.30）

花冠纹叶蝉
Recilia coronifera (Marshall, 1866)

体连翅长3.6～4.0毫米。体黄褐色至褐色。头冠前缘有6个黑褐色斑点，斑点常相连成弧形或环形斑（有时黑褐色斑点不明显）。前胸背板褐色，具5条黄白色纵条。腿节具黑褐色环纹，胫刺基部具褐色小点。前翅黄褐色，翅室边缘深褐色，端前中室近基部一角有1个深褐色圆斑。第7腹板后缘中部具小黑色斑，该节稍长于前一节，后缘浅弧形内凹，中央稍圆弧形后突。

分布：北京、陕西、甘肃、辽宁、河北、天津、山东、河南、湖北、湖南、广东；古北区。

注：北京7～9月可见成虫于刺儿菜上，多见于灯下。

雌虫（昌平王家园，2015.VI.30）

中华拟菱纹叶蝉
Hishimonoides chinensis Anufriev, 1970

体连翅长4.1～4.6毫米。头冠前缘中线两侧具2个黄褐色小斑，其后具3块同色横向相连的大斑；颜面淡黄色，额唇基两侧各具1列淡褐色横纹。前胸背板基大部具暗褐色纹，前缘浅色。前翅底色青白色，沿翅后缘具三角斑暗褐色斑，两翅合并成菱形大斑，纹中具葫芦状白色斑，斑内各具黑色点，翅端缘暗褐色。后足第1附节内侧近端部黑色。

分布：北京、内蒙古、辽宁、河北、山西、河南、山东。

注：描述于内蒙古的侧突拟菱纹叶蝉 *Hishimonoides laterosporeus* Li et Zhang, 2005是本种的异名（Dai et al., 2010）。本种是枣疯病的媒介昆虫（王焯等, 1984）。北京6～8月见于枣、榆等植物，成虫具趋光性。

若虫（榆，承德滦平，2019.VI.4）

成虫（枣，昌平王家园，2011.VI.9）

锯缘拟菱纹叶蝉
Hishimonoides dentimarginus Li et Zhang, 2005

体连翅长雄虫4.1～4.3毫米，雌虫4.6～4.8毫米。头冠前缘中线两侧具2个黑褐色小斑，其后具3块同色横向相连的黄褐色斑；颜面黄褐色，具许多点状浅色斑（常相连）。前胸背板基大部呈褐色，具略呈网状的浅色小斑。前翅底色青白色，沿翅后缘具不明显的三角斑暗褐色斑，两翅合并成菱形大斑，斑中部具前后2对较小的白色斑，翅端缘暗褐色。后足第1附节内侧近端部黑色。

分布：北京*、河南。

注：经检的雄虫体长较小，原始描述为4.5～4.7毫米（李子忠和张斌, 2005）。浸泡后标本的前胸背板呈现原始描述的颜色，即“中域黑褐色”。与中华拟菱纹叶蝉*Hishimonoides chinensis* Anufriev, 1970相近，该种前翅菱斑更明显且中部的白色斑较大、雄虫尾节侧瓣腹缘端部无齿状分枝，其上方也无锯齿。北京5～9月可见成虫于核桃、榆、圆叶牵牛等植物上，具趋光性。

雌虫（平谷石片梁, 2018.V.31）

白跗拟菱纹叶蝉
Hishimonoides similis Dai, Viraktamath et Zhang, 2010

雌虫体连翅长4.7～4.9毫米。体淡黄色，具褐色、黑褐色斑。头冠中央两侧具1对横向的褐色斑；前翅爪片缝的近基部、中部及端部各具黑褐色斑，前翅近中央具0～4个白色斑。足黄褐色，前足腿节基部2/3黑褐色，后足胫节端部1/3黑色；前中足跗节黄褐色，后足跗节白色。

分布：北京*、甘肃、浙江、湖南。

注：本属已知12种（Dai et al., 2010），本种与孙智泰（2004）的未定名种白跗拟菱纹叶蝉*Hishimonoides* sp.应为同一种，故采用这一中文名。从头冠具1对横向的褐色斑、前翅中央常具3个白色斑及后足跗节白色，易与近缘种区分。北京4～7月见成虫于灯下，或桑、茅叶荩草*Arthraxon prionodes*上。

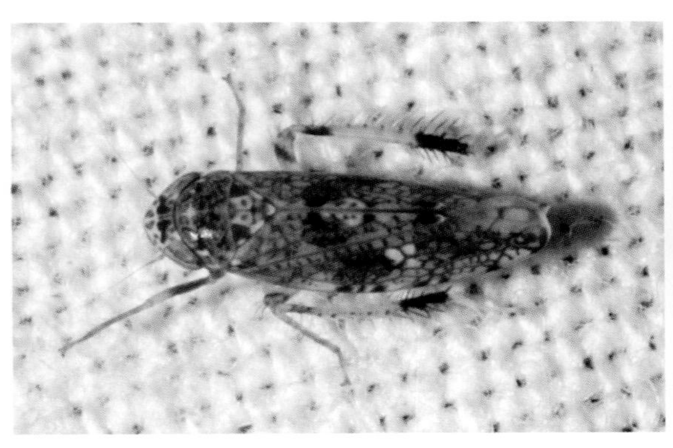

雌虫（平谷梨树沟, 2020.V.12）

雌虫（桑, 昌平王家园, 2018.IV.26）

片突菱纹叶蝉

Hishimonus lamellatus Cai et Kuoh, 1995

体连翅长3.4～4.0毫米。体污黄色（稍带褐色），头冠中央及基部具颜色稍深的斑纹，小盾片基侧角具褐色斑纹；两前翅具菱形斑，斑内的鞘缝两侧具明显或不明显的小白色斑（仅限于近鞘缝处）。足胫节粗刺基部具黑褐色点，前足节的点斑可扩大。

分布：北京、河北。

注：《北京林业昆虫图谱（Ⅰ）》介绍了凹缘菱纹叶蝉*Hishimonus sellatus* (Uhler, 1896)；两者的明显区别是鞘缝处白色斑的大小。

成虫（枣，昌平回龙观室内，2019.III.14）

凹缘菱纹叶蝉（左）和片突菱纹叶蝉（右）（枣，昌平回龙观室内，2019.III.14）

狭拟带叶蝉

Scaphoidella stenopaea Anufriev, 1977

体连翅长雄虫4.3毫米，雌虫4.6～4.7毫米。体褐色，具黑褐色斑。头冠单眼间具1对黑褐色横纹，在中间断裂，在两侧常与后方的黑褐色相接，头冠前端具3条黄白色横纹。颜面栗褐色，前端两侧有黄白色短横纹。前胸背板散生不规则黑褐色斑。小盾片中央两侧各1 纵纹及端区两侧淡黄白色斑。前翅淡黄褐色，翅脉黑色，翅室中央及端区黑褐色。雄虫尾节侧瓣上缘外侧深色区（骨质部分）弯下呈钩形。

分布：北京*、陕西、甘肃、内蒙古、黑龙江、河北、山西、山东；俄罗斯。

注：记录于内蒙古的多斑带叶蝉*Scaphoideus multipunctus* Li et Dai, 2004为本种异名（Zhang & Dai, 2006）。北京3月、5～9月灯下可见成虫。

雄虫（房山上方山，2018.III.25）

白条带叶蝉

Scaphoideus albovittatus Matsumura, 1914

体连翅长雄虫4.5～5.2毫米，雌虫5.6～5.9毫米。颜面近前缘具黑色细带，后方具较大黑色斑，触角窝的前后方各具黑色横斑。雌虫第7腹板与前2节长之和相近，后缘中央具倒“U”形内凹，凹入部分约稍大于腹板长的1/4；凹入的边缘褐色或黑褐色。

分布： 北京*、陕西、河北、河南、山东、台湾、湖北、湖南、广东、广西、四川、贵州、云南、西藏；日本，朝鲜，俄罗斯。

注： 本种斑纹特别（有少许变化），雄虫阳茎的长短在不同地区有较大差异（Chen et al., 2015）。北京6～7月、9月见成虫于灯下。

雄虫（平谷金海湖，2016.IX.14）

横带叶蝉

Scaphoideus festivus Matsumura, 1902

又名阔横带叶蝉。体连翅长4.9～5.5毫米。体黄白色，具橙红、黄褐等色带纹；头冠黄白色，沿前缘具1黑色横纹，头冠中部具1条红棕色宽带；颜面端部具3条黑褐色横带或仅剩1条不明显的褐带，触角窝下方具黑褐色或褐色斑。前胸背板和小盾片具同色横带，前者2条，后者1条；头胸部合计具4条红棕色横带。

分布： 北京、陕西、宁夏、甘肃、内蒙古、河北、天津、山西、河南、浙江、江西、福建、台湾、河北、湖南、广东、广西、海南、四川、贵州、云南；日本，朝鲜，印度，斯里兰卡。

注： 记载寄主为水稻等禾本科植物，以及柑橘、茶、桑等。北京8～9月可见成虫于灯下，或桑叶上。

雄虫（平谷石片梁，2017.VIII.25）

同生小眼叶蝉

Xestocephalus cognatus Choe, 1981

体连翅长雄虫3.3～3.4毫米，雌虫3.6～3.8毫米。体淡褐色，头冠、前胸背板及小盾片具褐色和黑褐色斑纹；颜面无明显斑纹。前翅淡褐色，具黑褐色斑纹，中基部的斑纹通过黑褐色翅脉相连（或近于相连），部分翅脉具淡白色小段。腹部（背腹面，除生殖节外）暗褐色。

分布：北京*；朝鲜。

注：中国新记录种，新拟的中文名，从学名。模式产于韩国江原道（Choe, 1981），但本种的描述错放在*Watanabella graminea*条目下。本种阳茎端两侧各具2根长短不同的针状结构（下图中左侧2根不明显），易与其他种区分。北京5～6月可见成虫于核桃、栓皮栎、大叶榆、桑、山楂叶悬钩子等植物上，也可见于灯下。有报道本属叶蝉生活在根上（Rakitov, 2000）。

雄虫及阳茎（山楂叶悬钩子，平谷东长峪，2018.V.13）

小眼叶蝉

Xestocephalus sp.

体连翅长雄虫2.6～3.0毫米，雌虫3.3～3.5毫米。体黑色，头胸部黑色或具褐色斑纹，颜面黑色，喙黄褐色。前翅黄褐色，翅端具黑色斑（中部内凸），其内侧的前后缘具黑色斑，翅的前后缘尚有一些斑纹（可减退或消失）。后唇基两侧向端部扩大，端缘中央稍内凹（雌虫明显比雄虫宽大）。后足腿节向端部稍扩大，端具2枚黄褐色刺。雄虫下生殖瓣大，超过肛节，两侧近于平行，过半后稍弯向上方。雌虫第7腹板后缘近于平直，中央具"V"形缺刻，后呈线形缺刻，可达腹板长的1/4。

分布：北京。

注：北京4～5月可见成虫于鹅耳枥、板栗、栓皮栎、胡枝子、一叶萩、艾蒿等植物上，未见若虫；成虫具趋光性。

成虫（鹅耳枥，房山蒲洼，2019.V.6）

宽突二叉叶蝉
Macrosteles cristatus (Ribaut, 1927)

又名冠状二叉叶蝉。雌虫体连翅长4.0毫米。体黄绿色。头冠部具4对斑纹，前面的1对大，位于头冠和颜面间，长卵形，横向；中间1对横细条，并与复眼内侧的纵条纹相连；头冠后部的1对黑色斑呈圆形。额唇基两侧具3～4条短横纹，中央具褐色点纵条；前唇基中央具褐色点；唇基缝、唇基间缝黑色，舌侧板缝外侧黑褐色。腹部背面黑色（两侧黄绿色），腹面中基部和产卵瓣黑色。第7腹板稍长于前一节，后缘近于平行，中央稍拱起。

分布： 北京*、陕西、甘肃、青海、新疆、内蒙古、吉林、河北；俄罗斯，蒙古国，中亚至欧洲，美国。

注： 我国已知25种（Zhang et al., 2013）。同属的种类外形较为接近，核对外生殖器特征是必要的。北京7月见于灯下。

雌虫（延庆米家堡，2015.VII.15）

矢突纹翅叶蝉
Nakaharanus sagittarius Kwon et Lee, 1979

体连翅长雄虫4.0毫米，雌虫4.3毫米。体淡灰白色，头冠及胸背具浅褐色至黑褐色小斑点，前翅翅端具略呈山字形的黑褐色纹。颜面前端具2个黑褐色斑纹，前唇基端缘黑褐色。雄虫下生殖板近于楔形，端部不明显收窄，尾节侧瓣下缘中部具细长的矢状突。雌虫第7腹节长，长于前3节之和，后缘拱起，近于平行。

分布： 北京*、山西、山东；朝鲜。

注： 新拟的中文名，从学名；中国已知4种（Wei & Xing, 2019）。北京7～8月见成虫于火炬树、榆或灯下。

雌虫（火炬树，怀柔雁栖湖，2012.VIII.3）

安氏圆纹叶蝉

Norva anufrievi Emeljanov, 1969

雄虫体连翅长5.0毫米。体红褐色，足淡黄色。小盾片具3个淡白色纹，位于端部和两侧近中部，两侧基部各具1不明显浅白色斑。前翅基部近1/3淡白色，其翅脉红褐色，翅室内具红褐色纹，其他翅面散生淡白色小斑，其中翅缝中部具明显小斑。尾节侧瓣后腹缘具1长刺突，指向内侧与另一侧的刺突平行相对。

分布：北京*、河南、安徽；朝鲜，俄罗斯。

注：寄主为葛藤。北京9月见成虫于灯下。

雄虫（房山蒲洼村，2019.IX.26）

齿突圆纹叶蝉

Norva japonica Anufriev, 1970

体连翅长4.6～5.1毫米。体淡红褐色，颜面具许多浅褐色斑点，舌侧板浅白色，在额唇基两侧略呈短横列。腹部背面及腹面的中基部黑褐色；足淡黄色。前翅青白色，翅中部具2个红褐色斜斑，不达前缘，有时外端的1个不很明显。尾节侧瓣后腹缘具1短刺突，指向后方。

分布：北京*、陕西、河南；日本，朝鲜。

注：与安氏圆纹叶蝉*Norva anufrievi* Emeljanov, 1969相近，该种前翅红褐色斑纹大，且斑内翅缝处仅个别小白色斑。北京7月、9月见成虫于灯下。

成虫（怀柔中榆树店，2017.IX.13）

成虫（延庆米家堡，2015.VII.15）

黑龙江东方叶蝉

Orientus amurensis Guglielmino, 2005

体连翅长雄虫4.6毫米，雌虫5.3毫米。颜面黑褐色，具许多黄褐色小点。触角第1节基部、第2节基半部黑褐色，余黄褐色。足黄褐色，但前足腿节（除两端）、中足腿节及胫节基部、后足腿节、胫节（除刺毛）、第1跗节端部和第2跗节黑褐色。下生殖板黑色，端1/3细长，淡黄褐色。尾节侧瓣上缘近中部具1个下折的近广三角形褶。

分布：北京*、甘肃、内蒙古、黑龙江、吉林、辽宁、河南、山东；俄罗斯，蒙古国。

注：白榆东方叶蝉*Orientus ulmeus* Li, Song et Yan, 2009为本种异名，一些鉴定为“新东方叶蝉*Orientus ishidae*”可能也是本种的误定（Xing, 2017）。这2种的区别可见Guglielmino（2005）。寄主柳、榆、苹果、葡萄、桑等。北京7～9月见成虫于灯下，或孩儿拳头、红瑞木等植物上。

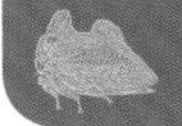

雄虫（房山上方山，2016.VIII.25）

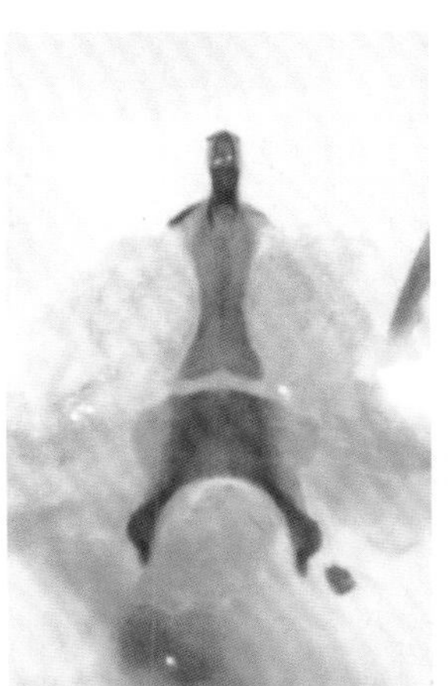

阳茎及连索后面观

阳基侧突及下生殖板

成虫（孩儿拳头，平谷石片梁，2017.VIII.3）

东方新隆脊叶蝉

Paragygrus orientalis (Lindberg, 1929)

体连翅长雄虫4.5毫米，雌虫5.0毫米。体淡黄绿色。头冠前缘具黑色细横带。前翅前缘及虫体腹面淡黄白色，颜面端部具宽的黑色横带（约两触角之间至前缘）。触角周缘黑色，触角基2节背面黑褐色。腹部背面（除后几节及两侧）黑色。前中足端跗节端部及爪黑褐色。雄虫尾节腹缘端具一个近于大半个桃心的外突。雌虫第7腹板明显长于前一节，后缘近于平行。

分布： 北京、内蒙古、黑龙江；俄罗斯，蒙古国，中亚。

注： 有记载一些标本的前唇基具黑色斑。北京6月、8月可见成虫于灯下。

雌虫（顺义汉石桥，2016.VIII.11）

一点木叶蝉

Phlogotettix cyclops (Mulsant et Rey, 1855)

体连翅长4.5～5.5毫米。灰褐色。头冠后缘中央具1大黑色圆斑，颜面触角下方各有一小黑色点；复眼黄褐色，后角常呈黑色圆斑。前翅半透明，后缘翅脉的内角有时呈现黑褐色斑（有时非常明显）。前胸背板中长约为头冠长的1.5倍。

分布： 北京、甘肃、江苏、安徽、浙江、福建、台湾、湖北、四川、贵州；日本，朝鲜，俄罗斯，土耳其，欧洲。

注： 可取食葡萄、榆、枣、槐等植物。北京6～9月可见成虫，具趋光性。

成虫（槐，北京市农林科学院，2019.VI.24）

朝鲜普叶蝉

Platymetopius koreanus Matsumura, 1915

体连翅长雄虫4.8毫米，雌虫5.4毫米。体黄褐色，腹面嫩黄色。雄虫尾节侧瓣后缘圆弧形，腹缘末端具1长刺突，长度稍短于尾节。雌虫第7腹板后缘中央倒“U”字形内凹，几达腹板长的1/2。

分布： 北京*、陕西、新疆、内蒙古、黑龙江、吉林、河北、山西、河南；日本，朝鲜，俄罗斯，蒙古国。

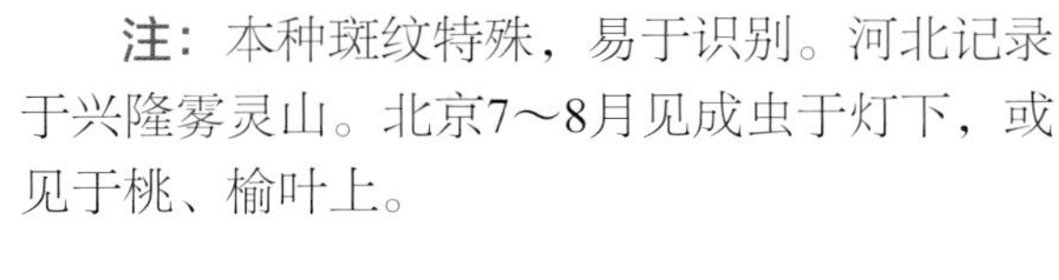

注： 本种斑纹特殊，易于识别。河北记录于兴隆雾灵山。北京7～8月见成虫于灯下，或见于桃、榆叶上。

成虫（榆，昌平长峪城，2016.VIII.16）

波纹普叶蝉

Platymetopius undatus (De Geer, 1773)

雌虫体连翅长5.5毫米。体姜黄色，从头至翅末具两侧呈波状的黄褐色宽带，其头胸部具细小的白色点纹，前翅具白色点斑；翅末稍带烟色。腹面（包括喙及产卵瓣）姜黄色，颜面两侧具2条不明显的淡褐色纹。第7腹节长于前节，后缘中央具1齿状结构，其中间的2齿短，两侧齿长，长齿外各具倒“V”形缺刻（约占腹板长的2/5）。

分布： 北京*；朝鲜，俄罗斯，哈萨克斯坦，吉尔吉斯斯坦，土耳其，欧洲。

注： 中国新记录种，新拟的中文名，从学名。北京6月见成虫于艾蒿上。

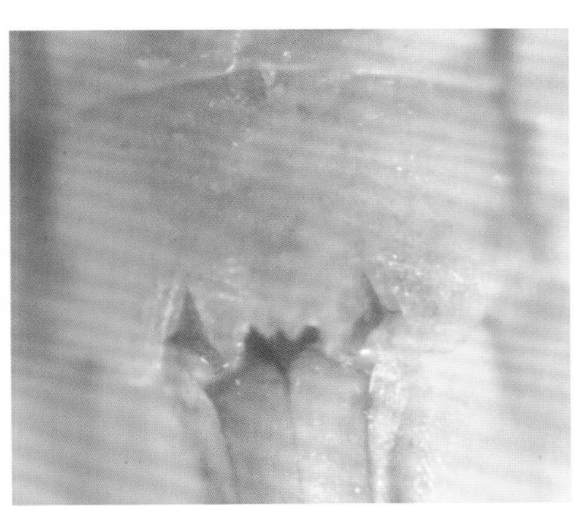

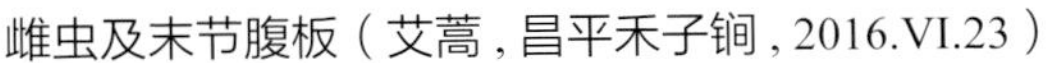

雌虫及末节腹板（艾蒿，昌平禾子涧，2016.VI.23）

条沙叶蝉

Psammotettix striatus (Linnaeus, 1758)

体连翅长3.3～4.3毫米。颜面两侧有褐色横纹。前胸背板具5条淡黄色纵条纹，间隔成4条褐色宽带。小盾片基部两侧色较深，有时具黑褐色斑点，中线两侧具一对小褐色点（或黑色斑），似孩童的笑脸。腹中基部黑褐色。雄虫生殖瓣后缘平截，下生殖板外侧具整齐的长毛列。

分布：北京、陕西、甘肃、新疆、山西、安徽、台湾；古北区，东洋区，北美洲，南非。

注：小麦上的重要害虫，也取食水稻、玉米、马唐等禾本科植物，以及菊、紫苏等植物。北京5～10月可见成虫，数量较多，具趋光性。

若虫（盆栽水稻，北京市农林科学院，20169.VII.17）

成虫（怀柔中榆树店，2017.IX.13）

截突窄头叶蝉

Batracomorphus allionii (Turton, 1802)

雄虫体连翅长5.6毫米。全体淡绿色，复眼带桃红色，爪片末端同体色。头冠前端弧曲突出，中长稍短于复眼处冠长，前胸背板中长为头冠中长的近5倍，约为自身宽度的0.6倍，前缘弧圆突出，后缘近于平直，表面具细密横皱纹。小盾片长度略大于前胸背板，横刻痕弧圆形，不达两侧。

分布：北京*、陕西、甘肃、内蒙古、东北、河南、江苏、江西、重庆、四川、贵州；朝鲜，俄罗斯，哈萨克斯坦，阿塞拜疆，欧洲。

注：未能查到东北的具体分布；除北京外的分布来自李建达（2010）的论文，该文还归并了一些种。本种阳基侧突长达阳茎端缘，亚端部略阔扁，背缘具锯齿状小突起，末端小钩状。北京6月见于灯下。

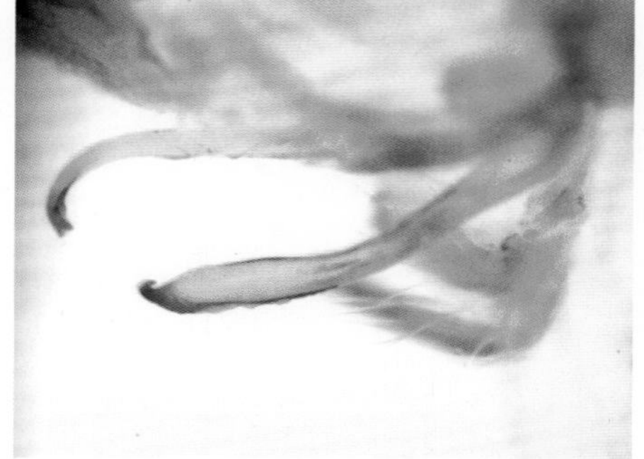

雄虫及阳基侧突和尾节腹缘突（平谷梨树沟，2020.VI.11）

宽突窄头叶蝉
Batracomorphus expansus (Li et Wang, 1993)

体连翅长雄虫4.2～4.6毫米，雌虫4.6～5.0毫米。体淡黄绿色（偶见浅黄褐色），复眼灰褐色，有时带桃红色，爪片末端黑褐色（有时很浅）。头冠前端弧曲突出，中长与复眼处冠长相等，前胸背板中长为头冠的5倍，约为自身宽度的1/2，前缘弧圆突出，后缘平直，中央稍内凹，表面具细密横皱纹。小盾片长度略大于前胸背板，横刻痕弧圆形。雄虫尾节腹缘突于中部稍折弯，末端向两侧扩延，其外缘中部具数个小齿。雌虫第7节腹板中长与前1 节相近，后缘倒宽"V"形凹入，侧长约为中长的2倍强。

分布：北京、新疆、河南、湖南、广东、广西、海南、贵州。

注：《王家园昆虫》（虞国跃等, 2016）记录的新县长突叶蝉*Batracomorphus xinxianensis*为本种的误定。原始描述中（李子忠和汪廉敏, 1993）所附的尾节侧瓣腹突端的方向可能有误，见李建达（2010），后文还归并了古丈窄头叶蝉*Batracomorphus guzhangensis* Li et Wang, 2003。描述于河南的铲突长突叶蝉*Batracomorphus spadix* Cai et Shen, 2010，作为新种描述时，蔡平和沈雪林（2010）指出与*Batracomorphus expansus*相近，不同之处在于雄虫尾节侧瓣腹突端的方向及体大小，因此是本种的新异名，syn. nov.。北京6～10月可见成虫于枣等植物，具趋光性，有时数量很大。

成虫（昌平王家园，2013.VI.18）

雄虫尾节腹缘突

长突叶蝉
Batracomorphus sp.

雌虫体连翅长5.5毫米。体黄绿色，前胸背板基大部、小盾片、前翅后缘基大部及端缘染褐色（乙醇浸泡后均呈浅黄褐色），腹面无深色斑纹。前翅爪片末端具黑褐色点。颜面额唇基凸突，前唇基大部在同一平面上。前唇基基部宽大，端半部收窄，前缘弧形突出。小盾片横刻痕呈八字形。第7腹板与前2节长相近，后缘近于平截（稍显浅弧形后突）。产卵器明显伸出尾节侧瓣端缘。

分布：北京。

注：本种与产于河南的直缘长突叶蝉*Batracomorphus lineatus* Shen et Cai, 2010（蔡平和沈雪林, 2010）相近，但后者雌虫体连翅长6.5毫米，第7腹板后缘平直，前唇基长方形而不同。北京7月见成虫于灯下。

雌虫（门头沟小龙门，2011.VII.5）

棕胸短头叶蝉
Iassus dorsalis (Matsumura,1912)

体连翅长雄虫6.2～6.4毫米，雌虫6.5～6.6毫米。体淡黄绿色。前胸背板（除侧缘）和小盾片基半部具褐色虫蚀状斑点；前翅透明，翅脉明显、褐色，翅后缘及外缘带褐色，爪片末端有 1 褐色点；腹部背面和腹面中基部黑褐色。雄虫下生殖板细条状，两者合起来呈“U”形。雌虫第7腹节两侧长，明显长于前2节之和，后缘中央呈“V”形小缺刻。

分布：北京*、陕西、甘肃、内蒙古、黑龙江、吉林、河北、山西、山东、河南；日本。

注：本种的产卵器很长，大于第7腹板中长的3倍（Viraktamath, 1979）；雄虫翅面颜色稍深。国外也有用此名*Trocnadella matsumurai* Metcalf, 1955，从雄性外生殖器特征也不应属于*Trocnadella*。北京5月、7月见成虫于灯下。

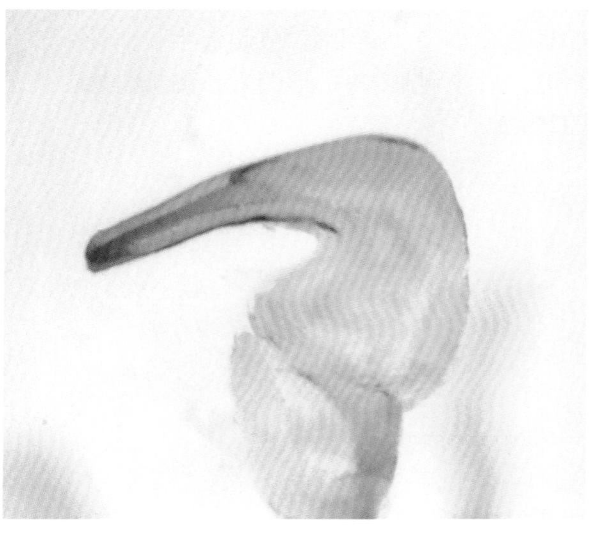

雄虫及阳茎侧面观（怀柔黄土梁，2016.V.27）

雄虫（怀柔黄土梁，2016.V.27）

雌虫（怀柔黄土梁，2016.V.27）

黄缘短头叶蝉

Iassus lateralis (Matsumura, 1905)

雄虫体连翅长7.2～7.8毫米。体浅黄绿色或黄褐色，前胸背板有时具4个黑褐色斑（中间的2个位于稍前方，较长，后1对位于前者的两侧，稍后方，较短）。腹部绿色，前翅绿色，爪片末端具 1 褐色点，外缘浅褐色。头稍窄于前胸背板，额唇基很隆凸，显然高于颊和舌侧板。前胸背板及小盾片端部具横皱纹。第8腹板（基瓣）长大，似铁锹形，长与前2节之和相近，且盖住下生殖板。

分布：北京*、黑龙江、吉林、辽宁、河南；日本，朝鲜，俄罗斯，蒙古国。

注：经检标本的体长较小；记录的体长7.9～9.3毫米，有近缘种（Kwon et al., 2017），外生殖器的核对是需要的。北京7月可见成虫于灯下。

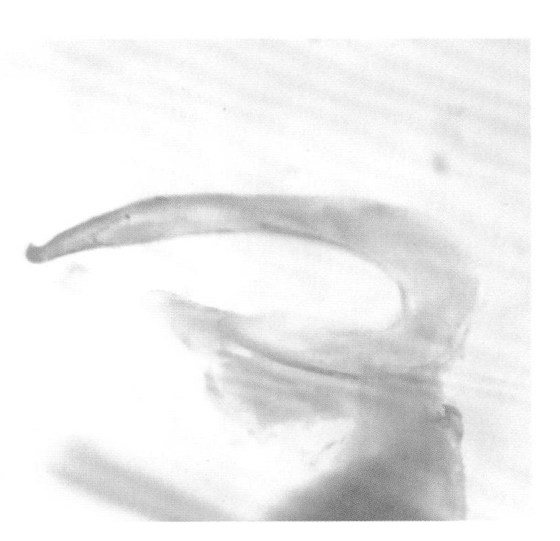

雄虫及阳茎侧面观（怀柔喇叭沟门，2014.VII.16）

红边翘缘叶蝉

Krisna rufimarginata Cai et He, 1998

体连翅长雄虫9.5毫米，雌虫11.0毫米。体淡绿色，复眼及头冠前缘上方红褐色，头冠前缘黄色，前足胫节和各节跗节浅褐色。头冠中长与复眼间宽1/2相近，单眼与复眼的距离约为前者的直径。雄虫第8腹板中长稍不及前节长的1.5倍，后缘平截。雌虫第7腹板与前节长度相近，后缘中央稍微宽弧形内凹。

分布：北京*、陕西、河南、浙江、江西、湖北、湖南、广西、贵州、西藏；缅甸。

注：标本经浸泡或干燥后，仅复眼可见带红褐色，其他均为淡黄色。北京8月灯下可见成虫。

成虫（怀柔黄土梁，2019.VIII.28）

锈盾缺突叶蝉

Trocnadella arisana (Matsumura, 1912)

雄虫体连翅长6.2毫米。体淡黄绿色，前胸背板基大部、胫节端及跗节淡褐色，小盾片褐色。头冠中部及侧部长度相近，冠面与颜面弧圆相交，均密布细弱的横皱纹。前胸背板明显大于头宽，中长约是头冠中长的4.5倍，密布横皱和刻点。前翅不少翅脉不明显。尾节侧瓣鞋形，下生殖板宽大，端部变细，呈略粗大的逗号形。

分布： 北京*、甘肃、河南、台湾、湖北、四川、贵州、云南；日本。

注： 北京7月见成虫于灯下。

雄虫（房山蒲洼东村，2016.VII.12）

双带广头叶蝉

Macropsis matsumurana (China, 1925)

体连翅长雄虫3.5～3.7毫米，雌虫4.0毫米。颜面具刻点，基域具黑褐色横斑。前翅透明，散布暗褐色斑点，端部较密，在端部及近中部形成2条褐色带或不明显，爪片端具黑褐色斑。尾节侧瓣腹缘端具1弯折向上的刺突。

分布： 北京*、陕西、宁夏、甘肃、山西、河南、台湾、广西、海南、四川、贵州、云南；日本，俄罗斯。

注： 本种体色可黄棕色至深棕色。模式产地为日本，当初用名*Pediopsis bifasciata* (Matsumura, 1912)；淡点广头叶蝉*Macropsis pallidinota* Kuoh, 1992被认为是本种异名（Li et al., 2012），这一归并可能有误。北京5月、9月可见成虫于灯下。

成虫（门头沟小龙门，2014.IX.24）

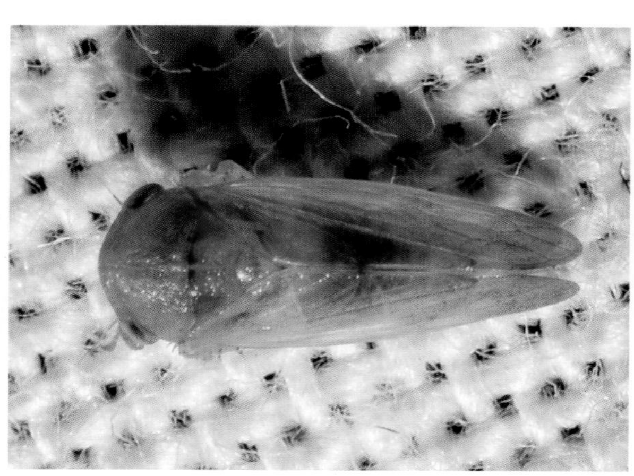

成虫（平谷石片梁，2018.V.17）

多态广头叶蝉
Macropsis notata (Prohaska, 1923)

体连翅长雄虫3.8毫米，雌虫4.2～4.5毫米。体淡绿色或黄绿色，颜面顶点处具1个大黑色点，其两侧或具有1小黑色点；小盾片无斑，或基部两侧具三角形黑色斑。头稍宽于前胸背板，钝角状突出，头冠中张最短。前胸背板大，前缘角状显著突出，表面布满皱纹。

分布： 北京*、陕西、内蒙古、黑龙江、吉林、辽宁、山西、河南、山东、贵州；日本，俄罗斯，哈萨克斯坦，欧洲，（引入）北美洲。

注： 本种体色、斑纹变化很多（Li et al., 2012），国内记录的为绿体广头叶蝉 *Macropsis virescens*（此为无效学名）。寄主为柳，北京5～7月可见成虫于柳叶上或灯下。

成虫（延庆米家堡，2016.VI.7）

成虫（柳，海淀香泉环岛，2013.VII.29）

成虫（柳，海淀紫竹院，2014.V.5）

常态横皱叶禅
Oncopsis sp.

雌虫体连翅长4.7毫米。头冠棕色，两侧各具1个黑色点斑，颜面两侧各具1水滴状黑色斑（略呈八字形），基部细线相连；前胸背板前缘两侧具斑纹，依次1个黑色小圆斑、1个近月牙形大黑色斑及其外侧后方具2个黑色斑。前翅淡棕色，翅脉m-cu横脉处及外缘暗褐色。第7腹板与前2节长之和相近，后缘圆弧形后突，中央具倒“U”形缺刻，长约占腹板长的1/3。

分布： 北京、陕西。

注： 这是一种尚未正式描述的种（杨丽元，2014）。北京6月可见成虫。

雌虫（门头沟小龙门，2016.VI.15）

网翅背索叶蝉
Pediopsis kurentsovi Anufriev, 1977

雄虫体连翅长4.4毫米。头及前胸姜黄色，小盾片褐色及前翅黄褐色，具褐色点斑，在前翅有时呈网纹状（尤其在翅端）。腹面（具暗褐色纹）及足黄褐色。前胸背板中脊不明显，布满横向皱纹（稍斜向后侧）。尾节侧瓣腹缘无刺突，侧面观后缘中央稍内凹。

分布：北京*；朝鲜，俄罗斯。

注：中国新记录种，新拟的中文名，从前翅的网纹或麻点状。国内学位论文曾从吉林的1雌虫记录了本种，但体色明显不同。我国本属记录了3种（Dai & Li, 2013）。北京9月见成虫于灯下。此外，在《北京林业昆虫图谱（I）》中记录的褐盾斜皱叶蝉*Pediopsoides kurentsovi* (Anufriev, 1977)，是褐盾暗纹叶蝉*Pediopsoides kogotensis* (Matsumura, 1912) 的异名。

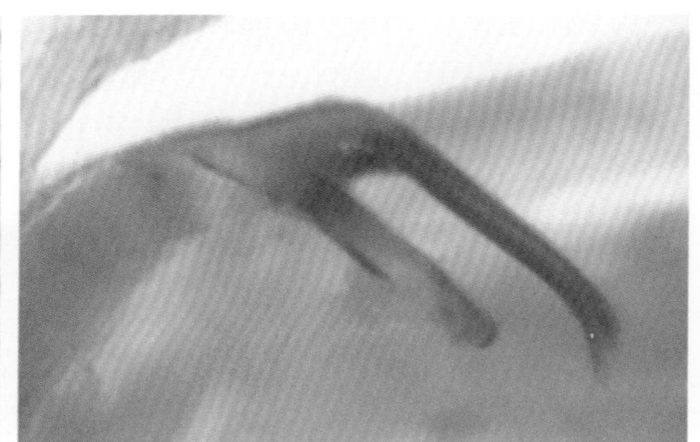

雄虫及阳茎侧面观（密云雾灵山，2014.IX.16）

宽凹片角叶蝉
Idiocerus latus Cai et Shen, 1998

雄虫体连翅长4.9毫米。复眼内侧各有1对黑色斑（内斑圆形，近复眼斑不规则）；颜面具浅褐色纵纹3条。前胸背板窄于头，前缘散布不规则黑褐色斑纹。腹部背面和腹面均暗褐色，各节后缘均有较宽的浅色带。第8腹板后缘中央具宽大的“M”形凹入，两侧的略呈三角形，凹入的中央稍弧形后突。尾节侧瓣向后延伸，呈长三角形。

分布：北京*、河南。

注：经检标本的触角端片呈长卵形，与原描述（蔡平和申效诚, 1998）的宽椭圆形有些差异。北京5月见成虫于灯下。

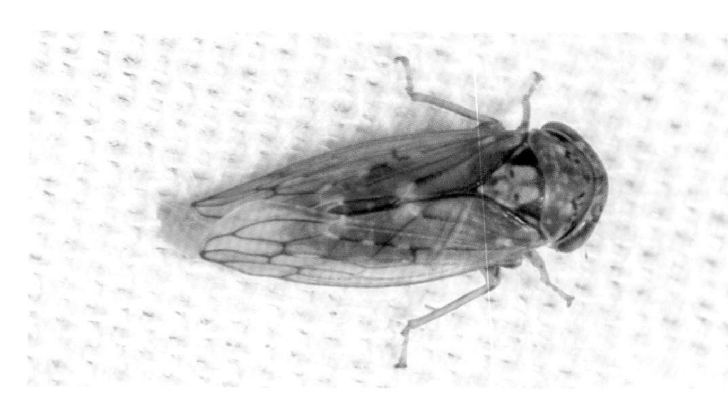
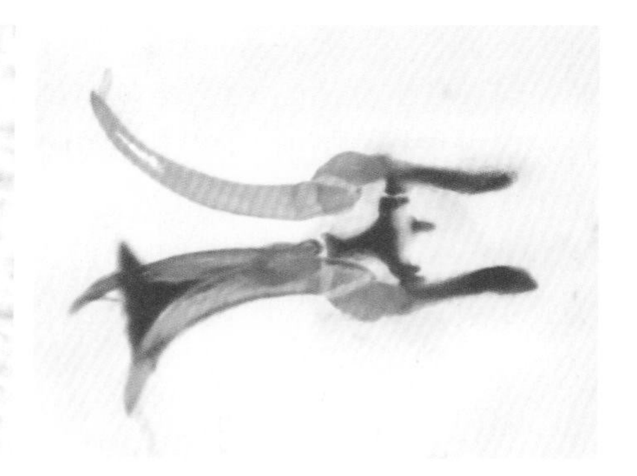

雄虫及外生殖器（密云雾灵山，2014.V.12）

黑条片角叶蝉

Idiocerus nigrolineatus Kwon, 1985

雄虫体连翅长4.0～4.7毫米。体黄褐色，具黑色斑。头冠前缘近复眼处具2个黑色圆斑，头冠具许多黑色相连的褐色斑，或只显不明显的褐色斑。颜面具3对黑色纵条纹，或呈褐色，或中间的条纹消失。前翅透明，翅脉黑褐色至黑色，一些翅脉具黄白色片段。

分布：北京*；朝鲜，俄罗斯。

注：中国新记录种，新拟的中文名，从学名。隶属于*Metidiocerus*亚属，也有作者把它独立为属。原描述的个体稍大（5毫米）、颜面在复眼内缘具黑色纹、阳茎端部背面观稍细（Kwon, 1985），暂定为此种。北京6月、9月见成虫于灯下。

雄虫（密云梨树沟，2019.VI.11）

东方杨叶蝉

Idiocerus (*Populicerus*) *orientalis* (Isaev, 1988)

体连翅长雄虫6.1毫米，雌虫7.2毫米。体淡黄色至嫩绿色。前胸背板隐约可见2对暗色斑（雌虫无），小盾片两侧各具1个淡污黄色三角形斑。前翅翅脉绿色，膜区淡污黄色（翅脉也如此）；后翅翅脉多为黑色。

分布：北京*、内蒙古；俄罗斯，蒙古国。

注：国内首先记录于内蒙古（张玉波等，2018），但稍有不同：阳茎侧面观端部斜面较长，顶端较尖，头面、颜面几乎一色（额两侧稍带黄色），腹部背中无黑色斑，暂鉴定为本种。与分布于日本、韩国的*Populicerus harimensis* (Matsumura, 1912) 相近，但本种头冠宽约是长的4倍、阳基侧突末端具1根长刚毛而不同。北京6月见成虫于灯下。

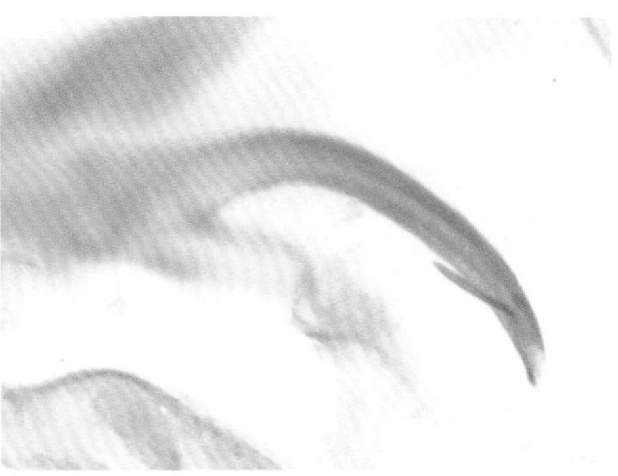

雄虫及阳茎侧面观（怀柔上台子，2020.VI.19）

柳宽突叶蝉
Idiocerus salicis Li, Cao et Li, 2010

体连翅长雄虫5.5～5.7毫米，雌虫6.0毫米。头冠淡黄白色，前缘具4枚黑色斑，2枚贴近复眼，半圆形或三角形；另2枚，各位于前斑的内侧，圆形。颜面淡黄白色，基域具1枚不明显的褐色斑块。前胸腹板及侧板大部分黑色。腹部背面黑色，各节后缘具黄白色细横带；雄虫尾节侧瓣黑色。雄虫触角端无片状突。多数翅脉密生小点刻。雄虫生殖基瓣后缘窄舌形突出；第7腹板中长与前2节之和相近，后缘中央大梯形后突（约占中长的1/2）。阳基侧突端部内侧呈小尖，后方具2根毛（毛长明显短于毛列的毛）。

分布：北京、甘肃。

注：隶属于*Liocratus*亚属，原描述雄虫体连翅长5.1～5.3毫米，寄主为柳树（李子忠等, 2010）。《北京林业昆虫图谱（I）》中的黑点片角叶蝉*Podulmorinus vitticollis*为本种误定。北京10月见成虫于杨、柳树干上，数量不少。

成虫（杨，朝阳蟹岛，2011.X.15）

成虫（柳，朝阳蟹岛，2011.X.15）

扎兰屯皱背叶蝉
Rhytidodus zalantunensis Li et Zhang, 2008

雄虫体连翅长5.4毫米。体腹面淡黄褐色，无任何明显斑纹，唯足爪黑褐色。头冠中长稍短于复眼处的长度，头冠及前胸背板具横皱纹。基瓣后缘三角形突出，端部圆突，突出部分约占基瓣中长的1/2；尾节侧瓣腹缘中后部有1 枚近似猫耳状突起。

分布：北京*、内蒙古。

注：模式产地为内蒙古扎兰屯（李子忠等, 2008），未记录寄主，现记录杨为寄主。北京5月见成虫于杨树叶上。在《北京林业昆虫图谱（I）》中介绍了同属的杨皱背叶蝉*Rhytidodus poplara* Li et Yan, 2008，该种颜面具黑色横斑。

成虫（杨，平谷东四道岭，2015.V.26）

槲短冠叶蝉
Megipocerus sp.

体连翅长7.2～7.3毫米。雄虫体色深，黑色，颜面黑褐色，具许多黄褐色斑点；腹板各节黄色和黑色相间。前翅透明，翅脉多黑色，近翅端具黑色横带。单眼位于颜面中部，眼距稍大于离复眼的距离；前唇基两侧3/5处明显收缩。中胸及小盾片之和长于头胸和前胸背板之和的2.5倍。下生殖板腹面具长毛，内侧具1列刺毛。雌虫体色以黄褐色为主，第7腹板后缘平截。

分布：北京。

注：与本属的模式种*Megipocerus mordvilkoi* Zakhvatkin, 1945很接近，该种前翅黑褐色翅脉具白色间断、雌虫第7腹板后缘中央深内凹（Zakhvatkin, 1945; Xue et al., 2017）；暂定为本属。寄主糠椴，若虫黑色，具浅色的背中线。北京6月可见成虫于糠椴小枝和叶片上，常有亮毛蚁*Lasius fuliginosus*看护。

雌虫（糠椴，门头沟小龙门，2016.VI.16）

多齿短突叶蝉
Nabicerus dentimus Xue et Zhang, 2014

雄虫体连翅长5.6毫米。体浅褐色，具黑色斑纹。头冠两侧近复眼处各具1黑色圆点。颜面浅褐色，额唇基部具1列排列不规则的黑褐色斑，两侧各有6个黑褐色斑，排列略呈弧形。前唇基黑色。下生殖板细长，浅色，两侧具长毛。

分布：北京*、河南、浙江、福建。

注：本属或被认为是*Idiocerus*属的一个亚属。我国已知3种；原文中提供的图片本种雄虫前唇基为浅色，雌虫为黑色（Xue & Zhang, 2014）。北京8月见成虫于灯下。

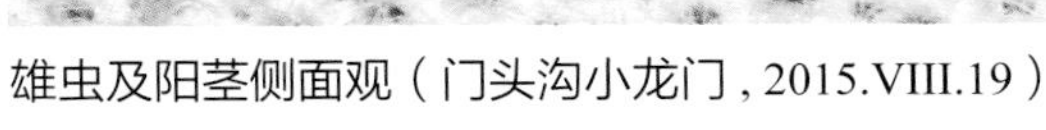

雄虫及阳茎侧面观（门头沟小龙门，2015.VIII.19）

乌苏窗翅叶蝉

Mileewa ussurica Anufriev, 1971

体连翅长5.2毫米。头冠中央有1纵线纹，两侧各有1线纹（前半段细），后缘具2小点斑且与前胸背板前端的八字形细线纹相对，均为浅白色。小盾片中域3对纵纹及1对浅白色点，末端白色。前翅翅脉深红色，爪片末端具1无色透明斑，两翅合拢时此斑略呈心形；第2端室基部有1较小的、第3端室基部有1点状的无色透明斑。头冠中长短于前胸背板或复眼间宽。

分布：北京*、辽宁、河北、安徽、浙江、湖北、湖南、四川；俄罗斯。

注：与红脉窗翅叶蝉*Mileewa rufivena* Cai et Kuoh, 1997很接近，该种头冠中长略大于两复眼间距，而与前胸背板长相近（梁爱萍等，1997）。北京7月、9月可见成虫于鹅耳枥、核桃楸等植物上。

成虫（鹅耳枥，房山合议，2020.VII.21）

白辜小叶蝉

Aguriahana stellulata (Burmeister, 1841)

体连翅长4.5毫米。体纯白色，前翅端半部具暗褐色至黑褐色斑纹，很有特点，其中前缘端半部具广弧形黑褐色纹，并具3条黑褐色线通向前缘，翅顶角处具扇形黑色纹。

分布：北京*、云南；日本，俄罗斯，蒙古国，哈萨克斯坦，欧洲，北非，北美洲。

注：记录的寄主植物有椴属、李属、榆属、山楂属、槭属等，北京10月发现成虫于元宝槭上。

成虫（元宝槭，门头沟小龙门，2014.X.22）

小贯小绿叶蝉

Empoasca onukii Matsuda, 1952

雄虫体连翅长3.2毫米。体黄绿色至淡绿色，头胸部具淡白色斑，头冠中线具1字形白色斑，其两侧各具1点斑，前缘两侧具白色横斑，有时斑纹可减退，或扩大相连。小盾片中部具长形白色斑，或为2相邻的纵条，横脊后具1白色斑。

分布：北京、陕西、甘肃、河北、河南、浙江、福建、湖南、海南、四川、贵州、云南；日本，越南。

注：属于*Matsumurasca*亚属。我国过去记录的假眼小绿叶蝉*Empoasca vitis* (Göthe, 1875)应是本种的误订，且单从外观与近缘种很难区分（于晓飞等, 2015）。因此在《北京林业昆虫图谱（I）》中的假眼小绿叶蝉也应是本种的误订。北京8月见成虫于灯下。

若虫（臭椿，北京市农林科学院，2011.IX.2）

成虫（平谷金海湖，2016.VIII.5）

米蒿小叶蝉

Eupteryx (*Eupteryx*) *minuscula* Lindberg, 1929

雌虫体连翅长3.1毫米。体淡黄色，前翅具复杂斑纹。头顶中长稍长于复眼处长；头顶前缘至小盾片具浅白色纵线，小盾片端部呈三角形白色斑。体两侧近于平行，在翅中部稍突出。前翅具黑褐色斑，翅脉浅色，一些翅脉两侧具黑褐色，翅顶角处黑色，后侧缘浅色。第7腹板中长约为前2节之和，后缘圆弧形，中央浅“V”形内凹（小但明显）。

分布：北京*、陕西、甘肃、江苏、台湾、湖北、四川；日本，朝鲜，俄罗斯。

注：所附的图可能是羽化不久的成虫，头胸部颜色较浅。雄虫阳茎端具1对细长“U”形端突。寄主为蒿，北京5月、8月见于灯下。

雌虫（怀柔黄土梁，2020.V.26）

连斑蒿小叶蝉
Eupteryx sp.

体连翅长3.5毫米。体淡黄色具黑色斑纹；头冠前缘具1对圆形、基部具1对后缘相连的斑，颜面额唇基两侧具黑色斑；前胸背板中部两侧具1对括号形斑，其外侧各具2对圆斑。前翅灰白色，翅脉淡黄色，翅室内大多烟褐色。

分布：北京。

注：与分布于西伯利亚和欧洲的*Eupteryx florida* Ribaut, 1936很接近，该种前翅青白色，所占的面积较大。北京10月见成虫于雨中的山杨叶背。

成虫（山杨，门头沟小龙门，2014.X.22）

丽雅小叶蝉
Eurhadina callissima Dworakowska, 1967

雄虫体连翅长3.8毫米。体淡黄白色，头冠基部具1对较大的弧形黄色斑，前胸背板两侧具弧形黄色斑（头胸部的这些斑纹可缩减）；前翅近端部浅黄褐色，前翅端半共有5个黑褐色斑，其中1个位于近翅端中央（翅端的这些斑纹可缩减）。腹面无任何斑纹。

分布：北京*、陕西；俄罗斯，蒙古国。

注：与原始描述稍有不同，即阳茎干端部未见有向下的片状突。与韩国雅小叶蝉*Eurhadina koreana* Dworakowska, 1971很接近，从外形上该种体较小、前翅沿翅端具黑褐色弧形纹、阳茎干端部的腹附突在基部1/4处分叉，本种体略大、前翅沿翅端不具黑褐色弧形纹、阳茎腹附突在近中部分2枝（且这2枝长度相近）。我们发现寄主为栓皮栎。

若虫（栓皮栎，平谷石片梁，2018.V.31）

成虫（栓皮栎，平谷石片梁，2018.V.17）

成虫（栓皮栎，平谷石片梁，2018.V.30）

东雅小叶蝉

Eurhadina dongwolensis Oh et Jung, 2016

雄虫体连翅长3.4～3.6毫米。体淡黄色。翅端半部共有5个黑褐色斑（此图中爪片端斑外侧的斑不明显），其中1个位于近翅端中央（翅端的这些斑纹可缩减）腹背基部2节中面黑褐色，第1可见腹板中侧各具1个黑褐色斑；下生殖板近端部黑褐色。

分布：北京*；朝鲜。

注：中国新记录种，新拟的中文名，取学名地名的前一个字。原始描述中前翅各斑纹非常明显，雌虫腹基部无黑色斑（Oh et al., 2016）。本种的特点是雄性腹板基部具1对黑褐色斑，雄虫尾节侧瓣端缘分2叶、阳茎背附突不分枝和腹附突分3枝（其中端2枝在一起）。北京5月、8月见成虫于灯下。

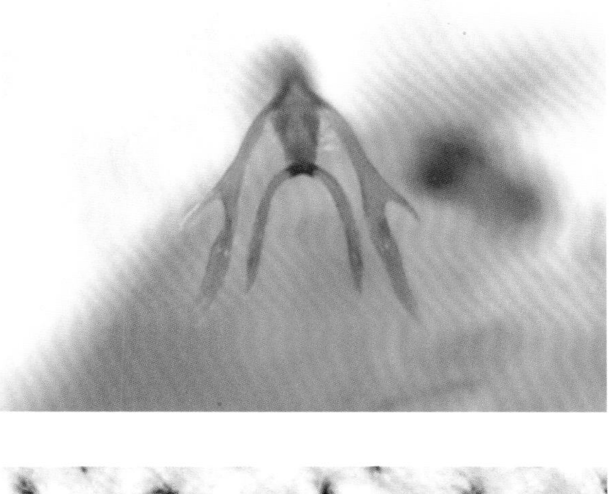

雄虫及阳茎端腹面观（密云五座楼，2013.VIII.21）

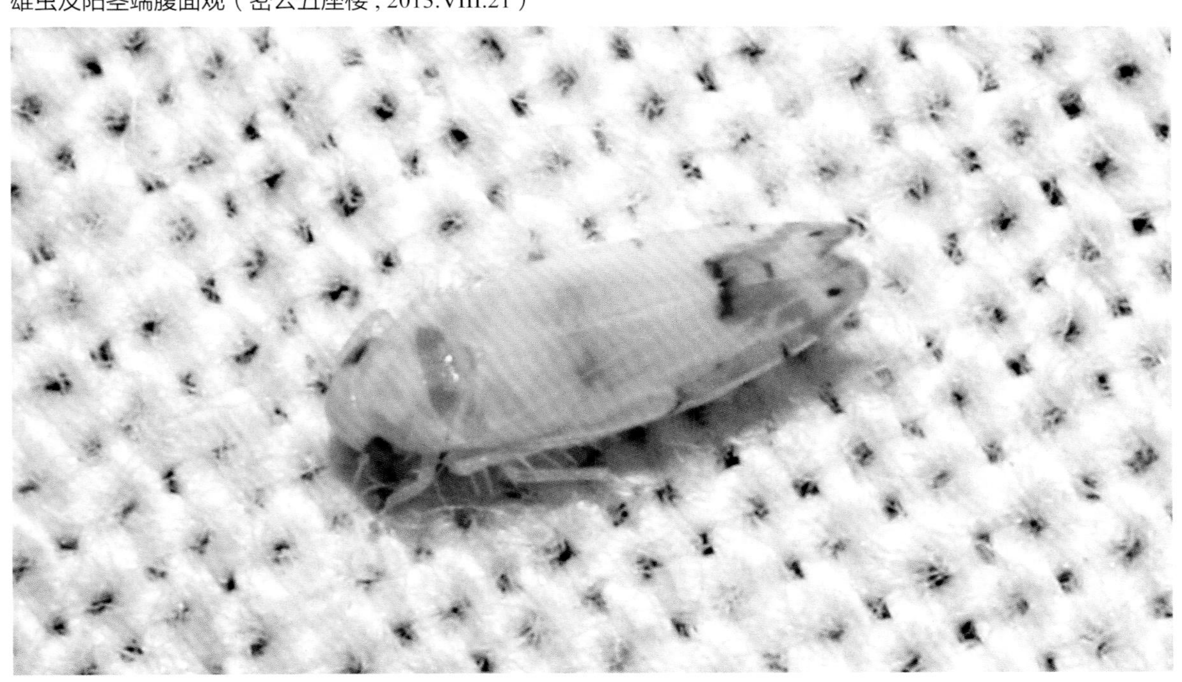

成虫（栓皮栎，平谷石片梁，2018.V.30）

韩国雅小叶蝉
Eurhadina koreana Dworakowska, 1971

雄虫体连翅长3.2毫米。体白色，头冠基部具1对黄色斑，前胸背板两侧具弧形黄色斑；前翅近端部浅黄褐色，端缘黑褐色，前翅端半部共有5个黑褐色斑，其中1个位于近翅端中央。腹面无任何斑纹。

分布：北京*、湖北；朝鲜。

注：中文名来自黄敏（2003），作为中国新记录种记录于湖北，未见正式发表。外形上与雅小叶蝉*Eurhadina pulchella* (Fallén, 1806)很接近，但本种阳茎背附突不分枝，腹附突在基部约1/4处分枝（其长度约为主枝的1/4）。我们5月发现寄主为栓皮栎，成虫具趋光性。

若虫（栓皮栎，平谷东沟村，2018.V.18）

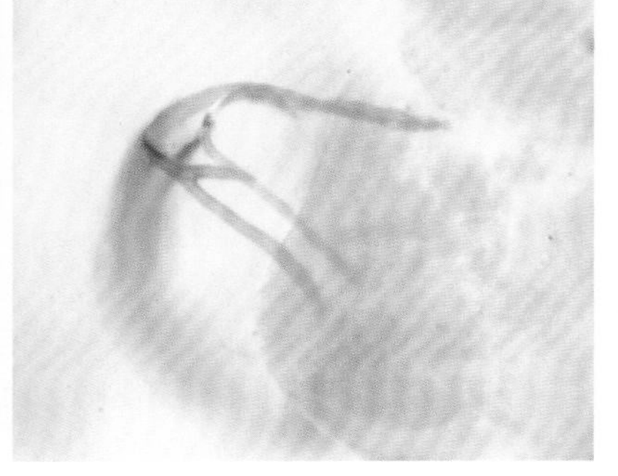

雄虫及阳茎后侧观（栓皮栎，平谷东沟村，2018.V.18）

雅小叶蝉
Eurhadina pulchella (Fallén, 1806)

雄虫体连翅长3.6毫米。体淡黄白色，前翅前缘近基部具椭圆形白色斑，翅端淡褐色与白色相间，中央具一黑褐色圆斑或圆点，周围具4～5条褐色放射线或点，其中一条较长，伸向翅前缘中部。

分布：北京*、陕西、河北、山东、湖南；日本，朝鲜，俄罗斯，中亚至欧洲。

注：《北京林业昆虫图谱（I）》中的白桦雅小叶蝉*Eurhadina betularia* Anufriev, 1969之左图和中图，为本种的误定。本种体色有变化，寄主为白桦、栎类、胡枝子等；近似种外形接近，需要核对外生殖器的特征。河北记录于兴隆雾灵山。白桦上常见，有时数量不少；成虫具趋光性。

成虫（白桦，门头沟东灵山，2014.VIII.21）

柔雅小叶蝉
Eurhadina sp.

雄虫连翅体长3.4毫米。体淡黄色，前翅前缘近基部具椭圆形白色斑，翅端淡褐色与白色相间，中央具一黑褐色圆斑，其内侧前后缘具5条褐色纹，其中1条较长。腹部背面中基部及下生殖板端黑褐色。阳茎干的背附突和腹附突均在中部具1小分枝。

分布：北京。

注：《北京林业昆虫图谱（I）》中的白桦雅小叶蝉*Eurhadina betularia* Anufriev, 1969之右图，即为本种的误定。本种雄性阳茎与*Eurhadina wagneri* Dworakowska, 1969接近，该种阳茎端前突和端突的分枝均在端半部。北京8～9月见成虫于杨树林或灯下。

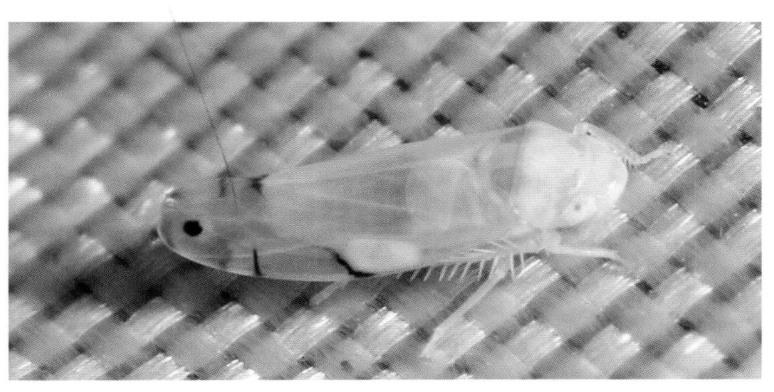

雄虫及阳茎端腹面观（怀柔孙栅子，2012.VIII.13）

朝鲜小绿叶蝉
Kybos koreanus (Matsumura, 1931)

雄虫体长4.5毫米。体黄绿色，头胸部具淡绿色小斑：头冠中央具纵纹，前缘两侧各有1粗斜纹，呈八字形，后方2复眼内侧各具1纹。颜面中央、两侧具白色纵条（中间的粗大）。前胸背板前缘3个小圆点；小盾片中央具宽纵纹，刻痕后具3个小斑。前翅端部2/5淡烟褐色。头冠前后缘平行，中长约为复眼间距的1/2。下生殖板端半部稍扩大，圆弧形上弯，下方密生黑色粗长毛，基部1/3具较多的浅色毛。

分布：北京*、湖北；日本，朝鲜，俄罗斯，哈萨克斯坦。

注：新拟的中文名，从学名。模式产地为日本，雌虫前胸背板前缘具一列5个小圆斑（Matsumura, 1931）。本种与宋小绿叶蝉*Kybos soosi* Dworakowska, 1976很接近，后者头冠部的斑纹不明显和体较小。北京5月见成虫于灯下。

雄虫及尾节侧瓣和阳基侧突（房山蒲洼村，2020.V.19）

宋小绿叶蝉
Kybos soosi Dworakowska, 1976

雄虫体连翅长3.3毫米。体黄绿色，前胸背板后缘、前翅后缘染有烟色；腹面淡黄白色，额唇基两侧颜色稍带褐色，隐带可见1列浅褐色带。足仅爪黑褐色。下生殖板宽大，后端上弯，多毛。尾节腹缘端具长刺（稍有点波）；肛节具1对称钩形的肛突；下生殖板下方具较短的浅色毛；阳基侧突端部具众多长毛（长于侧突之半），端部稍弯曲，内缘锯齿状。

分布：北京*、陕西、甘肃、河南、山东；朝鲜，哈萨克斯坦。

注：标本会失绿。北京8月见成虫于灯下。

雄虫（顺义汉石桥，2016.VIII.12）

十斑林氏小叶蝉
Linnavuoriana decempunctata (Fallén, 1806)

体连翅长3.3～3.7毫米。体玉白色，常染有粉红色，头胸部背面共有10枚斑：头冠前缘具1对，前胸背板前缘具3对（有时可扩大，或相连），小盾片基角具1对。前翅具烟色斑纹，分界不清晰。

分布：北京*；日本，朝鲜，俄罗斯，蒙古国，哈萨克斯坦，欧洲。

注：中国新记录种，新拟的中文名，从学名。北京9～10月见成虫于元宝槭、榆等植物，也具趋光性。

成虫（元宝槭，门头沟小龙门，2014.X.22）

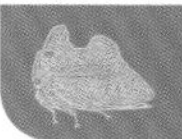

锯纹莫小叶蝉
Motschulskyia serrata (Matsumura, 1931)

又名锯纹带小叶蝉。体连翅长2.5～3.2毫米。体淡黄褐色，从头顶至翅末具褐色至黑褐色纵纹，纹的两侧不整齐，前翅前缘近端部具短细横纹。头冠向前突出，中长与前胸背板中长相近。

分布： 北京、陕西、河北、江西、台湾、湖南、海南、贵州；日本，朝鲜，南亚，泰国，引入澳大利亚。

注： 现归于*Togaritettix*亚属，原组合为*Togaritettix serratus*。北京7月、10～11月见于草莓、月季、一叶荻和杨。其他已知的寄主包括刺梨、杧果、茅莓、禾本科杂草等。

成虫（月季，朝阳亮马桥，2017.X.27）

若虫（草莓，北京市农林科学院，2011.X.5）

成虫（草莓，北京市农林科学院，2011.X.5）

中斑小叶蝉
Naratettix zini Dworakowska, 1972

体连翅长3.5～3.6毫米。体淡黄色，头冠及前胸背板具象牙白色斑纹，颜面黄白色，无任何暗色斑纹。小盾片红褐色，端部两侧具1对暗褐色斑。前翅翅基和翅中红褐色，翅中具褐色斑纹（有时翅中的纹消失，仅存后缘的暗褐色斑），翅端带烟色。

分布： 北京；朝鲜，俄罗斯。

注： 新拟的中文名，从翅中央具横带。记录的寄主有栗属和栎属（Hossain et al., 2019）。北京5～6月、10月可见成虫于板栗、栓皮栎和白桦叶片上，具趋光性。

成虫（栓皮栎，平谷东长峪，2018.VI.29）

成虫（板栗，平谷石片梁，2018.VI.29）

成虫（元宝槭，门头沟小龙门，2018.VI.29）

白桦沃小叶蝉
Warodia sp.

雄虫体连翅长3.2毫米。体淡白色，除足的爪褐色（及乙醇浸泡后部分黑色的复眼）外，体无深色部分（喙端亦为浅色），足及前翅稍带黄色。下生殖板长于尾节侧瓣，侧观中部稍弧形弯曲，外缘近基部具1根粗毛；尾节侧瓣后缘中央稍内凹。

分布：北京。

注：雄性外生殖器阳茎端与本州沃小叶蝉*Warodia hoso* (Matsumura, 1932) 较为接近，两种的阳茎干端部具2对附突，端部还具1个小支突，但本种阳茎干弧形弯曲，附突4支长度相近且较直而不同。在尾节侧瓣上明显不同，本种并不在腹缘处向后延长。本属已知10种，我国均有分布（Zhang & Huang, 2007）。北京8月见成虫于白桦上。

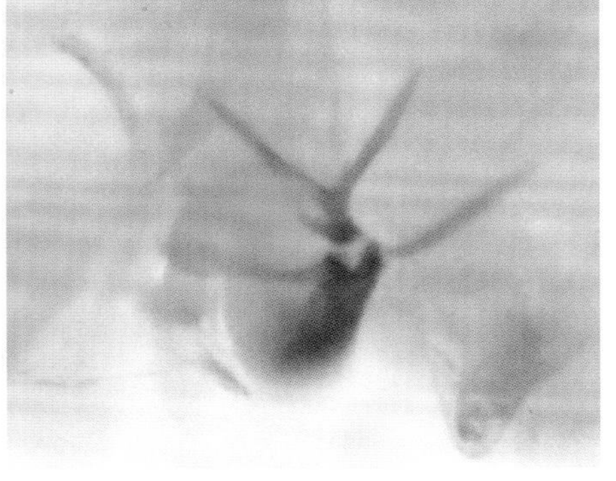

雄虫及阳茎端部腹面观（白桦，门头沟东灵山，2014.VIII.21）

交字小斑叶蝉
Zygina yamashiroensis Matsumura, 1916

体连翅长雄虫2.6毫米，雌虫3.0毫米。体淡黄绿色，背面具血红色斑纹，在头、前胸背板呈中纵带，小盾片上呈一对钩状，背面观两前翅基部1/3呈“11”形，而后呈“X”形，外侧常有细条红色纹。雄虫下生殖板弧形上弯，近端部具2根粗刚毛；阳基侧突长，端部扩大，两侧略呈齿状。雌虫第7腹板后缘弧突，略呈铁锹形。

分布：北京、台湾；日本，朝鲜。

注：北京4月、7月、11月见成虫于海棠、桃和山桃叶片上或灯下。

成虫（海棠，北京市农林科学院，2011.XI.6）

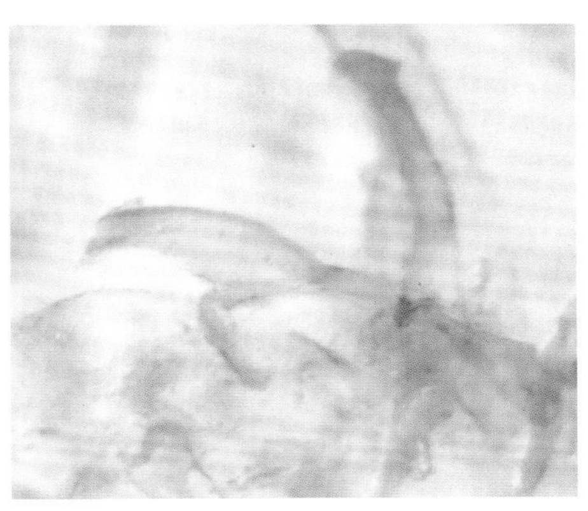

雄虫阳基侧突及阳茎

黄斑柽木虱
Colposcenia flavipunctata Li, 2011

体连翅长2.5～3.0毫米。体黄褐色。触角短，稍短于头宽，第3～7节端褐色，第8节端及第9、10节黑色。前翅半透明，污黄色，具褐色至黑褐色斑，翅脉在端缘的端部褐色，脉端两侧浅色（呈一浅色斑），翅前缘大部浅色，无深色斑。

分布：北京、宁夏。

注：此属的种类在柽柳的芽、花上成瘿。北京4月初可见成虫出蛰，雌成虫产卵于嫩芽端，6月可见新一代老熟若虫。

若虫（柽柳，北京市农林科学院，2014.VI.8）

成虫（柽柳，北京市农林科学院，2018.IV.11）

成虫（柽柳，北京市农林科学院，2020.VII.19）

褐背丽木虱
Calophya sp.

体连翅长1.8～2.1毫米。体淡黄绿色，头胸部红褐色，前翅后臀脉处具黑色纹，其中后翅呈叉状。颊短锥状，明显分开，两侧近于平行，外侧端较尖。触角浅色，第4节粗于前后节，明显长于第5节。后足胫节端具4距（1+3），基跗节无黑色距。

分布： 北京。

注： 与黑背丽木虱*Calophya nigridorsalis* Kuwayama, 1908相近，但后者头胸部背面黑色，腹面黄色，或全为黑色（Kuwayama, 1908）。北京6～7月见于昌平黄花坡的槲树、六道木、北京丁香、黑桦、大叶白蜡等多种植物的叶片上，数量非常大，仅见槲树、六道木叶片有取食花纹，但在上述植物上均未见若虫。

成虫（蒙古栎，昌平黄花坡，2016.VII.7）

成虫（六道木，昌平黄花坡，2016.VII.7）

杜梨喀木虱
Cacopsylla betulaefoliae (Yang et Li, 1981)

雌虫体连翅长3.2毫米。触角黄褐色，第3～7节端部、第8节端半及后2节黑色。颊锥黄褐色，端部宽圆。前翅污白色，布满翅刺，A端具黑色斑（秋型）。

分布： 北京、河北、山东。

注： 异杜梨木虱*Psylla heterobetulaefoliae* Yang et Li, 1981被认为是本种的异名，属于不同的季节型，即秋型（Cho et al., 2017）；春型A端不具黑色斑。寄主杜梨，与乌苏里梨喀木虱*Cacopsylla burckhardti* (Luo et al., 2012) 可同时发生，但后者的若虫具花斑、叶被害后具皱褶、成虫个体大（3.5～4.2毫米）而易于区分。

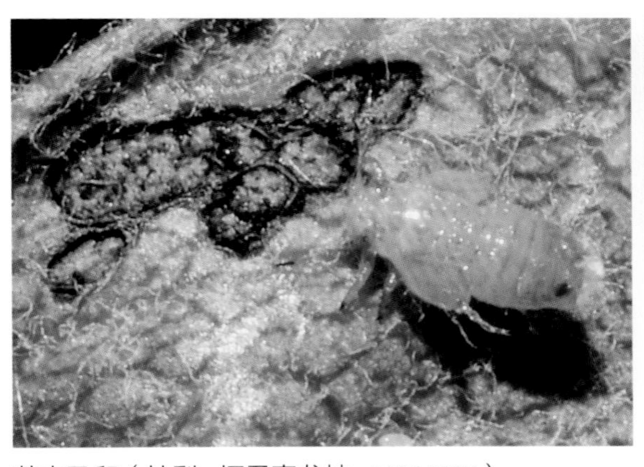

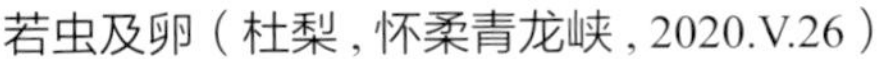

若虫及卵（杜梨，怀柔青龙峡，2020.V.26）

雌虫（杜梨，怀柔青龙峡，2020.V.26）

乌苏里梨喀木虱

Cacopsylla burckhardti (Luo et al., 2012)

体连翅长雄虫3.4～3.9毫米，雌虫3.8～4.3毫米。触角第3节浅色，第4～8节端部黑色，且越后其所点比例越大，第8节约占半，第9～10节黑色，端节具1长1短刚毛，长者与端节长度相近。前翅爪片处无黑褐色斑。颊锥短于头顶，端部不尖，圆突，两锥在基部1/3后分开。阳基侧突浅色，宽大，端部不明显收窄。

分布：北京、甘肃；日本，朝鲜。

注：在《北京林业昆虫图谱（Ⅰ）》中异杜梨喀木虱*Cacopsylla heterobetulaefoliae*为本种的误定；苏嘎梨喀木虱*Cacopsylla pyrisuga*（王锦和刘奇志, 2020）也是本种的误定。寄主为栽培梨（如白梨、西洋梨）、秋子梨等；目前本种在北京一些梨园发生较重，早春可见大量的越冬成虫。与中国梨木虱（在括号内）的区别在于：① 1年发生1代，夏季不见踪影（1年多代）；② 若虫具花斑，由黑褐色、桃红色和淡蓝色组成（春季的若虫由黄褐色和绿色组成）；③ 卵多产在叶芽、花芽和嫩叶，成堆，也可产在小枝上（多产在小枝上，不成堆）；④ 早春在叶片上寄生时可使叶皱褶、扭曲（叶片被寄生后一般不变形）；⑤ 冬型成虫前翅爪片缝处无斑（具黑褐色斑）；⑥ 成虫体大，体连翅长雄虫3.5～3.7毫米，雌虫3.8～4.2毫米（雄虫2.8～3.2毫米，雌虫2.8～3.4毫米）。

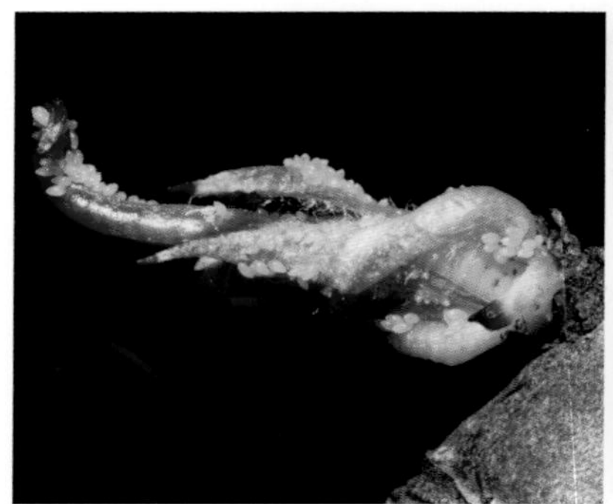
卵（白梨，延庆米家堡，2018.IV.25）

为害状（香梨，平谷熊儿寨，2018.V.3）

雄虫（白梨，延庆米家堡室内，2018.V.15）

若虫（梨，平谷石片梁，2018.V.4）

雌虫（梨，平谷山东庄，2018.III.28）

白绢梅喀木虱
Cacopsylla exochordae Li, 1995

体连翅长雄虫2.8毫米，雌虫3.1毫米。头胸部橘黄色，腹部淡绿色。触角淡黄褐色，触角第4～8节和第9、10节黑褐色。中胸前盾片中线及后缘黄白色，盾片具6条黄白色细线。颊锥在中部分开，稍短于头顶。雄虫肛节后缘端半部明显弧形内凹，以容纳阳基侧突端。

分布：北京*、辽宁。

注：模式产地为辽宁北镇，寄主白绢梅 *Exochorda racemosa*（李法圣和孙力华, 1995），腹部黑褐色，可能是秋型；另经检标本前翅的r_5室端可见细小的缘纹。北京7月见于油松林，数量不少。

雌虫（油松，延庆千家店，2013.VII.31）

红松喀木虱
Cacopsylla haimatsucola (Miyatake, 1964)

体连翅长雄虫3.3～3.4毫米，雌虫3.5～3.8毫米。触角黄褐色，第4～7节端部黑褐色，第8节端半部及第9～10节黑色。头颊较细长，长于头顶，颊锥端浅色。前翅翅脉黄褐色，雄虫端半部稍深，雌虫端半部黑褐色。后足端距5个，中间的3个并排相接在一起（1+3+1）。

分布：北京*、吉林、山西；日本。

注：有关翅脉的相对长度，在文献（Miyatake, 1964; 李法圣, 2011）中有差异；同一个体左右触角颜色可不同（第8节基大部分可浅色）。本种雄虫阳基侧突端中部凹陷，两端呈齿形（与具有2枚齿的上颚相近），是重要的特征，另雌虫的生殖节明显长于其余腹节。记录的寄主为红松。北京5月见成虫于灯下。

雄虫（门头沟小龙门，2018.V.11）

雌虫（门头沟小龙门，2018.V.11）

脊头喀木虱
Cavopsylla liricapita Li, 2011

体连翅长3.4～3.9毫米。触角黄褐色，第4～8节端部黑褐色，第9、10节黑色。前胸背板具4块、中胸前盾片具2块、盾片具4条褐色纵带。前翅沿后缘具褐色纹，具4个不明显的端纹。两阳基侧突后面观呈卵形，端部交接处的长度长于阳基侧突的宽度。

分布： 北京、陕西、黑龙江、吉林、辽宁、河北、山西。

注： 经检标本的后足胫端距相互之间的距离与原始描述（李法圣, 2011）所附的稍有不同，其中的2个端距相距较近。本种或为 *Cacopsylla albopontis* (Kuwayama, 1908) 的异名。北京5月、9～10月可见成虫于元宝枫上。

成虫（元宝枫，门头沟小龙门，2018.V.10）

若虫（元宝枫，门头沟小龙门，2018.V.10）

雄虫（元宝枫，延庆阎家坪，2018.IX.5）

武装梨喀木虱
Cacopsylla accincta (Luo et al., 2012)

体连翅长3.8～4.0毫米。体淡绿色（春型）。触角淡黄色，第4～8节端部及第9、10节褐色至黑褐色。颊锥短于头顶，端部不尖，圆突，两锥在端部明显分开。前翅爪片处无黑褐色斑，脉间多翅刺。阳基侧突浅色，端尖锐，向前弯，黑色。

分布：北京*、甘肃。

注：原始描述的为秋型，体色较深，寄主为秋子梨（Luo et al., 2012）。北京5月发现于秋子梨的小枝及叶片上。

雄虫（秋子梨，门头沟小龙门，2018.V.10）

若虫（秋子梨，门头沟小龙门室内，2018.V.11）

待羽化的若虫（秋子梨，门头沟小龙门，2018.V.10）

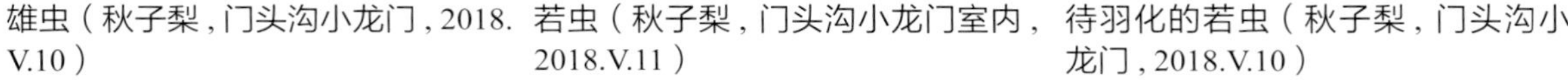

柳红喀木虱
Cacopsylla salicirubera Li, 2011

体连翅长2.8～3.1毫米。头胸部红褐色；触角黄褐色，第4～6节端部及第7～10节黑色。中胸前盾片中央具黄白色细纵线，后盾片具4条黄白色细纵线，中间2条直，两侧2弧形。前翅翅面除脉两侧外布满翅刺，具4个缘纹。雄虫阳基侧突端后角黑色，结构特殊，先伸向内侧，再折向前方呈1刺状突。

分布：北京*、陕西、宁夏、山西。

注：寄主为小齿柳和小叶山生柳（李法圣, 2011）。北京5月见于停息在黄檗的叶片及灯下。

雌虫（门头沟小龙门，2018.V.11）

北京粗角个木虱

Eotrioza ussuriensis Konovalova, 1987

雌虫体连翅长4.3毫米。体红褐色，具黑色斑。触角第1～2节红褐色，第3节和第9～10节黑色，余节黄褐色，但第4、6、8节端部黑褐色。前翅污黄色，后缘具3个黑色点（缘纹3条），近基部中央脉分叉处明显黑色。颊锥状，细长，与头顶长相近。触角第3节粗大，端部收窄，具长毛（基部的毛短于节的直径，而端部的毛长于节直径）。

分布： 北京；朝鲜，俄罗斯。

注： 模式产地为北京的北京粗角个木虱*Trachotrioza beijingensis* Li, 2011被认为是本种的异名，属*Trachotrioza*也是*Eotrioza*的异名（Cho et al., 2017）。未知寄主，北京5月见于短尾铁线莲的叶片上。

雌虫（短尾铁线莲，门头沟小龙门，2013.V.24）

五加个木虱

Trioza stackelbergi Loginova, 1967

体连翅长雄虫4.6毫米，雌虫5.1毫米。体黄褐色；触角基部2节同体色，第3～10节黑色；足黄褐色，胫节及跗节端暗褐色。中胸前盾片具2条、盾片具4条橘黄色宽纵带。

分布： 北京*、黑龙江、吉林、辽宁、河北；朝鲜，俄罗斯。

注： 寄主为无梗五加*Eleutherococcus sessiliflorus*，寄生后产生虫瘿，瘿瘤分布在叶柄，叶片主、侧脉两侧及果穗。五加异个木虱*Heterotrioza acanthopanaicis* (Li, 1994) 与本种的关系如何，仍需研究，但国内文献中的五加肖个木虱应为本种的误订。

雄虫（右）和雌虫（左）（无梗五加，河北兴隆，2012.VII.18）

虫瘿（无梗五加，河北兴隆，2012.VII.18）

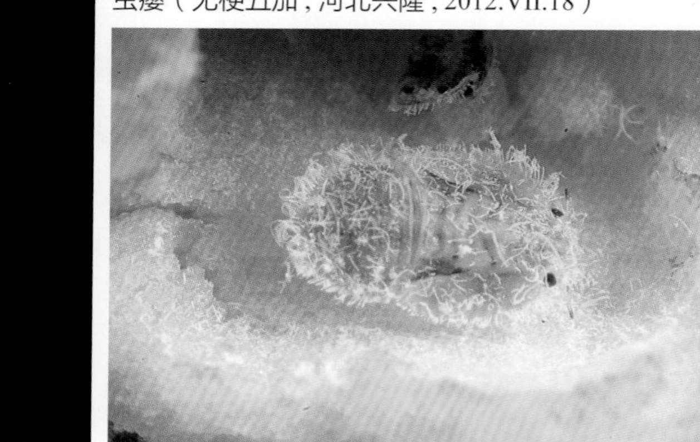

若虫（无梗五加，延庆滴水壶室内，2020.IX.5）

藜异个木虱

Heterotrioza chenopodii (Reuter, 1876)

体长（达翅端）2.6～2.8毫米。体淡黄褐色，具褐色或黑色斑；头顶具1对黑褐色斑，颊锥尖黑色；触角除第3节淡黄色外，其余黑色或黑褐色。

分布：北京、陕西、甘肃、宁夏、吉林、辽宁、河北、山西、山东、浙江、湖北、四川、重庆、贵州；日本，朝鲜至欧洲，印度，巴基斯坦至非洲北部。

注：寄主为藜，寄生在叶背，有时会使叶片皱褶扭曲。秋冬季节可见成虫和若虫在夏至草的叶背生活。

若虫（藜，北京市农林科学院，2011.XI.2）

雌虫（夏至草，昌平王家园，2014.X.28）

后个木虱

Metatriozidus sp.

雌虫体连翅长3.0毫米。体黄褐色，腹部黄绿色；触角淡白色，第1～2节、4～5节淡黄褐色，第6～10节黑色。前足端跗节黑褐色。颊锥端部颜色稍暗，从基部分开，长度与头顶相近。后足胫节端距3个（1+2），具基齿，基跗节无爪状距。

分布：北京。

注：与中条山后个木虱*Metatriozidus zhongtiaoshanicus* Li, 2011非常接近，原描述为雄虫（李法圣, 2011），经检的雌虫其前翅M分叉在Rs和Cu_{1a}连线之外。北京8月见成虫于灯下。

雌虫（平谷金海湖，2016.VIII.5）

华北毛个木虱

Trichochermes huabeianus Yang et Li, 1985

雄虫体连翅长5.2～5.5毫米。头胸部背面分泌白色蜡丝，呈相连的细条状。触角浅色，第9节端部及第10节黑色。前翅具3种斑型：① 全褐型，前翅均匀褐色（通常翅的外半部分较深），半透明；② 透斑型，全翅褐色，但在端角上方、后缘近中部具透明斑；③ 花斑型，翅透明，具2枚大褐色斑，1枚在翅外缘，弯曲，另1枚在后缘中部。

分布： 北京、山西。

注： 与中华毛个木虱*Trichochermes sinicus* Yang et Li, 1985相似，但本种触角第4～8节浅色，无深色端部。记录的寄主为鼠李*Rhamnus* sp.（杨集昆和李法圣，1985）；现记录锐齿鼠李*Rhamnus arguta*、鼠李*Rhamnus davurica*，其叶片被寄生后向上反卷，形成伪虫瘿，内有1～2头若虫。北京6月初可见新一代成虫。

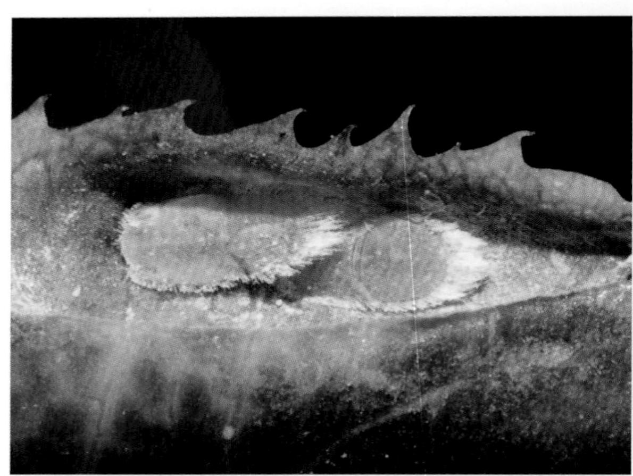

若虫（锐齿鼠李，昌平长峪城，2020.VI.3）

寄生状（锐齿鼠李，昌平长峪城，2020.VI.3）

雄虫（锐齿鼠李，昌平长峪城室内，2020.VI.6）

中华毛个木虱

Trichochermes sinicus Yang et Li, 1985

体连翅长雄虫4.7毫米，雌虫5.1～5.3毫米。触角浅色，第4、6、8节端部及第9～10节黑色。前翅斑型为全褐型，偶见花斑型。

分布：北京、陕西、宁夏、甘肃、吉林、辽宁、河北、山西、河南、湖北。

注：杨集昆和李法圣（1985）记录了我国产的毛个木虱属6种，其中5个为新种；这5种的形态很相近，随后2种（吉林毛个木虱*Trichochermes jilinanus* Yang et Li, 1985 和落叶松毛个木虱*Trichochermes laricis* Yang et Li, 1985）被归为本种的异名（李法圣, 2011），且《中国木虱志》中的中华毛个木虱与冻绿毛个木虱所配的图并不是原始文献中的图，而是互换了。此外，本种与大毛个木虱*Trichochermes grandis* Loginova, 1965的关系仍需研究。本种斑型也有多种；寄主为多种鼠李（李法圣, 2011），这里记录东北鼠李和锐齿鼠李，在门头沟小龙门的发生量非常大，偶见东北鼠李上的伪虫瘿为桃红色。由于发生量大，许多植物上可见成虫。

寄生状（东北鼠李，门头沟小龙门，2017.VI.6）

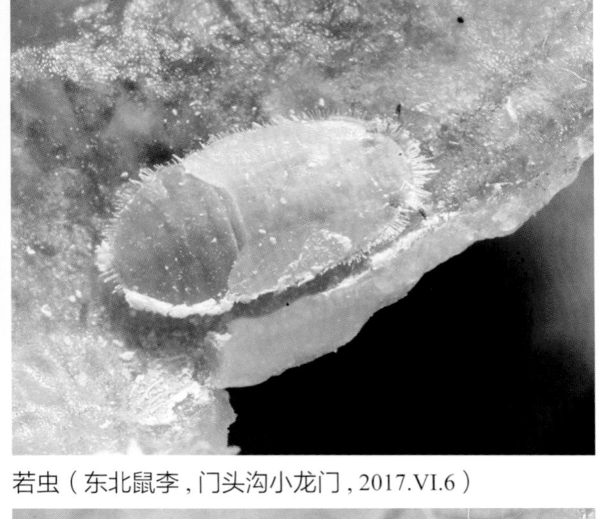
若虫（东北鼠李，门头沟小龙门，2017.VI.6）

雄虫（元宝枫，门头沟小龙门，2017.VII.29）

雌虫（东北鼠李，门头沟小龙门，2017.VI.6）

圆臀大黾蝽
Aquarius paludum (Fabricius, 1794)

体长11～17毫米。体黑色，具浅色斑或纹。前胸背板前叶中央具黄褐色细纵线，后叶两侧缘黄褐色，背面具暗青色毛，腹面具银白色毛。触角第1节长，长于第2、3节之和。后足腿节长于中足腿节。腹部侧接缘黄褐色；腹末具长而明显的侧接缘刺突，超过腹部末端，雄虫较长而直，雌虫短而稍弯曲。

分布：全国广泛分布；日本，朝鲜，俄罗斯，蒙古国，印度，泰国，缅甸，越南，欧洲。

注：成虫具长翅型和短翅型。生活在水面，捕食落水或水生昆虫；北京6～8月会上灯。

若虫（海淀北坞，2007.IX.9）

群体（昌平长峪城，2016.IX.7）

短翅型成虫（海淀紫竹院，2017.VII.3）

长翅型成虫（颐和园，2016.V.28）

细角黾蝽
Gerris gracilicornis (Horváth, 1879)

体长雄虫10～13毫米，雌虫12～15毫米。体酱褐色，体两侧明显银白色，具长翅型和短翅型。触角4节，第1节稍弯曲，明显短于第2、3节之和。长翅型的前翅膜区隐约可见不少小白色点。腹部侧接缘具白色斑点。

分布：北京*、陕西、宁夏、河北、山东、福建、台湾、湖北、广西、四川、贵州、云南；日本，朝鲜，俄罗斯，印度，不丹，缅甸。

注：雄虫第7腹板后缘弧形内凹，而雌虫第7腹板后缘几乎平直，盖住了大部分外生殖器，可以预防被动插入（Han & Jablonski, 2009）。生活在静水水面（甚至下雨后路面的水滩），捕食性，未见于灯下。

若虫（兴隆雾灵山，2012.VII.17）

腹部末端（左雌右雄）

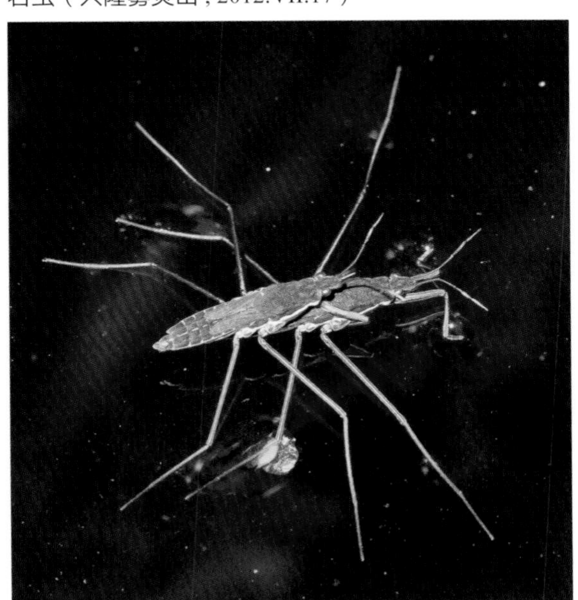

短翅型成虫对（房山上方山，2015.VII.2）

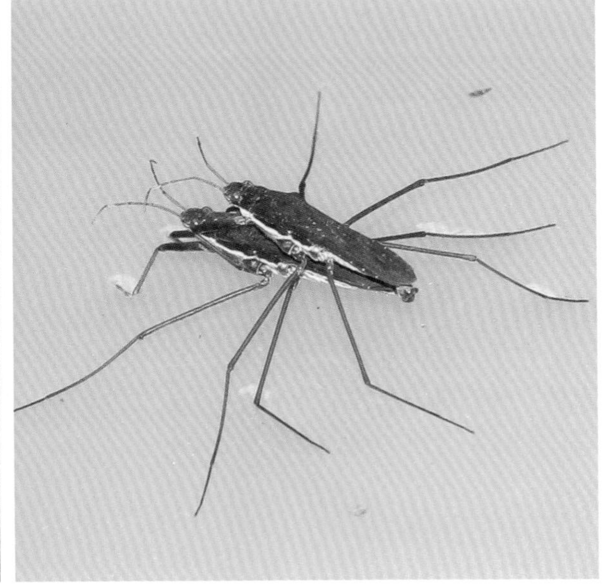

长翅型成虫对（密云雾灵山，2015.V.13）

尖钩宽蝽

Microvelia horvathi Lundblad, 1933

又名宽黾蝽、尖钩宽黾蝽、小宽蝽、荷氏宽肩椿象。雌虫体长1.6毫米。体黑褐色，表面具浓密白色短毛。触角及各足黄褐色，但触角第1节基大部、足腿节中部以上（基节、转节及基节臼）、头腹面、喙（除第4节）淡黄白色。头背面两侧近复眼处具4个毛点，近于直线排列（前端稍内倾），中间2个的距离大于前后2点之间的距离。触角第1节粗壮，与第3节长度相近，第4节最长。前胸背板五边形，近前缘两侧各具黄褐色横斑，侧角后缘黄褐色，后缘向后延伸，盖住小盾片。前足跗节仅1节，中后足跗节2节，各爪均从跗节末端前伸出（爪着生位置后的跗节明显窄小）。前翅稍过腹末（干燥的标本稍短于腹末），每翅具8个白色斑。

分布：北京*、河南、山东、江苏、安徽、浙江、江西、福建、台湾、湖北、湖南、广东、广西、海南、贵州、云南；日本，朝鲜。

注：本属宽蝽生活在水面上，捕食落水的昆虫，可捕食水稻上的褐飞虱、叶蝉等，成虫具长翅型和无翅型。与小宽黾蝽 *Microvelia douglasi* Scott, 1874很像，不易区分；国内文献可能有混淆现象，经检标本为雌虫，暂定此种。北京8月见成虫于灯下。

雌虫（平谷金海湖，2016.VIII.5）

显斑原划蝽

Cymatia apparens (Distant, 1911)

雌虫体长5.4毫米。前胸背板暗褐色，无横纹。前翅具褐色花斑，革片上的花斑似乎可分为3条纵纹，其中中间的纵纹较宽，似由2条组成。头喙部无横纹。前足跗节细长，两侧具稀疏长刚毛，爪细长，刚毛状。后足跗节淡黄褐色，两侧具褐色长毛。

分布：北京、河北、天津、山西、江西、湖北、贵州；日本，朝鲜，印度。

注：本种前胸背板无明显横纹，前足胫节细长且具刚毛状的细爪，易与其他种区分。北京5月灯下可见成虫。

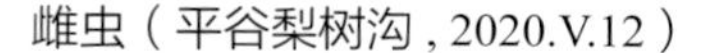

雌虫（平谷梨树沟，2020.V.12）

扁跗夕划蝽
Hesperocorixa mandshurica (Jaczewski, 1924)

体长9.4～10.2毫米。前胸背板第1和第2条浅色横纹较宽，并在侧角处融合。头额部雄虫稍内凹，雌虫凸出。后胸腹板突很短，近于等边三角形（图中蓝箭头所指）。雄虫前足跗节具1列齿，几乎沿着上缘排列（图中绿箭头所指）；后足跗节浅色，两侧的缘毛黑褐色。

分布：北京、陕西、内蒙古、黑龙江、吉林、辽宁、天津、河北、山西、河南、山东；日本，朝鲜，俄罗斯。

注：北京6月底至7月初可见成虫，具趋光性。有时灯下的数量很大，一晚趋灯的成虫可达数百只。

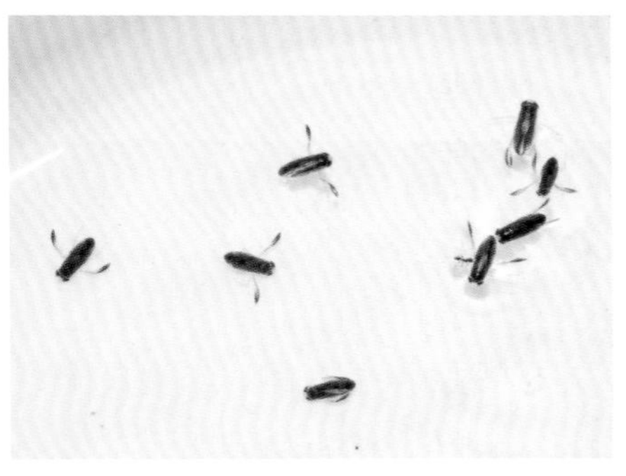

离灯几米远的脸盆中的成虫（昌平王家园，2015.VII.1）

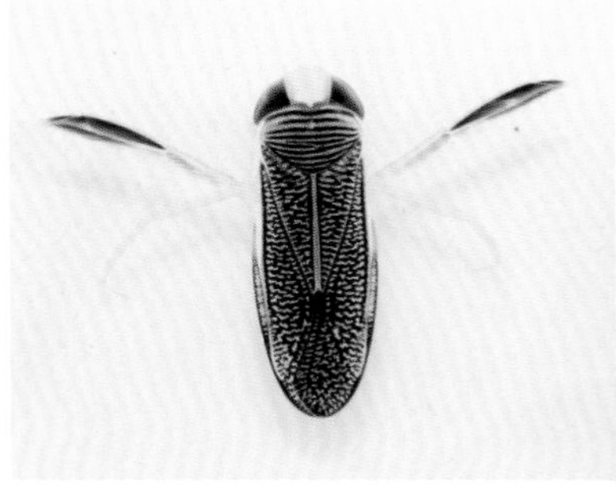

成虫（昌平王家园，2015.VI.30）

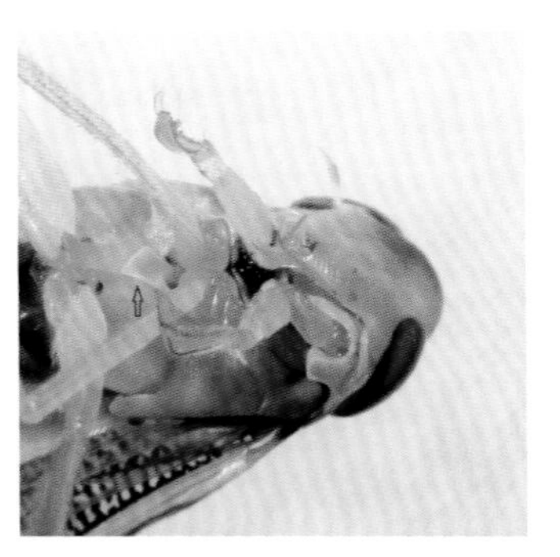

雄虫（昌平王家园，2015.VII.1）

阿副划蝽
Paracorixa concinna amurensis (Jaczewski, 1960)

体长雄虫6.2毫米，雌虫7.0～7.2毫米。头黄色，头顶具暗褐色斑，复眼黑色。前胸背板具9条黄色横带。前足粗短，胫节明显短于腿节，雄虫跗节具1列齿，在前端稍曲折。后足游泳足，第1跗节端黑褐色（外侧约1/3浅色），第2跗节基半部黑褐色（外侧浅色）。

分布：北京、陕西、宁夏、内蒙古、山西；俄罗斯，蒙古国。

注：水生，捕食性；北京6～7月灯下可见成虫。

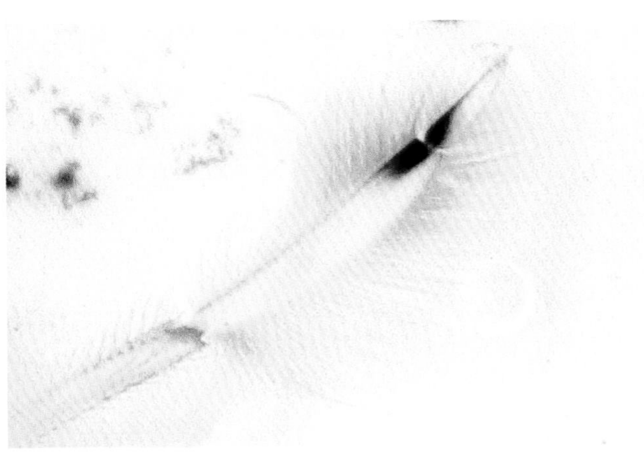

成虫及后足跗节（昌平王家园，2015.VI.30）

纹迹烁划蝽
Sigara lateralis (Leach, 1817)

体长5.4～5.7毫米。头淡黄褐色，复眼暗红色。前胸背板具7～8条黄色横带，宽于其间的黑褐色纹。前翅爪片基部（即近前胸背板后缘中部）具黄色区域，膜片浅色面积大于黑褐色面积。雄虫前足跗节具1列齿，几呈直线。后足游泳足，第1跗节端部及第2跗节黑褐色。

分布： 北京、陕西、宁夏、新疆、内蒙古、黑龙江、吉林、辽宁、天津、山西、河南、山东、湖北、四川、贵州、云南；俄罗斯，蒙古国，印度，西亚，欧洲，北非。

注：《王家园昆虫》中所配的图有误（虞国跃等, 2016）。本种个体较小，前翅革片隐约（或较为明显）可见3列黑色纵纹。生活在池塘、水田等浅水域的底层，捕食摇蚊幼虫等小动物，成虫具趋光性。北京6～7月灯下可见成虫。

成虫及后足跗节（昌平王家园, 2015.VII.1）

沃氏丽划蝽
Callicorixa wollastoni (Douglas et Scott, 1865)

体长6～8毫米。头黄色，头顶具褐色斑。前胸背板具7～8条黄色横带，宽度与黑褐色纹宽度相近。前翅爪片黄色或黑褐色横纹较为完整。雄虫中足胫节后侧具1排长毛，几乎占据了整个胫节，前足跗节具2列齿，似1列齿断开，分列于下缘和上缘。

分布： 北京、黑龙江；俄罗斯，北欧。

注： 图片所示的前翅斑纹与欧洲产的仍有差异，暂定为此种。此外，《王家园昆虫》一书中，焦丽划蝽*Callicorixa praeusta* (Fieber, 1848) 所依据的标本为1雌虫，后足跗节2节间具褐色纹，因此鉴定有误。

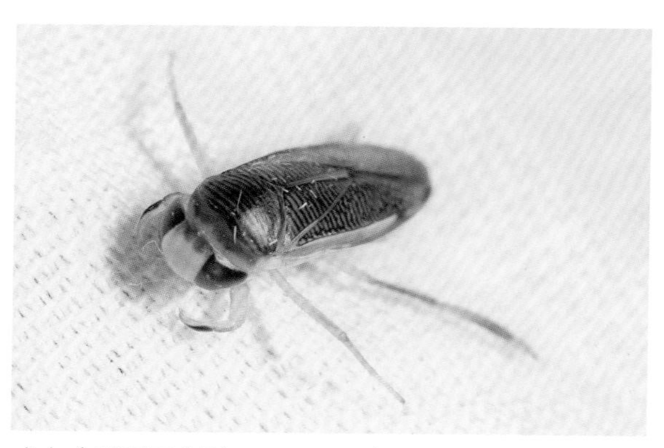

成虫（昌平王家园, 2013.VII.3）

萨棘小划蝽
Micronecta sahlbergii (Jakovlev, 1881)

体长3.0毫米。体黄褐色，头淡黄色，头顶色略深。前胸背板褐色。小盾片褐色，明显可见，三角形。前翅具4条黑褐色纵纹，隐约、断续或明显。雄虫前足腿节内侧近基部具

4枚小刺，跗节上缘和下缘各具13根长毛。

分布：北京*、陕西、内蒙古、黑龙江、河北、天津、河南、山东、江苏、安徽、浙江、江西、台湾、湖北、湖南、广东、海南、四川、贵州、云南；日本，朝鲜，俄罗斯。

注：水生，捕食性，北京7～8月见成虫于灯下。

成虫（延庆米家堡，2015.VII.14）

成虫（密云五座楼，2013.VIII.20）

泛跳蝽
Saldula palustris (Douglas, 1874)

又名泽跳蝽。体连翅长3.4～4.4毫米。长翅型，体长圆形。头胸部背面黑色，披金黄色短毛，仅头额区具直立的黑色长毛。前翅爪片黑色，端部色浅，革片基角黑色，缘片淡黄棕色，黑色斑可扩大，或具黑色斑纹。

分布：北京、陕西、宁夏、甘肃、新疆、内蒙古、黑龙江、河北、天津、河南、四川、云南、西藏；古北区、非洲、北美洲。

注：本种体色及阳基侧突等有变化（Lindskog & Polhemus, 1992），近似种不易区分。生活在水岸边，捕食性。北京6～8月灯下可见成虫。

成虫（延庆米家堡，2015.VII.14）

淡带荆猎蝽

Acanthaspis cincticrus Stål, 1859

又名白带猎蝽。雌虫体长15.5毫米。体黑色，被黑色稀疏长毛。前胸背板侧角及中部具2个淡黄色横斑。前翅革片中央具长条形淡红色斑。各足腿节端具1浅色环，胫节具2个浅色宽环。小盾片刺粗，几乎垂直。前翅短，仅超过腹部第6节。

分布：北京、陕西、甘肃、内蒙古、辽宁、河北、天津、山西、河南、山东、江苏、安徽、浙江、广西、贵州、云南；日本，朝鲜，印度，缅甸。

注：雄虫长翅型，前翅稍不达腹末（彩万志等, 2017）。在地面活动，捕食蚂蚁（如日本弓背蚁），若虫具伪装现象，体及足粘有蚂蚁等昆虫残体及土沙。北京7月、9月可见成虫。在《北京林业昆虫图谱（I）》中介绍了4种猎蝽。

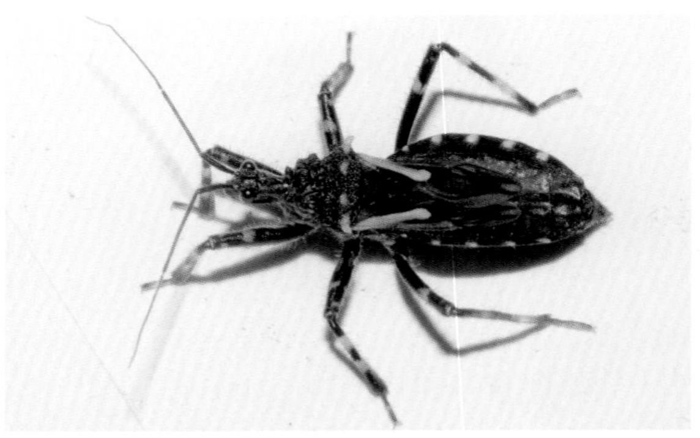

雌虫（昌平王家园室内, 2015.VII.20）

若虫（昌平王家园, 2013.VII.14）

黑光猎蝽

Ectrychotes andreae (Thunberg, 1784)

体长11.5～16.4毫米。体黑色，具蓝色闪光。足转节、腿节基部、腹部腹面大部红色，腹侧缘橘黄色至红色，但雄性第6腹节后部、雌性第3～6节具黑色斑，翅基黄白色。触角8节，向端部渐细，表面被细毛；前胸背板前叶小，后叶大，两者之间具横沟，前叶后部及后叶前半部中央具纵沟。雌虫翅端不达腹末。

分布：北京、陕西、甘肃、河北、河南、江苏、上海、浙江、安徽、福建、湖南、广东、广西、海南、贵州、云南；日本，朝鲜。

注：捕食多种鳞翅目和膜翅目幼虫，也捕食马陆。北京6月见成虫于灯下。

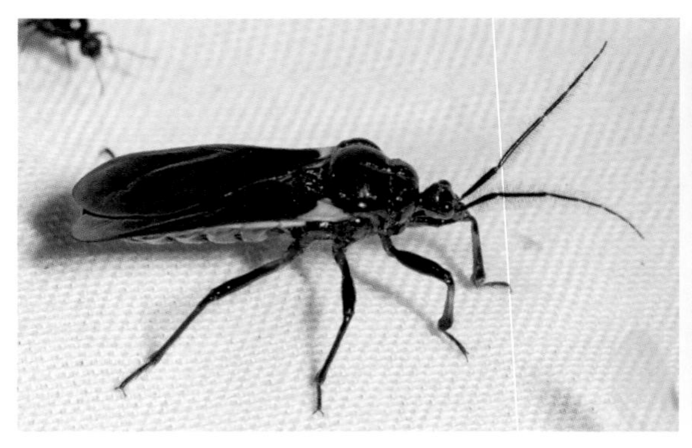

雄虫（昌平王家园, 2013.VI.18）

若虫（葎草, 昌平王家园, 2008.VIII.7）

异赤猎蝽
Haematoloecha limbata Miller, 1853

体长11～12毫米。体红黑两色，腹面黑色，光亮。前胸背板、前翅基半部前缘及腹侧红色。前胸背板中部的横沟处黑褐色至黑色。小盾片顶端稍内曲，两侧具2个端突。

分布： 北京、陕西、河北、山西、河南、山东、浙江、福建、湖北、四川；日本，朝鲜。

注： *Haematoloecha aberrens* Hsiao, 1973为本种的异名。雄虫前翅几达腹末，而雌虫明显不达腹末。捕食性，北京5～9月可见成虫，也会上灯。

雌虫（昌平王家园，2014.V.20）

黑红猎蝽
Haematoloecha nigrorufa (Stål, 1866)

又名黑红赤猎蝽、二色赤猎蝽。体长10.8～12.6毫米。体背红色为主，光亮，头、各足、小盾片、身体腹面黑褐色至黑色，前胸背板前叶黑褐色至红褐色。侧接缘各节端半部红褐色至褐黑色。头短于触角第2节。

分布： 北京、陕西、河北、河南、山东、浙江、江西、福建、台湾、湖南、湖北、广东、广西、贵州；日本，朝鲜，老挝。

注： 本种体色变化较大，头及足可为红色，可分为不同亚种（Redei & Tsai, 2012）；所附图的腹部侧接缘未有黑色斑纹，与典型的色斑型不同。捕食性，北京5月可见成虫。

成虫（昌平凤山，2004.V.3）

淡色菱猎蝽
Isyndus planicollis Lindberg, 1934

又名圆肩菱猎蝽。体长雄虫18.0～18.4毫米，雌虫19.5～21.3毫米。体棕褐色至暗褐色，被黄白色至黄褐色毛。触角黑褐色，第2节基半或基大部、第3节基部和端部、端节端部棕色或橙红色，有时第3～4节总体为红褐色。前胸背板前叶颜色常较深，两侧各具1刺突，后叶侧角较圆突。前足胫节稍长或等长于腿节。雄虫第7节腹板基部中央无突起。

分布：北京*、陕西、甘肃、辽宁、天津、河北、河南、湖北、四川、云南。

注：捕食多种昆虫。北京9～10月可见成虫，具趋光性。

雄虫（门头沟小龙门，2011.X.20）

雌虫（昌平长峪城，2016.X.26）

普新舟猎蝽
Neostaccia plebeja (Stål, 1866)

雄虫体长8.1毫米。体棕褐色，具稍深色的区域，复眼黑色。触角第1节膨大，中部加粗，无毛，其余各节具毛。前胸背板长宽相近，后叶侧角圆形突起。前足腿节膨大，腹面具1列强齿。

分布：北京*、台湾、湖南、广西、贵州、云南；日本，朝鲜，缅甸。

注：台湾记录多取食白蚁；北京7月见成虫于灯下，捕食其他昆虫，图为捕食某种蛾子的足。

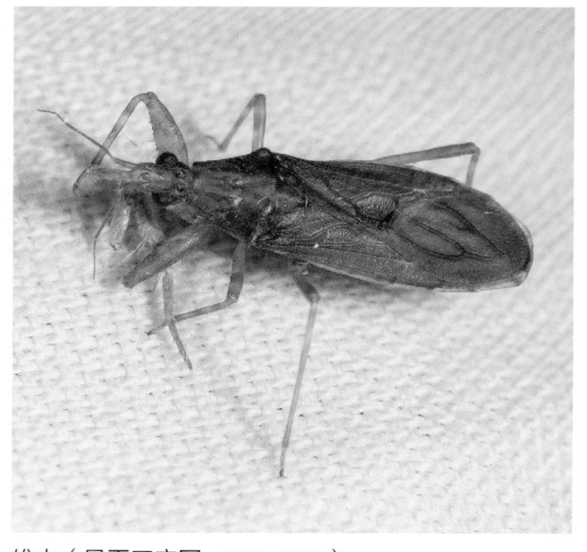
雄虫（昌平王家园，2013.VII.3）

短斑普猎蝽
Oncocephalus simillimus Reuter, 1888

体长15～18毫米。体褐黄色，具褐色或黑褐色斑纹，前翅中室内及膜片外室内的斑点最为显著，头及前胸背板具棕色纵直条纹。触角第1节稍短于头长。前胸背板前叶亚基部两侧各具1小突起，侧角明显而尖。前足腿节腹面具1列小齿，11或12个，胫节中部具1黑褐色环。

分布：北京、陕西、甘肃、内蒙古、黑龙江、吉林、辽宁、河北、河南、山东、江苏、上海、浙江、安徽、福建、湖北、广东、海南、四川、云南；日本，朝鲜，俄罗斯。

注：*Oncocephalus confusus* Hsiao, 1977 (non Reuter, 1882) 是一个异物同名，后有一个替代名 *Oncocephalus hsiaoi* Maldonado, 1990, 均为本种的异名。成虫和若虫捕食多种小昆虫，北京6～7月可见成虫，具趋光性。

成虫（门头沟小龙门，2012.VI.16）

黄纹盗猎蝽
Peirates atromaculatus (Stål, 1871)

雌虫体长14.5毫米。短翅型，黑色。前翅革片中部具黄褐色纵纹，膜片内呈一小斑，外室内呈一大斑，均为深黑色，膜片端颜色较浅。触角第1节超过头前缘，其他3节长度相近。

分布：北京、陕西、甘肃、内蒙古、河北、天津、山西、河南、山东、江苏、浙江、江西、福建、湖北、湖南、广西、海南、四川、贵州、云南；日本，南亚，东南亚。

注：过去一些文献中把本属用*Pirates*，有误。本种模式产地为菲律宾（Cascarón & Morrone, 1995），本种雄虫多为长翅型，前翅一般超过腹末；雌虫多为短翅型，前翅不达腹末。主要特征是膜区内室的小斑及外室的大斑为漆黑色，颜色比其他区域的黑色（或黑褐色）为深。北京7月可见成虫。

雌虫（昌平长峪城，2017.VII.18）

乌黑盗猎蝽
Peirates turpis Walker, 1873

雄虫体长13.7毫米。黑色，具光泽；复眼半球形，其间具“T”形沟。前胸背板前叶长于后叶，前叶具纵隆脊，而后叶无。前足腿节粗大。

分布：北京、陕西、甘肃、内蒙古、黑龙江、吉林、辽宁、河北、河南、山东、江苏、浙江、江西、湖北、广东、香港、广西、四川、贵州、云南；日本，朝鲜，越南。

注：基于分子数据的研究，本种与黄纹盗猎蝽*Peirates atromaculatus* (Stål, 1871) 和茶褐盗猎蝽*Peirates fulvescens* Lindberg非常接近（Zhao et al., 2015）。本种也具短翅型，或过去存在误订的可能。捕食性，可捕食多种昆虫，如棉铃虫、棉蚜、朽木甲等。

若虫（平谷东长峪, 2017.VIII.25）

雄虫（昌平王家园, 2013.VII.2）

双刺胸猎蝽
Pygolampis bidentata (Goeze, 1778)

体长13～16毫米。褐色到暗褐色。触角第1节短于头长或相近。头眼后部分的侧面具有显著分枝的刺，前胸腹扳两前角各有一个前伸的刺。前翅膜区具不规则斑点。后足腿节长，但不达腹部末端。

分布：北京、陕西、甘肃、新疆、黑龙江、河北、天津、山西、河南、山东、湖北、广西、四川；欧洲。

注：与污刺骑猎蝽*Pygolampis foeda* Stål, 1859接近，该种触角第1节明显长于头长。捕食性，北京4～6月可见成虫，具趋光性。

雄虫（昌平王家园, 2014.IV.8）

雌虫（昌平王家园, 2014.V.20）

污刺骑猎蝽
Pygolampis foeda Stål, 1859

雄虫体长13.5～13.7毫米。褐色到暗褐色，触角第1节、腿节散布一些白色小斑。触角第1节长于头长（85：63），腹面具1列刺状长刚毛。头眼后部分的侧面具有显著分枝的刺，前胸腹板2前角各有1个前伸的刺。前中足胫节中部具暗褐色环，后足腿节长，但不达腹部末端。

分布：北京、陕西、辽宁、河南、上海、江苏、浙江、江西、湖南、湖北、广东、广西、海南、四川、贵州、云南；日本，缅甸，印度，斯里兰卡，印度尼西亚，澳大利亚。

注：捕食性，成虫具趋光性，北京7月、9月可见成虫。

雄虫（昌平王家园，2013.VII.3）

背同色猎蝽
Reduvius decliviceps Hsiao, 1976

雄虫体长约17毫米。体污黄色，头部、前胸、前翅大部及足腿节（除端部）黑褐色。头前端往下倾斜；两单眼位于复眼后缘连线之后，间距远大于单眼与复眼的距离。触角第1节短，约为第2节长的1/3，后2节明显的细。前胸背板前角呈齿伏向两侧突出，前叶圆突、光滑，仅后半部具中央纵沟。

分布：北京*、江苏；日本，朝鲜。

注：模式产地为江苏南京（萧采瑜，1976），日本还有另1种色型，前翅在爪片端部具连通的污黄色横带（Ishikawa et al., 2005）。北京6月见成虫于灯下。

成虫（怀柔上台子，2020.VI.29）

黑腹猎蝽
Reduvius fasciatus Reuter, 1887

雄虫体长13.5～14.0毫米。体黑色，被黄白色闪光毛；前胸背板后叶（后叶中部带暗褐色）、前胸前缘及膜区基部1/3横带暗黄色。小盾片具端刺，向后上方翘起，指状，端部不尖。

分布： 北京、陕西、甘肃、内蒙古、河北、天津、河南、山东、四川。

注： 模式标本体长13.5毫米，河南等地采到的标本均明显大于此（彩万志等, 2017），经检标本与模式标本相近。北京6月可见成虫，捕食性。

雄虫（门头沟小龙门, 2016.VI.15）

枯猎蝽
Vachiria clavicornis Hsiao et Ren, 1981

雌虫体长12.2毫米。体枯黄色。头圆柱状，稍长于前胸背板；中叶向前突出，前端宽圆弧形；头前叶稍长于后叶；单眼互相远离，间距约为与复眼距离的1.5倍。触角第1节明显长于头，约为后者的1.5倍，基部较粗，且腹面具小突起。前胸背板前叶及后叶具颗粒状突起。前足腿节粗大，稍长于胫节，腹面两侧具6～7个较大的刺状突起，各突起之间具数个小突起。前翅较短，伸达第7腹节基部。

分布： 北京、宁夏、河北、天津、山西、山东。

注： 捕食性，北京6月、10月可见成虫。

雌虫（猪毛蒿，昌平王家园, 2012.VI.21）

日本高姬蝽
Gorpis japonicus Kerzhner, 1968

雄虫体长11.3毫米。触角第1节长于前胸背板。前胸背板前叶圆隆，长于后叶，两侧具黑褐色线，后叶刻点粗密，两侧角无锥状突起。前足腿节粗大，各节腿节端部及胫节基部红色（但有时前、中足不明显）。

分布： 北京、陕西、河北、河南、山东、浙江、福建、海南、四川、贵州；日本，朝鲜，俄罗斯。

注： 捕食性，可捕食多种小昆虫；北京8～9月见于核桃楸、栓皮栎等植物上，成虫具趋光性。

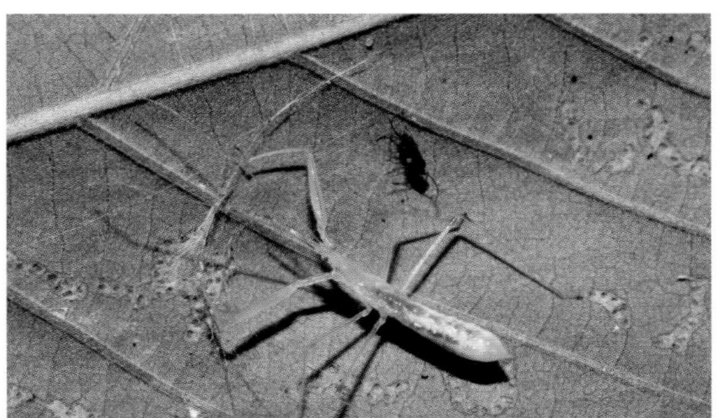
若虫（栓皮栎，平谷东长峪，2018.VII.6）

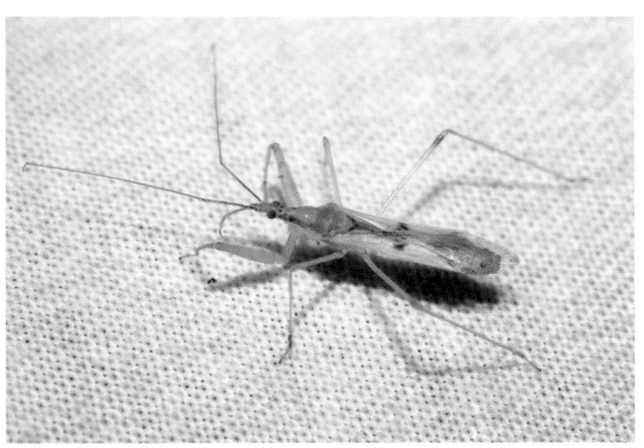
雄虫（平谷梨树沟，2020.VIII.14）

泛希姬蝽
Himacerus apterus (Fabricius, 1798)

体长9～11毫米。体暗褐色，被浅色短毛。触角、前翅、足色浅（颜色有变化）。前翅短翅型，翅端达第3～4腹节，有时为长翅型。腹部侧接缘各节端部橘红色。触角细长，稍长于体长。各足胫节两端黑褐色，中部也具褐色斑，后足胫节具长毛，约为胫节直径的2倍长。

分布： 北京、陕西、宁夏、甘肃、青海、内蒙古、黑龙江、辽宁、河北、山西、河南、山东、江苏、浙江、湖北、广东、海南、四川、云南、西藏；日本，朝鲜，俄罗斯，欧洲，北非。

注： 可捕食蚜虫、盲蝽、螨类及蛾类幼虫。北京7～9月可见成虫于沙棘、核桃楸、艾蒿等多种植物上，偶见于灯下。

若虫（青蒿，昌平长峪城，2016.VII.6）

雌虫（山楂叶悬钩子，昌平长峪城，2016.VIII.16）

雄虫（翠菊，门头沟小龙门，2015.VIII.19）

类原姬蝽

Nabis punctatus mimoferus Hsiao, 1964

又名小姬猎蝽。体长5.8～7.6毫米。体浅黄褐色，略带灰色粉被。头背面中央、复眼后部两侧、前胸背板前叶中线两侧、小盾片基部及中面黑色，前胸背板后叶黑褐色中央纵纹伸达后缘；小盾片两侧中部淡黄色胸部具黑色斑。触角第1节短于头长。前翅革片端半部具3个黑褐色斑点。

分布：北京、陕西、宁夏、甘肃、新疆、内蒙古、黑龙江、吉林、辽宁、河北、天津、山西、河南、四川、贵州、云南、西藏；俄罗斯，哈萨克斯坦，阿富汗，印度。

注：过去我们鉴定的华姬蝽*Nabis sinofetus* Hsiao, 1964（虞国跃等, 2016; 虞国跃, 2017）为本种的误定。指名亚种*Nabis* (*Nabis*) *punctatus punctatus* Costa, 1847分布于欧洲至中亚及西北非洲。我国常见的姬蝽，成虫和若虫捕食蚜、叶蝉、盲蝽、叶螨等。北京4～9月可见成虫，具趋光性。

成虫（藜，北京市农林科学院，2012.V.7）

北姬蝽

Nabis reuteri Jakovlev, 1876

雌虫体长6.7～7.0毫米。体灰黄色。头部腹面及复眼前后两侧、胸部腹面黑褐色。足黄褐色，腿节具褐色花斑和斑点。腹部背面黑色，侧接缘黄褐色，各节外侧前缘具黑褐色斑。前翅革片翅脉比膜区的翅脉浅，后者为褐色。触角第1节最短，短于头长，第2节最长，后2节依次减短。

分布：北京、陕西、甘肃、内蒙古、黑龙江、吉林、河北、天津、山东、河南；日本，朝鲜，俄罗斯。

注：本种变纹有变化，前翅可超出腹末（任树芝, 1998）；经检的2头雌虫在腹部腹面的颜色不尽相同；1头较浅，侧接缘腹面具红色纵纹；另1头较深，黑褐色，但侧接缘较浅，黄褐色，其内侧褐色，第3～6节前侧具褐色斑。北京6月可见成虫于巴天酸模上，捕食酸模蚜*Aphis rumicis*。

雌虫（藜，门头沟小龙门，2016.VI.16）

华姬蝽
Nabis sinoferus Hsiao, 1964

体长7.0～9.2毫米。体草黄色。头顶中央不具黑褐色斑，或仅有较小的黑褐色斑。前胸背板领及后叶的纵纹不明显。前胸背板前叶中央、小盾片中央及前翅爪片顶端黑褐色。触角第1节稍短于头长。

分布：北京、陕西、宁夏、甘肃、青海、新疆、内蒙古、黑龙江、吉林、天津、河北、河南、山东、湖北、广西；蒙古国，阿富汗，乌兹别克斯坦，吉尔吉斯斯坦，塔吉克斯坦。

注：与类原姬蝽*Nabis punctatus mimoferus* Hsiao, 1964相近，但后者头顶黑色斑较大，前胸背板后叶黑褐色中线达后缘及小盾片基部黑色。捕食性，可捕食多种小昆虫，如蚜、飞虱、盲蝽等，北京6～8月可见成虫，具趋光性。

捕食杂毛合垫盲蝽*Orthotylus flavosparsus*的成虫（地肤，北京市农林科学院，2016.VI.12）

角带花姬蝽
Prostemma hilgendorffi Stein, 1878

雌虫体长6.7毫米。体黑色，具橘红色、白色斑纹。触角、足、前胸背板后叶、小盾片端半部及前翅基半部橘红色；前翅近中部具2个白色斑，其中前1个白色斑的后缘中央呈角状向后延伸，翅端缘具新月形白色斑。前足腿节粗大，明显比中、后足粗，腹面中部具刺列。

分布：北京、吉林、辽宁、天津、河南、上海、浙江、江西、四川；日本，朝鲜，俄罗斯。

注：在地表面活动，捕食多种小昆虫（可用土蝽饲养）。北京5月、7月可见成虫在地面活动，活跃。

雌虫（北京市农林科学院，2015.VII.5）

粗颈角额盲蝽

Acrorrhinium inexpectatum (Josifov, 1978)

体长4.5～5.1毫米。体黑褐色，前翅具大片浅色斑点（近翅中部常具黑色斜纹）。头额部前端具角状突起，明显，末端渐尖。喙长，前端可伸达腹中部。触角长于体长，第2节稍短于端2节之和。

分布：北京、河北；朝鲜，俄罗斯。

注：生活在栎、柳、桤木等植物上，北京8～9月可见成虫于灯下。《北京林业昆虫图谱（I）》介绍了16种盲蝽。

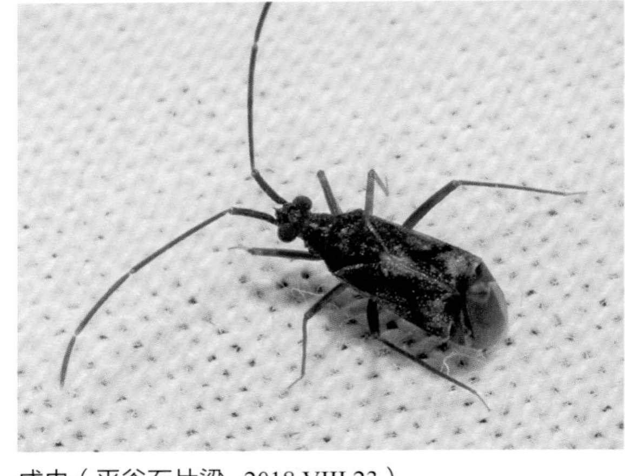

成虫（平谷石片梁，2018.VIII.23）

毛楔离垫盲蝽

Acrotelus pilosicornis Reuter, 1901

雄虫体长5.2毫米。体污褐色为主，头、前胸背板、小盾片淡绿色，前翅革片内侧以淡绿色为主（乙醇泡后前胸可显4个黑色纵斑）；体背具粗大近立直的黑色刚毛及很细微的白色小毛。触角第1节超过头端部，近端部具1根近直立粗毛，第2节长，长于后2节之和。喙端节黑褐色，伸达中胸。长殖节与前2节长之和相近；阳茎鞘尖齿形，插入右阳基侧突。

分布：北京*、甘肃、内蒙古；俄罗斯，蒙古国，乌兹别克斯坦，土耳其。

注：经检的标本体稍长，本种的特点是雄虫阳茎“C”形弯曲，主干近基部具1暗色环，端部2裂。记录的寄主为蒿属植物。北京6～9月见成虫于灯下。

成虫（怀柔黄土梁，2019.VIII.28）

苜蓿盲蝽

Adelphocoris lineolatus (Goeze, 1778)

体连翅长6.7～9.4毫米。头较宽大，约为前胸背板最宽处的1/2。前胸背板近前缘具2个黑色斑或几乎相连，近中部具1对圆形黑色斑。小盾片中线及前端黄白色。

分布：中国广泛分布；古北区。

注：取食棉花、苜蓿、荞麦、豌豆等多种作物及杂草。北京6～7月可见成虫，具趋光性。

成虫（藜，门头沟小龙门，2016.VI.15）

黑唇苜蓿盲蝽

Adelphocoris nigritylus Hsiao, 1962

体连翅长7.0～8.2毫米。唇基端部常黑褐色，故名“黑唇”。触角第1节污黄褐色，第2节基部（有时也浅色）和端部1/3～2/5黑褐色，第3～4节基部淡白色。前胸背板无深色斑。小盾片褐色或黑褐色，中纵纹淡褐色。

分布：北京、陕西、宁夏、甘肃、东北、河北、天津、山西、河南、山东、江苏、浙江、安徽、湖北、海南、四川、贵州。

注：取食小麦、棉花、草木樨及多种杂草；北京5～9月可见成虫，可见于灯下。

成虫（蒿，昌平长峪城，2016.VII.26）

小苜蓿盲蝽
Adelphocoris ponghvariensis Josifov, 1978

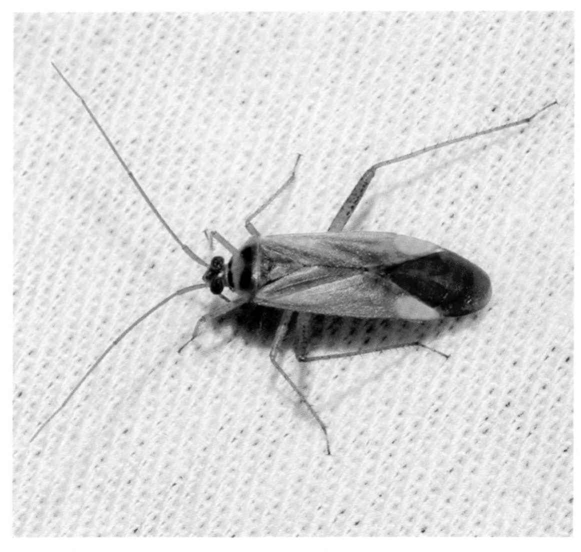
成虫（昌平长峪城，2016.XI.7）

体连翅长5.5～8.1毫米。体污黄褐色，头部背面具深浅不一的“X”形褐色或黑褐色纹，前胸背板前后各1对黑色斑，有时前斑相连，头宽与前胸背板后缘之比为1∶1.6～1.7。前胸背板胝前区具黑色大刚毛状毛。

分布： 北京*、黑龙江、吉林、河北、山东、浙江、江西；朝鲜。

注： 与农业重要害虫苜蓿盲蝽*Adelphocoris lineolatus*相近，但后者头部无“X”形纹，头宽约为前胸背板后缘宽的1/2。北京6月、8月可见于灯下。

棕苜蓿盲蝽
Adelphocoris rufescens Hsiao, 1962

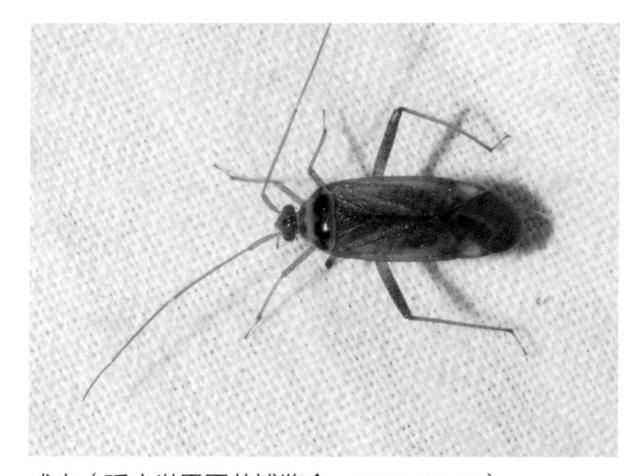
成虫（延庆世界园艺博览会，2019.VIII.19）

“四点褐苜蓿盲蝽”成虫（荆条，平谷梨树沟，2020.VIII.13）

体连翅长7.5毫米。体黄褐色，头顶黑褐色；前胸背板后半部具黑色横纹，似由4个黑色斑组成。前翅翅脉及其周围染红色，楔片淡黄褐色。触角各节长为1.0、2.9、2.7、1.6毫米；头宽1.1毫米，前胸背板宽2.1毫米。

分布： 北京、陕西、内蒙古、黑龙江、河北、天津、山西、山东、浙江、江西、福建、贵州。

注： 本图复眼较大，眼间距约为头宽的1/4，而原描述头顶为头宽的1/3（萧采瑜, 1962）；本种体色有较大的变化，四点褐苜蓿盲蝽*Adelphocoris piceosetosus* Kulik, 1965极为可能为本种的异名（郑乐怡等, 2004）；这里附上后者的图。

淡尖苜蓿盲蝽
Adelphocoris sichuanus Kerzhner et Schuh, 1995

体连翅长6.1～8.0毫米。头顶或多或少具“X”形黑褐色斑；复眼稍大于头顶眼间距。触角第1节紫褐色，第2节端半及最基部红褐色至黑褐色，余淡黄色。前胸背板中基部具黑褐色横带（最基部浅色，窄），其中央常具1前伸的短黑纵条，可将黑色横带与胝区之间的浅色区域分为左右两片。小盾片污褐色，端角处呈黄白色菱形斑。前翅楔片黑褐色，中部红黄色部分仅占1/3。腿节紫黑色，后足腿节近端具较浅色斑或环；胫节淡锈褐色。

分布：北京*、甘肃、黑龙江、天津、江苏、浙江、江西、湖北、四川、贵州。

注：过去国内记录的*Adelphocoris apicalis* Reuter, 1906是次同名。北京8～9月见成虫于灯下，或见于山楂叶悬钩子上。

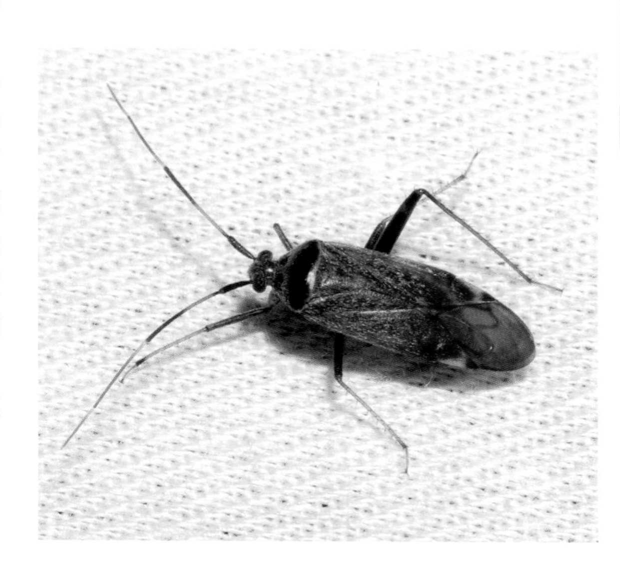

成虫（怀柔喇叭沟门，2016.IX.19）

中黑苜蓿盲蝽
Adelphocoris suturalis (Jakovlew, 1882)

又名中黑盲蝽。体连翅长5.5～7.0毫米。唇基或头的前端黑色。前胸背板具1对大黑色斑，或斑纹变小、颜色变浅。小盾片褐色或黑褐色，无浅色中纵。革片在近楔片内角呈黑褐色。后足腿节具略成行的黑褐色及红褐色斑点。

分布：北京、陕西、甘肃、黑龙江、吉林、辽宁、河北、天津、河南、山东、江苏、上海、安徽、浙江、江西、湖北、广西、四川、贵州；日本，朝鲜，俄罗斯。

注：取食苜蓿、棉、麻、玉米、高粱等多种农作物及其他植物。北京5～6月可见成虫，具趋光性。

成虫（田菁，北京市农林科学院，2008.IX.2）

成虫（平谷梨树沟，2020.VI.11）

黑苜蓿盲蝽
Adelphocoris tenebrosus (Reuter, 1875)

体连翅长7.3～8.4毫米。体黑色，触角第1节淡褐色，第2节黑色，第3～4节红褐色。前胸背板后缘具淡黄褐色窄带，有时中部可见浅褐色纵纹或斑纹。前翅楔片中部具或大或小的淡黄绿色斑，有时可消失。足腿节端以下淡褐色，端跗节黑褐色。

分布： 北京*、甘肃、内蒙古、黑龙江、吉林、河北、山西、湖北；日本，朝鲜，俄罗斯。

注： 可取食多种植物；北京6～8月见成虫于歪头菜、短毛独活、山楂叶悬钩子等植物上，也可见于灯下。

成虫（歪头菜，昌平长城峪，2016.VII.6）

成虫（山楂叶悬钩子，昌平长城峪，2016.VI.23）

红短角盲蝽
Agnocoris rubicundus (Fallén, 1807)

雄虫体连翅长5.2毫米。体黄褐色，体背具明显的刻点。触角基2节端部颜色可略加深，后2节褐色；第2节短，短于头宽。喙端节端半部黑褐色，伸达中足基节。小盾片中央隐约可见浅色中线，顶端淡白色。中胸腹板及腹部中央暗褐色。中后足腿节端具不明显的暗红色环；各足跗节第3节端半部黑色，长稍短于前2节之和；爪无基齿。

分布： 北京*、陕西、新疆、内蒙古；俄罗斯，蒙古国，欧洲，北非，美国。

注： 欧洲的个体颜色较艳，常带有红色；记录的寄主为柳属和杨属。北京6月可见成虫于灯下。

雄虫及左阳基侧突（左外侧观）（怀柔黄土梁，2020.VI.17）

中国点盾盲蝽

Alloeotomus chinensis Reuter, 1903

雄虫体连翅长4.8毫米。唇基端部黑褐色，基半部无纹；喙伸达中足基节。前胸背板侧缘和后缘具无刻点的白色窄纹。中胸腹板两侧具黑褐色斑，腹部生殖节基部具相连的黑褐色斑。前翅缘片（即前缘）几无刻点。足基节淡黄色；腿节具不规则深褐色斑，胫节具半直立长毛，毛长大于胫节直径，胫节背面全长具淡白色纵纹，纹两侧呈细黑线状；跗节第1节短于后2节和之长。

分布：北京、陕西、内蒙古、天津、河北、山西、山东、湖北；日本，朝鲜，俄罗斯。

注：经检标本触角第1节顶端及第2节黑色，与国内的描述（前2节黄褐色、红褐色或锈褐色）（郑乐怡和马成俊，2004）有所不同。本种与克氏点盾盲蝽*Alloeotomus kerzhneri* Qi et Nonnaizab, 1994的主要区别在于：后者前胸背板侧缘颜色、刻点状况与内侧区域的情况相同，前翅缘片具明显的刻点。北京6月见成虫于灯下。

雄虫（平谷梨树沟，2020.VI.12）

克氏点盾盲蝽

Alloeotomus kerzhneri Qi et Nonnaizab, 1994

体连翅长4.7～5.1毫米。唇基端部黑褐色或浅色，基半部两侧具暗褐色纵纹；喙伸达或稍过后足基节。前胸背板领灰黑色，背板后缘具无刻点的白色窄纹，侧缘颜色与刻点状况同内侧区域。小盾片具粗大的刻点。足腿节具不规则深褐色斑，胫节具半直立长毛，毛长大于胫节直径，胫节背面全长具淡白色纵纹，纹两侧呈细黑线状；跗节第1 节粗长，但仍短于后2节和之长。

分布：北京、陕西、内蒙古、吉林、河北、天津、山西、山东、湖北。

注：本种雄性左、右阳基侧突的端突在近顶端前收束，端部略呈矢尖状（齐宝瑛和能乃扎布，1994）；经检的部分标本在前胸背板侧缘可见淡白色细线，完整或不完整，宽度少于刻点直径。北京6～8月见成虫于灯下，有时数量较多；10月见于石墙上。

雄虫（怀柔上台子，2020.VI.29）

白蜡后丽盲蝽
Apolygus fraxinicola (Kerzhner, 1988)

雌、雄虫体连翅长4.4～4.5毫米。体黄褐色，被金色半直立毛；腹面黄褐色，雌虫仅生殖节中央基半部稍带褐色，或腹部暗褐色。唇基黑色，基部浅色。喙伸后足基节间，端节端部黑色。雄虫头顶是头宽的0.38倍。触角第1节淡黄色（或近顶端具暗色环），第2节端半部黑色，基部1/3～1/2淡黄褐色，最基部更浅，为第1节长的2.8倍；第3～4节暗褐色，基部浅色。小盾片黄褐色至黑褐色，顶角红褐色（有时两基角也如此）。前翅黑色，革片基大部及楔片中部浅黄褐色。足红褐色，腿节端部具色环，胫节淡黄白色，具黑褐色刺及基点。

分布：北京*；日本，朝鲜，俄罗斯。

注：中国新记录种，新拟的中文名，从学名。本种色型有变化（Yasunaga,1992; Kim et al., 2019），经检标本的个体小于日本（4.9～5.0毫米）和俄罗斯（5～6毫米），但接近于韩国（4.7毫米）。北京6月、9月见成虫于灯下。

雄虫（昌平长峪城，2017.IX.4）

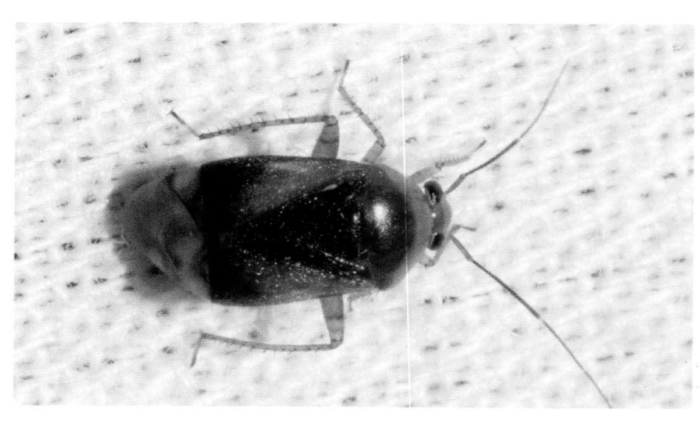

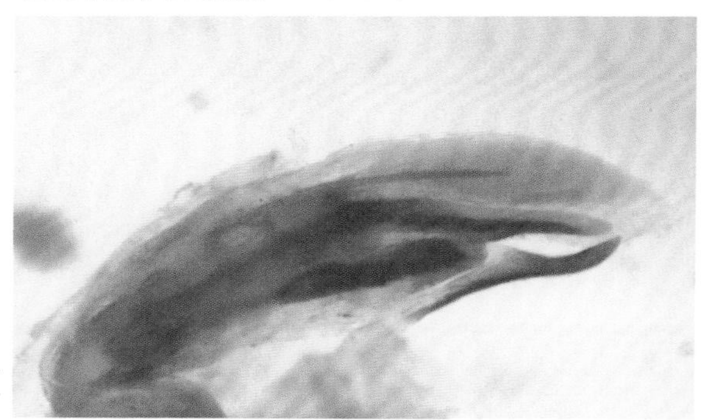

雄虫及阳茎（昌平长峪城，2016.VI.22）

皂荚后丽盲蝽
Apolygus gleditsiicola Lu et Zheng, 1997

体连翅长3.6～4.2毫米。前翅缘片后端具黑褐色斑晕，或消失；革片端及楔片内侧具黑色斑，楔片端黑色。足胫节具黑褐色刺，刺基具黑褐色小斑；后足腿节近端部具2个红色环。

分布：北京*、河北、河南。

注：原记述寄主为皂荚属一种，北京8月发现于月季上。

成虫（月季，北京市农林科学院，2011.VIII.11）

鹅耳枥后丽盲蝽
Apolygus sp.

雄虫体连翅长4.0毫米。唇基大部分黑色。喙端节端半部黑色，伸达后足基节。触角淡黄褐色，第1节顶端具黑褐色纹；第2节端部1/5黑褐色；第3～4节黑褐色，但第3节基部淡白色。前胸、后胸及足基节浅色，带翡翠绿色；腹部浅色，基部带翡翠绿色；后足腿节基半部嫩绿色，端半部带锈红色，具3环，内环最粗，与中环一样，锈红色，外环细，黑褐色；顶端背面具2枚粗刚毛，黑色。后足跗节第3节长于第2节，短于前2节之和；第3节端半黑色。

分布：北京。

注：雄虫的左右阳基侧突与分布于朝鲜半岛的*Apolygus seonheulensis* Oh, Yasunaga et Lee, 2018相近，但该种喙伸达中足基节、前胸背板浅褐色、腹部暗褐色（Oh et al., 2018）。北京7月见若虫于鹅耳枥上，经检成虫羽化自采集的若虫。

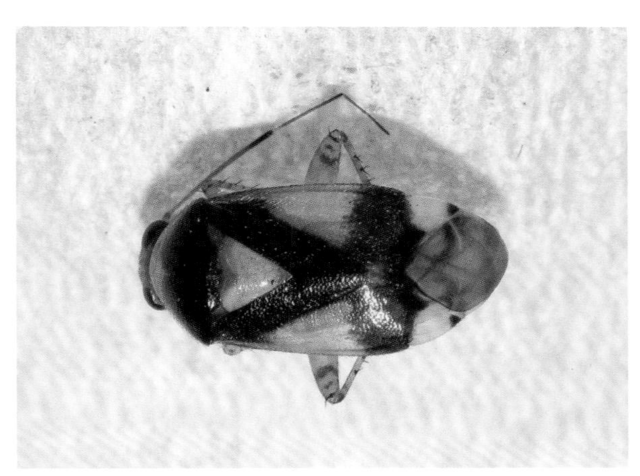
雄虫（房山合议室内，2020.VII.24）

若虫（鹅耳枥，房山合议，2020.VII.21）

美丽后丽盲蝽
Apolygus pulchellus (Reuter, 1906)

体连翅长4.1～4.4毫米。体浅污褐色至锈褐色，有光泽。唇基端部至少1/3黑色或全黑。喙达后足基节，第3节端大部黑色。触角第1节污黄色，第2节基部褐色，中部污黄色，端部黑褐色。前翅革片后端1/4呈黑褐色横带，楔片内角和端角黑色。中、后足腿节端部具2个淡红褐色环，腿节基部及末端浅褐色，胫节具黑褐色刺，刺基具黑色斑。

分布：北京*、陕西、甘肃、浙江、福建、四川、贵州；日本，朝鲜。

注：南方记录的寄主为龙眼。北京7～8月可见成虫于灯下。

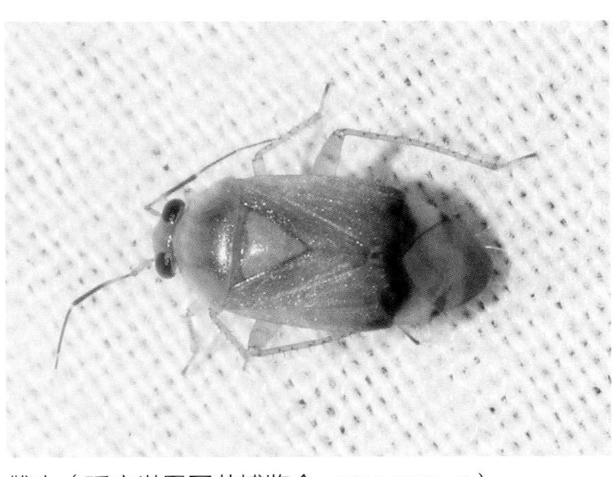
雌虫（延庆世界园艺博览会，2019.VIII.19）

亚洲斑腿盲蝽
Atomoscelis asiatica (Josifov, 1979)

体连翅长2.7～2.9毫米。体淡黄绿色。触角第1节同体色，近两端具黑色环或黑色斑，第2节淡褐色，基部黑褐色，明显长于头宽，第3、4节细，第4节稍短于第3节。小盾片顶端和前翅爪片顶端褐色。后足腿节粗，端部背面具3～5个黑褐色斑，其上具黑色毛，下方尚有数个小黑点；胫节具黑色刚毛，基部具黑点。

分布：北京*、内蒙古、天津、河北；朝鲜，俄罗斯，塔吉克斯坦。

注：记录寄主为蒿类，图片上的植物为藜科地肤；北京5～8月可见成虫于灯下。

成虫（地肤，海淀马连洼，2011.VII.23）

壮斑腿盲蝽
Atomoscelis onustua (Fieber, 1861)

又名丰满斑腿盲蝽。体长2.3～2.9毫米。体淡黄色至黄绿色。头宽大，复眼小。触角基节两端具暗褐色环，端环上具黑色刺毛。小盾片端及爪片端呈暗褐色，楔片具大片黑褐色毛，翅端具黑褐色斑。后足腿节粗，端部背面具2个黑褐色斑，其上具浅色毛，下方尚有数个小黑点。

分布：北京、甘肃、宁夏、新疆、内蒙古；俄罗斯，地中海沿岸，美国。

注：属名为阴性，过去种本名用*onustus*，应改为现名。寄主为藜科植物；北京7～8月灯下可见成虫。

成虫（延庆米家堡，2013.VII.24）

槲栎巴盲蝽
Bagionocoris alienae Josifov, 1992

体连翅长2.8毫米。体黑色，头黄褐色，唇基黑色。喙基节和端节黑褐色，伸达稍过前足基节。触角第1节基半部黄褐色，后黑色，顶部淡白色；第2、3节黑褐色，第4节稍浅；第2节稍长于头宽。足黄褐色，后足腿节端部稍深；腿节端部淡白色，胫节淡黄色至黄褐色，基部颜色深，最基部黑色，随后具浅色环。

分布：北京*；朝鲜。

注：中国新记录属和新记录种，新拟的属和种的中文名，后者从寄主植物。本种从个体较小（2.8毫米）、触角第1节及足膝部的颜色容易与其他种区分。北京5月见成虫于灯下。

成虫（延庆米家堡，2014.V.27）

棱角毛翅盲蝽
Blepharidopterus angulatus (Fallén, 1807)

体连翅长4.5～5.9毫米。体绿色，前胸背板后角、足胫节基部黑色。触角黄褐色，第1节基部及腹面黑褐色，第2节基部黑褐色，或第1、2节颜色变深；触角第3节与第2节长度相近。

分布：北京*、新疆、内蒙古；俄罗斯，蒙古国，欧洲。

注：可在多种植物如桦、苹果、白蜡等上发现，多捕食红蜘蛛、蛾卵等，也会吸食植物叶片的汁液。北京8月可见成虫，具趋光性。

成虫（白桦，门头沟东灵山，2014.VIII.21）

雅氏弯脊盲蝽

Campylotropis jakovlevi Reuter, 1904

体连翅长6.9～7.3毫米。体黄褐色，头唇基黑色，头顶具2对黑色斑，前对黑色斑长三角形，后对近圆形。触角第1节橘红色，第2节黄褐色，后者约为前者长的3倍。中胸盾片外露，光滑，基部具4个黑褐色斑。前翅楔片基部黄白色，端大部红褐色至暗褐色。

分布：北京；朝鲜。

注：体色也有变化，有时颜色较深，如触角第1节，或头部的前后斑纹几乎相连。北京4、5月灯下可见成虫，不知食性。

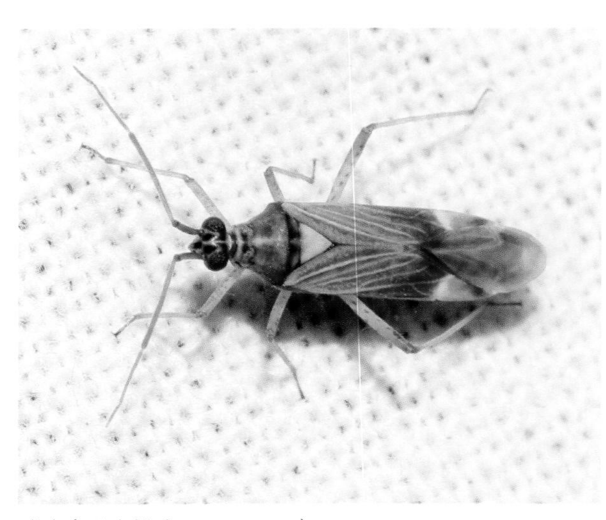

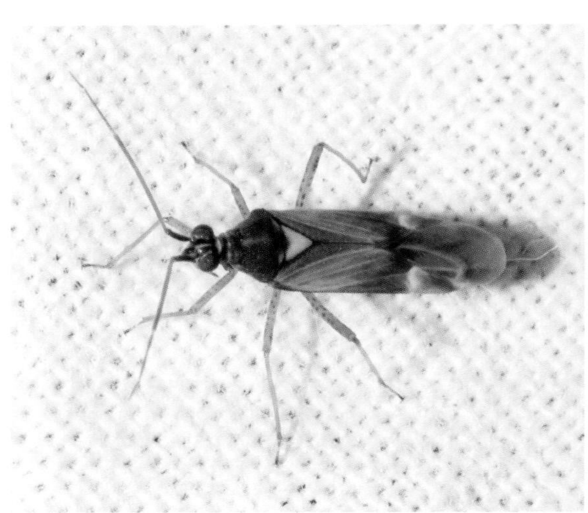

成虫（延庆松山，2018.V.23）

波氏木盲蝽

Castanopsides potanini (Reuter, 1906)

雄虫体连翅长7.0～7.4毫米。额部两侧具8条红色横纹唇；基顶部、喙基点、端节端部2/5黑色；喙伸达中足基节后缘。前胸背板后缘淡黄褐色；前翅楔片浅黄褐色，仅顶角红褐色，膜区翅脉红色；后足腿节基部1/3～1/2淡白色。

分布：北京*、宁夏、辽宁、河北、湖北、四川；日本，朝鲜，俄罗斯。

注：记录的寄主为栎类等，成虫可访问黄花柳的花；北京5～6月见成虫于灯下。

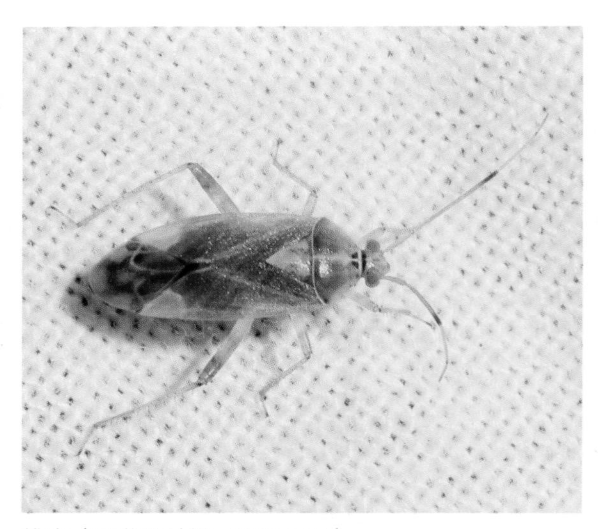

雄虫（平谷石片梁，2019.V.10）

黑蓬盲蝽
Chlamydatus pullus (Reuter, 1870)

又名小黑盲蝽。雄虫体连翅长2.5毫米。体黑色。喙基节和端节黑褐色，伸达后足基节。触角第1节黑色，近端部具1根黑色刺毛；第2节基半部黑色，其后稍浅，短于头宽；第3、4节黄褐色。后足腿节黑色，端部淡黄色；胫节淡黄色，具长形黑色斑。生殖节较长，约为腹部的3/7。

分布： 北京、陕西、宁夏、新疆、内蒙古、黑龙江、吉林、河北、天津、河南、山东；朝鲜，俄罗斯，中亚，西亚，欧洲，北美洲。

注： 本种个体小，且后足胫节上黑色斑的长度大于胫节的宽度。常与草地相关，取食苜蓿等豆科植物，也见于棉田。北京6～8月可见成虫，具趋光性。

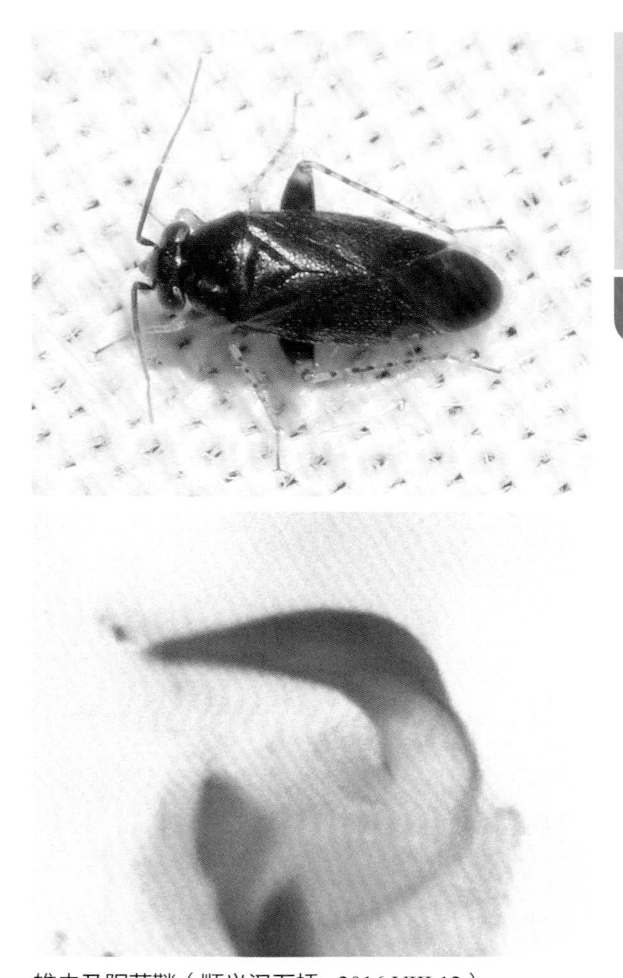

雄虫及阳茎鞘（顺义汉石桥，2016.VIII.12）

暗乌毛盲蝽
Cheilocapsus nigrescens Liu et Wang, 2001

体连翅长11.5～13.0毫米。体背暗褐色，头胸及小盾片稍浅，带绿色，缘片及楔片（除端部）黄棕色。触角第1节暗红棕色，粗，密被黑色毛，第2节基大部红棕色，端黑色，第3节淡黄白色，端部黑色，第4节黑色，基部淡黄白色。腹面淡黄褐色，中胸侧板具1小圆斑。后足胫节基半部黑色。

分布： 北京、河南、陕西。

注： 植食性，北京6～8月多见于灯下，偶见于蒿属植物和瓣蕊唐松草上。

成虫（蒿，门头沟小龙门，2013.VII.29）

朝鲜环盲蝽
Cimicicapsus koreanus (Linnavuori, 1963)

体连翅长雄虫5.1～5.2毫米，雌虫5.8毫米。体红褐色。唇基黑褐色；喙淡黄褐色，端节端部暗褐色，伸达后足基节。各足基节黄褐色。触角第1节明显长于头顶，触角第2节短于前胸背板宽。小盾片刻点不明显，两侧具浅色窄斑。前翅楔片红褐色，端部黑褐色。生殖节明显长于腹部其余节之和。

分布：北京*、陕西、甘肃、黑龙江、辽宁、河北、山东、湖北；日本，朝鲜。

注：有时触角第1节和后足腿节端的斑纹较浅。北京8月见成虫于灯下，或见于槐、臭椿、榆等叶片上，可捕食性叶蜂卵，或吸食桑椹。

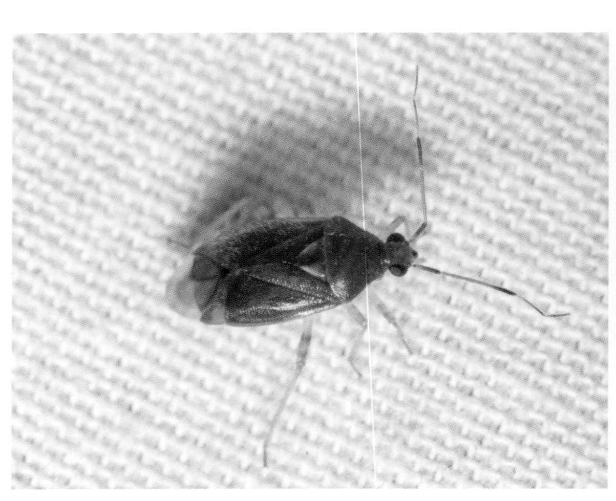

雄虫（海淀凤凰岭，2013.VIII.29）

雄虫（槐，顺义小曹庄，2017.VII.7）

红褐环盲蝽
Cimicicapsus sp.

雌虫体连翅长5.8～6.4毫米。体红褐色，体密被毛，复眼被稀毛；触角第2节端部黑褐色，触角第1节近基部收窄，具细长毛，长于触角直径。喙端节端半部褐色，伸达中足基节。前翅楔片一色。

分布：北京。

注：与朝鲜环盲蝽*Cimicicapsus koreanus* (Linnavuori, 1963) 相近，但本种触角第1节红色、小盾片两侧无浅色斑和楔片同一颜色。北京7月见成虫于灯下。

雌虫（房山蒲洼东村，2016.VII.12）

克氏点翅盲蝽
Compsidolon kerzhneri Kulik, 1973

雄虫体连翅长2.7～2.8毫米。体浅褐红色，前胸背板、小盾片及半鞘翅隐约可见许多小褐色斑，楔片上的褐色斑稀而小，基部1/4淡白色，靠近小翅室的一边具红色斑，分界不明显；腹面锈红色。触角第1节基部收束，暗褐色，近端部具2根褐色粗刚毛；第2节褐色，基部较深，向端部变浅；第3～4节黄褐色。喙端节端大部黑褐色，伸达过后足基节，达第1～2腹节。后足腿节褐色，无深色斑。

分布：北京、山西；俄罗斯。

注：有些个体颜色较浅（尤其是触角第1～2节），但本种阳茎端仅1枝，不分叉，端部稍弯，左阳基侧突的感觉叶具1个约45°斜上伸的指形突（丁丹等, 2009; Li & Liu, 2014），可与同属其他种区分。北京6～7月可见成虫于灯下。

雄虫（怀柔黄土梁，2020.VI.17）

雄虫（房山蒲洼村，2020.VII.15）

全北点翅盲蝽
Compsidolon salicellum (Herrich-Schaeffer, 1841)

体连翅长3.6毫米。体淡灰黄色，头部、前胸背板前缘及前翅染有绿色；体背密布小褐色点，楔片无褐色点。两复眼距明显大于眼宽。足胫节基部浅色，后足腿节端部具暗褐色斑或大部黑褐色。前翅楔片内侧常具红色或黄色斑，膜区具横向的暗褐色斑。

分布：北京*、湖北；朝鲜，俄罗斯，欧洲，北美洲。

注：捕食性，北京6月可见成虫于苹果叶上，或见于灯下。

成虫（平谷梨树沟，2020.VI.11）

大点翅盲蝽
Compsidolon sp.

体连翅长3.8毫米。体浅污白色，背面具许多暗褐色斑点。头额部具清晰的褐色横纹，有时头顶两眼间具4个褐色纹。触角第1节（除顶端）黑色，余淡黄褐色。前翅仅楔片基部无暗褐色斑点。后足腿节端部颜色稍暗；各足胫节具黑褐色刺，其基部具黑色点。

分布： 北京。

注： 外形与小点翅盲蝽*Compsidolon pumilum* (Jakovlev, 1876) 相近，如触角第1节黑色、体背（包括前翅楔片）具黑褐色斑点，但该种体明显的小，体连翅长2.7毫米（Li & Liu, 2014）。北京8月见成虫于灯下。

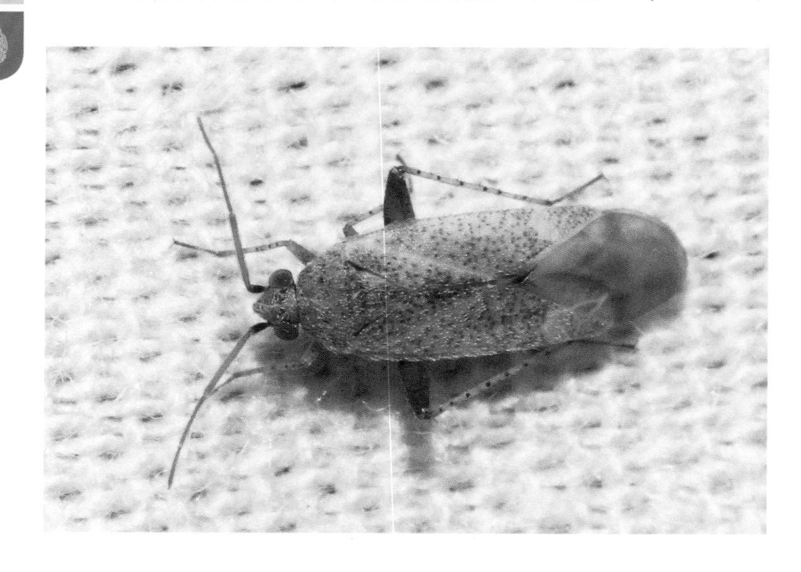

成虫（怀柔喇叭沟门，2014.VIII.25）

花肢淡盲蝽
Creontiades coloripes Hsiao, 1963

体连翅长6.8～7.1毫米。触角长，第1节明显长于头宽。头基部具红色环。前胸背板前缘领的直立毛基部具小黑色点斑。前翅膜区具红色翅脉。后足腿节端半红褐色，故名“花肢”。

分布： 北京、陕西、河南、山东、江西、台湾、湖北、四川、贵州、云南；日本，朝鲜。

注： 寄主为棉花、苜蓿、芝麻、玉米、菊等。北京6～10月可见成虫，偶见于灯下。

若虫（玉米，北京市农林科学院，2011.IX.12）

成虫（菊花，北京市农林科学院，2016.VIII.22）

代胝突盲蝽
Cyllecoris vicarius Kerzhner, 1988

雄虫体连翅长6.8～7.5毫米。体黑色。触角第1节红棕色。喙黄褐色，伸达中足基节间。前胸背板后缘蓝白色，并在中部向前延伸。小盾片白色。前翅两侧红棕色，革片基部及内侧蓝白色，楔片端部具黑色斑。足红棕色，腿节基部淡色。

分布：北京*；日本，朝鲜，俄罗斯。

注：中国新记录种，新拟的中文名，从学名。记录的寄主有蒙古栎。北京5～6月见成虫于灯下。

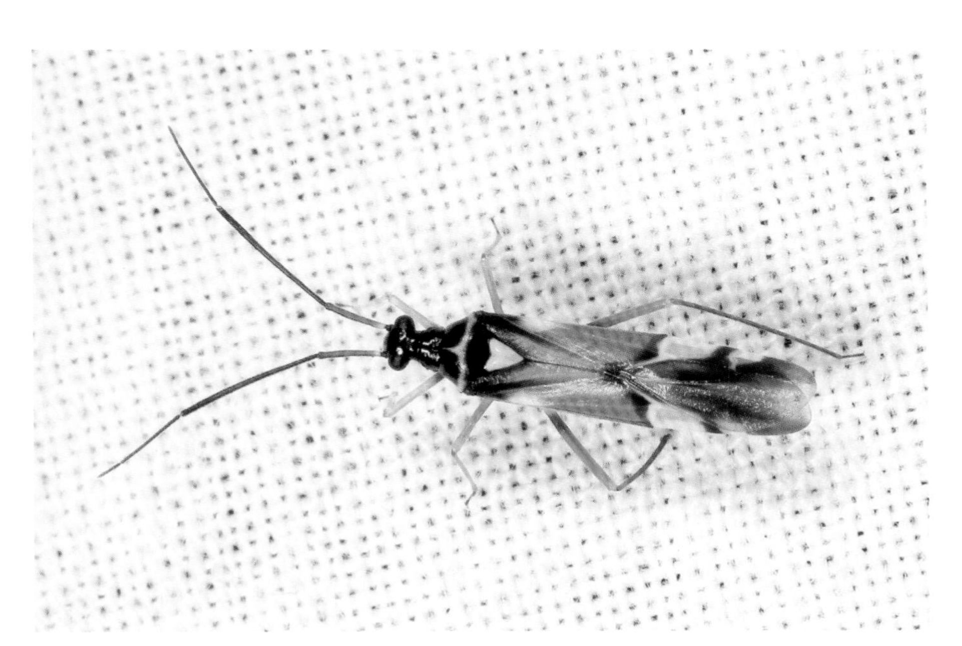

雄虫（门头沟小龙门，2012.VI.4）

褐盔盲蝽
Cyrtorhinus caricis (Fallén, 1807)

体连翅长3.6毫米。体淡绿色，头、触角、前胸、小盾片（及中胸盾片）黑色或黑褐色，两翅合并时中央呈黑褐色或暗褐色，头顶两侧具相对的近三角形浅色斑；前翅膜区淡烟色，翅脉颜色稍深。喙黄褐色，端节端部黑色，伸达中足基节前缘。

分布：北京*、陕西、甘肃、新疆、内蒙古；日本，朝鲜，俄罗斯，欧洲，北美洲。

注：记载的寄主有薹草属（*Carex* spp.）和灯心草（*Juncus* sp.）。北京7月见成虫于灯下。

成虫（延庆米家堡，2015.VII.14）

圆斑齿爪盲蝽
Deraeocoris ainoicus Kerzhner, 1978

体连翅长4.5～4.8毫米。体褐色，具象牙色斑点：前胸背板中央具长卵形、小盾片具心形斑纹，在前胸背板后缘、前翅楔片的内外缘具点状纹。

分布：北京*、陕西、黑龙江、山西、浙江、云南；日本，朝鲜，俄罗斯。

注：本种的斑纹特殊，易与其他种区分。北京8月见成虫于灯下，少见。

成虫（门头沟小龙门，2015.VIII.19）

大齿爪盲蝽
Deraeocoris brachialis Stål, 1858

体连翅长11.2～12.8毫米。体黄褐色，前胸背板、小盾片及前翅密布黑褐色刻点（楔片几无刻点），前胸背板侧缘被浅色半直立短毛。头橙色，触角颜色有变，第1～2节粗，第1节长于1毫米，后2节细，第3节一色，仅基部很窄的部分颜色稍浅。前翅楔片红色或黄白色，端部黑色。足胫节近中部具2个白色环。

分布：北京*、陕西、甘肃、宁夏、内蒙古、黑龙江、吉林、天津、安徽；日本，朝鲜，俄罗斯，蒙古国。

注：本种体色有变化，曾作为*Deraeocoris olivaceus* (Fabricius, 1777) 的异名。后者体小（小于10.7毫米），触角第1节短于1毫米，第3节双色（基部浅色而端部深色）（Yasunaga & Nakatani, 1998）。生活在杨、柳、苹果和其他阔叶树上，捕食小型昆虫。北京6月见成虫于灯下。

成虫（延庆松山，2012.VI.29）

栗褐齿爪盲蝽
Deraeocoris castaneae Josifov, 1983

体连翅长4.9～5.3毫米。体栗褐色。触角淡黄色，第1节近基部具黑色环。喙端节端半部黑褐色，伸达中足基节间。足淡黄色，腿节染有红色，后足上尤其明显，呈环斑。小盾片无明显刻点，褐色，两侧象牙色。前翅楔片与膜片一色，淡黄褐色，翅脉染有血红色。

分布：北京*；朝鲜，俄罗斯。

注：中国新记录种，新拟的中文名，从学名。北京6月见成虫于板栗叶片上或灯下，数量不少，可捕食其他小昆虫（灯下可咬人）。

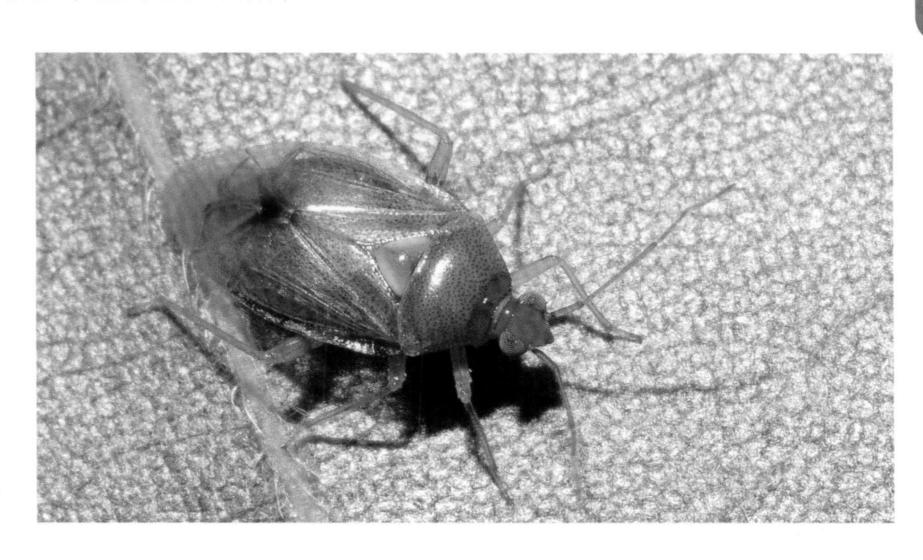

成虫（板栗，密云梨树沟，2019.VI.10）

宽齿爪盲蝽
Deraeocoris josifovi Kerzhner, 1988

体连翅长6.8毫米；前胸背板宽2.5毫米。体淡黄褐色，前胸背板颜色稍深，前翅染有红色。触角及足淡黄白色，触角第1节近基部褐色。喙端节端半部黑褐色，伸达中足基节间。腹部淡红色。足淡黄白色，腿节染有红色，后足上尤其明显，呈环斑。小盾片无明显刻点，褐色，两侧缘象牙白色，窄。前翅楔片与膜片一色，淡黄褐色，翅脉（翅室端缘）染有血红色。

分布：北京*；日本，朝鲜，俄罗斯。

注：中国新记录种，新拟的中文名，从前胸背板较宽的特征。本种与黄齿爪盲蝽 *Deraeocoris pallidicornis* Josifov, 1983很接近，左右阳基侧突也很像，两者的区分在体和前胸背板宽的大小，本种分别为6.9～7.5毫米和2.3～2.5毫米，后者为5.3～6.4毫米和1.8～2.1毫米（Kerzhner, 2001）。国内和日本对黄齿爪盲蝽的描述也不尽相同；北京的标本暂定为本种。北京6月见成虫于灯下。

成虫（怀柔黄土梁，2020.VI.16）

克氏齿爪盲蝽
Deraeocoris kerzhneri Josifov, 1983

体连翅长6.5毫米。体浅黄褐色，中部具黑色横带。触角淡黄色，端2节颜色稍深，第1节近基部具红褐色不明显的环。后足腿节端部红褐色（此图不明显）。触角第1节长约是头顶宽的1.6倍，头顶是眼宽的1.6倍；触角第2节长是头宽的1.8倍。小盾片光滑无粗刻点。

分布：北京*、宁夏、内蒙古、黑龙江；日本，朝鲜，俄罗斯，蒙古国。

注：本种体可为褐色，且前翅上的斑纹呈黑褐色，扩大，楔片的边缘及翅脉呈红色。北京7月见成虫于灯下，少见。

成虫（延庆米家堡，2013.VII.24）

东方齿爪盲蝽
Deraeocoris onphoriensis Josifov, 1992

体连翅长约4.5毫米。头黑色，中央具纵向的淡黄色斑纹，唇基中央及两侧淡黄色。足胫节淡黄褐色，基部及中部具褐色或红褐色环。

分布：北京、陕西、甘肃、新疆、黑龙江、吉林、河北、四川；日本，朝鲜。

注：本种与黑食蚜盲蝽 *Deraeocoris punctulatus* (Fallén, 1807) 非常接近，过去日本曾误定（Nakatani, 1996），两者颜色、斑纹大小均有变化。在外形上的主要区别在于本种体两侧较弧突，头顶复眼后的颈黑色（黑食蚜盲蝽也如此），其前方即头顶后缘具黑色横脊，头部的黑色斑在两复眼间与黑色横脊相连；黑食蚜盲蝽不具黑色横脊，即在头顶处可显现横向的淡黄色斑纹。北京少见，6月可见在蒿属植物上。

成虫（蒿，怀柔喇叭沟门 2015.VI.11）

柳齿爪盲蝽
Deraeocoris salicis Josifov, 1983

体连翅长6.0～6.8毫米。体浅黄褐色，常染绿色，光亮。触角第1节红褐色，基部收窄，具褐色或黑褐色环（有时在一侧延长）。喙端节端部黑褐色，伸达中足基节。小盾片无明显刻点，中部黑褐色，或减退，仅在近端部显现，两侧象牙色。

分布：北京*、陕西、宁夏、内蒙古、河北、天津；日本，朝鲜，俄罗斯。

注：本种颜色有变化，后足腿节端具2个褐色斑（或染有红色），或呈2红色纵条；主要特征是体浅色，光亮，常呈淡绿色，各足胫节基部外侧具褐色斑（或染有红色）。常可在柳树上见到；北京5～6月、8月可见成虫于灯下，捕食其他小昆虫。

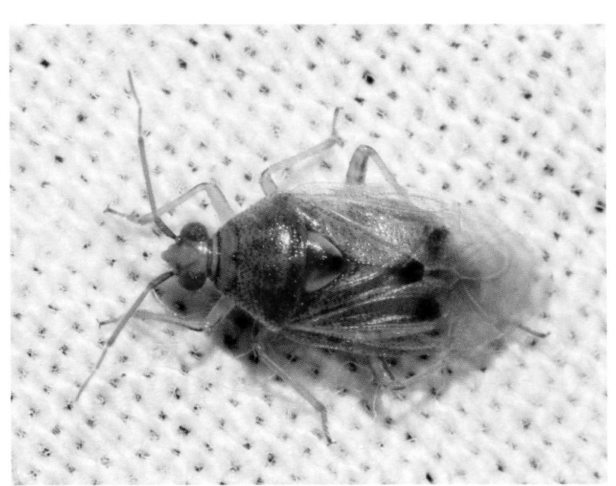

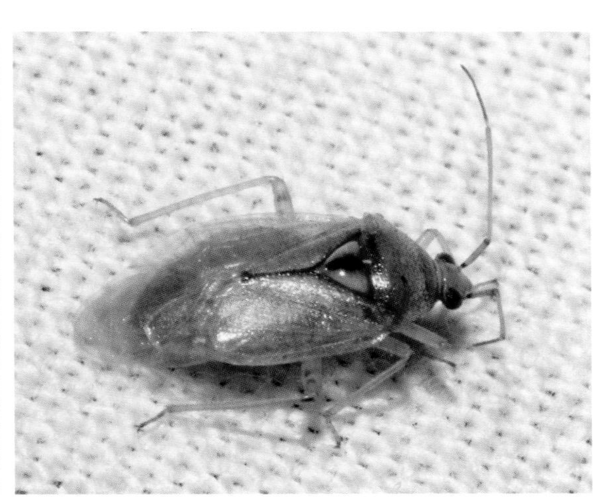

成虫（怀柔黄土梁，2020.VI.16）

小艳盾齿爪盲蝽
Deraeocoris scutellaris (Fabricius, 1794)

体连翅长6.8毫米。体黑色。触角4节，端2节黑褐色，基部2节粗大，第2节长为头宽的1.3倍，约为第3节长的1.8倍。头顶基部黄褐色。小盾片橙红色（中胸盾片黑色），侧面观位置明显低于前胸背板。前胸背板及革片具粗大刻点；小盾片上光滑。腹部腹面暗红棕色，近两侧颜色稍深，端节黑褐色。

分布：北京、宁夏、甘肃、内蒙古、黑龙江、河北、湖北；俄罗斯，土耳其，欧洲。

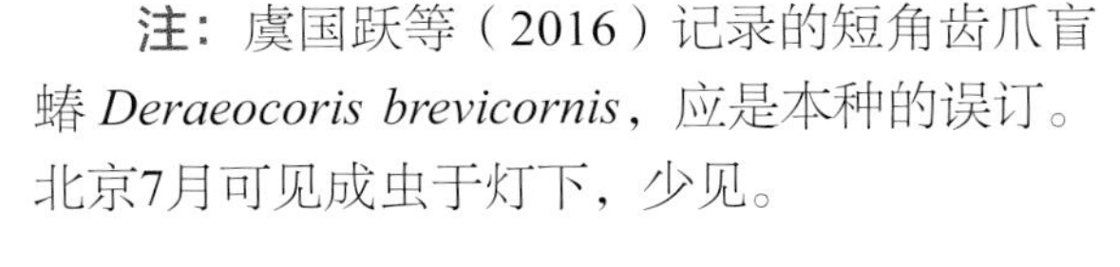

注：虞国跃等（2016）记录的短角齿爪盲蝽 *Deraeocoris brevicornis*，应是本种的误订。北京7月可见成虫于灯下，少见。

成虫（昌平王家园，2013.VII.2）

黑戟盲蝽

Dryophilocoris jenjouristi Josifov et Kerzhner, 1984

雄虫体连翅长6.4毫米。体黑褐色，前翅楔片端具浅色小斑，足黄褐色，腿节背面颜色稍深。触角暗褐色，第1节基部收窄，各节长度分别为0.76毫米、2.60毫米、1.44毫米、0.52毫米。喙黄褐色，端节大部黑褐色，伸达中足基节间。后足腿节、胫节和跗节长分别为2.04毫米、3.24毫米、0.44毫米，胫节具短刺，稀，浅黄褐色。

分布：北京*；朝鲜，俄罗斯。

注：中国新记录种，新拟的中文名，从体色。它可从槲栎上采到（Jung et al., 2010）。北京5月见成虫于灯下。

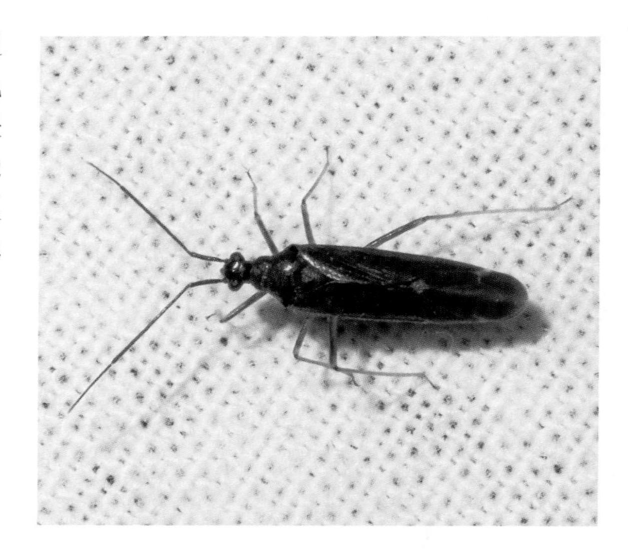

雄虫（延庆松山，2018.V.23）

槲栎戟盲蝽

Dryophilocoris kanyukovae Josifov et Kerzhner, 1984

体连翅长雄虫6.5毫米，雌虫5.8～6.0毫米。体黑色，具黄褐色或橙黄色部分，有变化。触角第1节、前胸、小盾片大部分及足淡黄褐色，前翅两侧淡黄色（在雄虫中缩减，仅在基部可见），有时前胸背板前叶中央具倒八字形的褐色纹，或扩大，大部分黑色；小盾片亦可全黑。前翅具黄色前缘，在雄虫缩减，仅在基部可见；膜片烟褐色，近楔片处及外缘白色。喙淡黄褐色，端节端半部黑褐色，伸达中足基节间。

分布：北京*；朝鲜，俄罗斯。

注：中国新记录种，新拟的中文名，从寄主。它可取食槲栎，也可从槲树上采到（Jung et al., 2010）。北京5月见成虫于灯下。

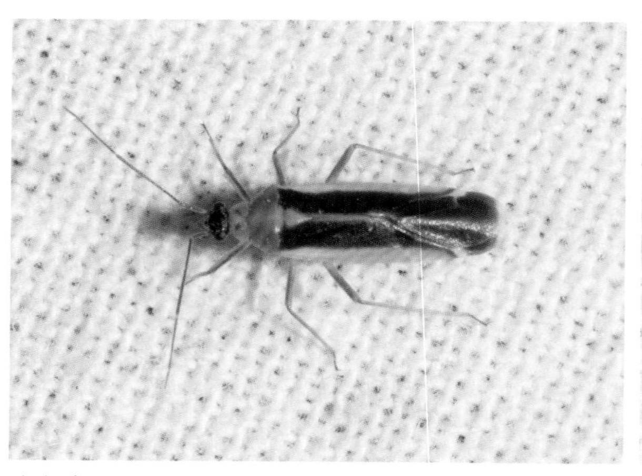

成虫（延庆松山，2018.V.23）

白玉戟盲蝽
Dryophilocoris pallidulus Josifov et Kerzhner, 1972

体连翅长5.0～5.1毫米。体色有变化（主要在触角、前胸背板），通常雄性颜色略深；前胸背板后叶两侧具大黑色斑，小盾片玉白色，染有黄色；前翅楔片黄色，基部或近基部玉白色，有时端部暗褐色。喙浅黄褐色，端节端半黑褐色，伸达中胸前部，但不达基节间。足（包括基节）淡黄色。触角第1节稍短于头宽，约1：1.15，雄虫触角各节比例1：3.1：1.8：0.67。

分布：北京*；朝鲜。

注：中国新记录种，新拟的中文名，从小盾片的颜色及学名。它可从槲栎上采到（Jung et al., 2010）。北京5～6月见成虫于灯下，或见于榆叶上。

成虫（榆，延庆松山，2018.V.23）

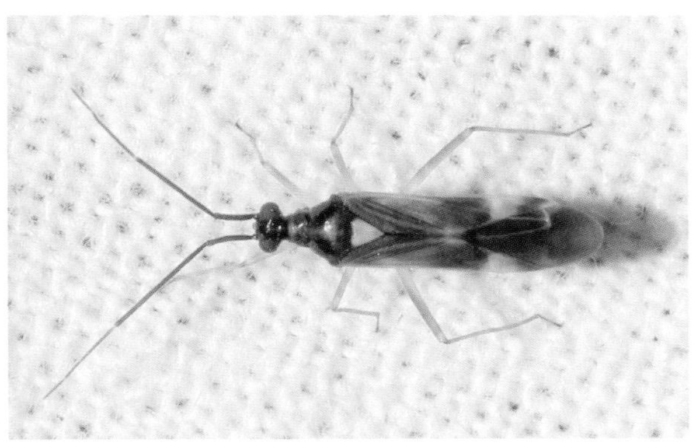
成虫（延庆松山，2018.V.23）

甘薯跃盲蝽
Ectmetopterus micantulus (Horvath, 1905)

体长2.5～2.7毫米。黑色，体背具金属闪光的鳞毛（易脱落）。触角极细长，长于体长，红褐色，但第1节及第2节基部黑色，第2节端部褐色（有时第2节仅中部浅色）。喙非常粗壮，尤其基节，伸达后足基节。足腿节黑色，后足腿节端常红棕色；前、中足胫节中段、后足胫节基部及亚端段、跗节（末端除外）黄褐色。后足腿节加粗，善跳。

分布：北京、陕西、甘肃、天津、河北、河南、山东、浙江、江西、福建、湖北、湖南、广东、海南、四川、贵州；日本，朝鲜。

注：取食甘薯、大豆、玉米等；北京7～8月可见成虫，具趋光性。

成虫（玉米，北京市农林科学院，2008.VIII.6）

成虫（密云五座楼，2013.VIII.20）

小欧盲蝽
Europiella artemisiae (Becker, 1864)

体连翅长2.8～3.2毫米。体被倒伏的银色丝状毛和半直立的金褐色刚毛。触角第1节黑色。前中足腿节污黄色，后足腿节黑色或暗褐色，各足胫节具刺，刺基具黑色斑。前翅楔片处浅黄色，膜片在近楔片端角处为浅色。雄性生殖节较长，约与前5个腹节之和相近。

分布：北京、陕西、宁夏、新疆、内蒙古、黑龙江、吉林、辽宁、天津、河北、山西、河南、山东、安徽、江西、湖北、四川、云南；日本，朝鲜，俄罗斯，中亚，欧洲，北美洲。

注：寄主为蒿属植物、菊等，常见种类。颜色变化较大。北京4～11月可见成虫，具趋光性。

雄虫（平谷金海湖，2016.IX.14）

雄虫（菊花，北京市农林科学院，2016.X.6）

狭拟厚盲蝽
Eurystylopsis angustatus Zheng et Lu, 1995

雌虫体连翅长6.1毫米。体红褐色。唇基略侧扁，近于垂直向下。喙端节端大部黑褐色，伸达中胸腹板末端。触角红褐色，第2节端部1/3黑褐色；第1节粗，明显长于头宽。前胸背板中央具黑褐色纵纹，两侧具不明显的暗色区，领后缘两侧黑褐色。小盾片侧缘中部黑褐色。前翅楔片红褐色，中部大片黄白色，端部黑褐色。腹面红褐色为主，生殖节端半部大部分黄色。

分布：北京*、甘肃。

注：本种以小盾片中部稍隆起、后足胫节几乎一色及头前缘几乎垂直与同属其他种相区分（郑乐怡等, 2004）。北京6月见成虫在杭子梢上取食。

雌虫（杭子梢，门头沟小龙门，2017.VI.6）

西伯利亚蚁叶盲蝽
Hallodapus sibiricus Poppius, 1912

雄虫体连翅长4.8毫米。体黑褐色。喙红褐色，端节端大部色稍暗，伸达中足基节。触角第1节淡黄白色，基部暗褐色，端部具红色环。前足基节红褐色，后足基部淡黄褐色，中足处于中间颜色。胸部以红褐色为主；腹部黑褐色，基部2～3节色稍浅。中胸盾片外露，长约为小盾片长的1/2，均匀下倾。前翅具1对淡黄白色斑，基斑长，不达爪片，端斑横向。

分布：北京*、内蒙古；朝鲜，俄罗斯。

注：张旭（2010）从内蒙古记录了本种，但记录的雄虫长翅型体长为3.75～3.86毫米；模式产地为俄罗斯跨贝加尔，体长为5毫米（Poppius, 1912）。本种另有短翅型（雌虫），阳茎末端具膜叶，略呈扇形，宽大于长。北京8月见成虫于灯下。

雄虫及阳茎端部（怀柔喇叭沟门，2013.VIII.19）

崔氏钩角盲蝽
Harpocera choii Josifov, 1977

体连翅长雄虫5.6毫米，雌虫5.2毫米。雌雄异形，体色有变化。雄虫体稍细长，颜色深，从头前端至小盾片端具玉白色纵纹；触角第2节短，端部三角形粗大（腹面具一毛簇），长约为第1节长的1.5倍；后足腿节端半部黑色。雌虫颜色浅，体宽，触角第2节不明显膨大，长为第1节长的2倍。

分布：北京*；朝鲜，俄罗斯。

注：中国新记录属和种，新拟的中文名，从学名。北京产的标本稍有不同，个体较小，俄罗斯远东记录的雄虫体长为6.8～7.0毫米（Vinokurov, 2006），韩国记录的雄虫体长为5.82～6.50毫米（Kim & Jung, 2016a）。记录生活在栓皮栎和槲树；北京5月可见成虫，具趋光性。

雌虫（门头沟小龙门，2013.V.23）

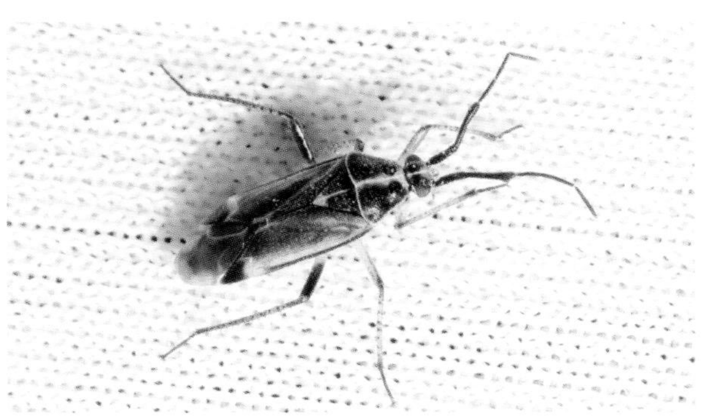
雄虫（门头沟小龙门，2013.V.23）

朝鲜钩角盲蝽
Harpocera koreana Josifov, 1977

雄虫体连翅长5.3毫米。头黑色，唇基淡黄色，头中央具淡黄色纵纹。前胸背板黑色，具淡黄色后缘。触角第2节短，端部稍扩大，长约为第1节长的1.7倍。

分布：北京*；朝鲜，俄罗斯。

注：中国新记录种，新拟的中文名，从学名。本种体色也有变化，从头前端至小盾片端可具浅色纵纹，后足腿节端约1/3黑褐色；记录的寄主为槲栎和麻栎（Kim & Jung, 2016a）。北京5月可见成虫于灯下。

雄虫（密云雾灵山，2015.V.13）

北京树蝽
Isometopus beijingensis Ren et Yang, 1988

雌虫体连翅长2.8毫米。体暗褐色，头的后缘、复眼的两侧、爪片（除基部）、前翅革片基部及各足腿节端部淡白色或浅黄色；前翅膜区烟褐色。复眼大，额窄于眼宽。喙长，伸达产卵器中部。

分布：北京。

注：雄虫与雌虫不同，前翅爪片及革片基部无浅色斑（任树芝和杨集昆, 1988）。北京6月见成虫于灯下。也有把树蝽放在独立的树蝽科Isometopidae中。

雌虫（平谷梨树沟，2020.VI.11）

蒲洼树蝽
Isometopus sp.

雄虫体连翅长3.2毫米。体黑褐色，长卵形。额在复眼两侧具黄褐色窄缘，额上部具粗大刻点，额下部具高低不同的3条横皱脊；两单眼紧邻复眼，间距约为单眼的直径；喙长，明显超过后足基节，达腹中部（第4节）。前翅膜区隐具一个翅室。

分布：北京。

注：本种与叶氏树蝽*Isometopus yehi* Lin, 2004接近，但该种触角第3节与第2节长度相近，且头额的下部为棕色。经验标本左右触角的第2节长短明显不同，左侧的长（两者比约4∶3）。北京5月见成虫于灯下。

雄虫（房山蒲洼东村，2017.V.23）

天津树蝽
Isometopus tianjinus Hsiao，1964

体长2.2～2.4毫米。体污黄色，前胸背板、小盾片黑褐色（小盾片顶端黄白色）。复眼间具较大的单眼，接近复眼，两单眼间距约为其直径。触角4节，第2节粗、长，与第1节同粗，端部色深，长于第3、4节之和。后腿节粗大，近端部具不明显的暗色环斑。

分布：北京、天津。

注：本种与北京树蝽*Isometopus beijingensis* Ren et Yang, 1988相比，体色浅，个体更小。栖息于槐、柳树干、枝或叶丛，捕食小虫。6月可见成虫，具趋光性。

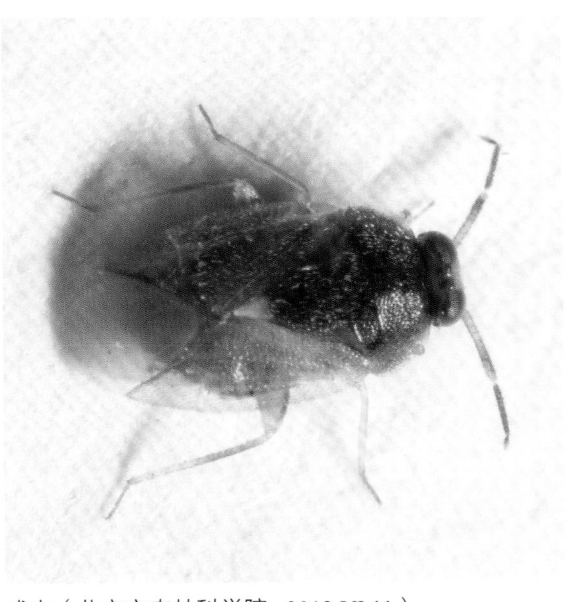

成虫（北京市农林科学院，2012.VI.11）

原丽盲蝽

Lygocoris pabulinus (Linnaeus, 1761)

雌虫体连翅长5.4毫米。体浅绿色，无深色斑，被黄褐色毛。头顶后缘脊不完整，中部低平消失。喙浅色，仅端部色略暗，伸达后足基节。触角第1～2节黄褐色，第3～4节暗褐色。小盾片具横皱。足同体色，跗节黄褐色。

分布： 北京*、陕西、甘肃、内蒙古、黑龙江、河北、福建、台湾、湖北、四川、云南、西藏；日本，朝鲜，俄罗斯，欧洲，北美洲。

注： 可取食蔷薇科、荨麻科等多种植物。北京6月灯下可见成虫。

雌虫（门头沟小龙门，2012.VI.5）

棱额草盲蝽

Lygus discrepans Reuter, 1906

体连翅长5.7～6.5毫米。体污黄褐色、黄绿色或砖红色，具黑色斑。额区具若干横棱，头顶明显宽于复眼。触角第1节背面污黄色，基部及腹面黑色，第2节黑褐色，中间锈褐色，第3、4节黑褐色，长度之和长于第2节。前胸背板胝后各有1黑色斑，后侧角具1黑色斑，后缘具黑色横带，中间断开，或消失。小盾片具“W”形黑色斑，或缩小成4条纵带。前翅具明显的刻点，楔片基部和端部均具较大的黑色斑。足腿节端具2～3条褐色环，胫节基部具2个黑褐色斑。

分布： 北京*、陕西、宁夏、甘肃、河北、四川、云南。

注： 本种前翅革片具黑色斑，爪片不全为黑色（仅内缘黑色）（郑乐怡等, 2004）。北京7～8月见成虫于艾蒿等蒿类植物上。

成虫（蒿，门头沟小龙门，2013.VII.29）

成虫（蒿，门头沟东灵山，2014.VII.8）

长毛草盲蝽
Lygus rugulipennis (Poppius, 1911)

雄虫体连翅长5.6毫米。黄绿色至枯黄色，斑纹多变。额区两侧各具6～7条平行横棱纹。唇基浅色。触角第1节腹面常黑褐色，第2节稍长，等于第3、4节长之和。前胸背板大面积黑色，侧缘及后缘具浅色边缘。小盾片只在基部中央具黑色带。前翅革片刻点分布均匀，明显小于前胸背板的刻点；楔片末端黑褐色。后足股节末端具3褐色环。

分布： 北京*、甘肃、新疆、内蒙古、黑龙江、吉林、辽宁、河北、河南、四川、云南、西藏；全北界。

注： 本属盲蝽的鉴定较难。本种斑纹多变（郑乐怡等, 2004），主要特征是前翅革片区的刻点明显比前胸背板和爪片上的刻点细和密。北京6月、8月见成虫于蒿或灯下。

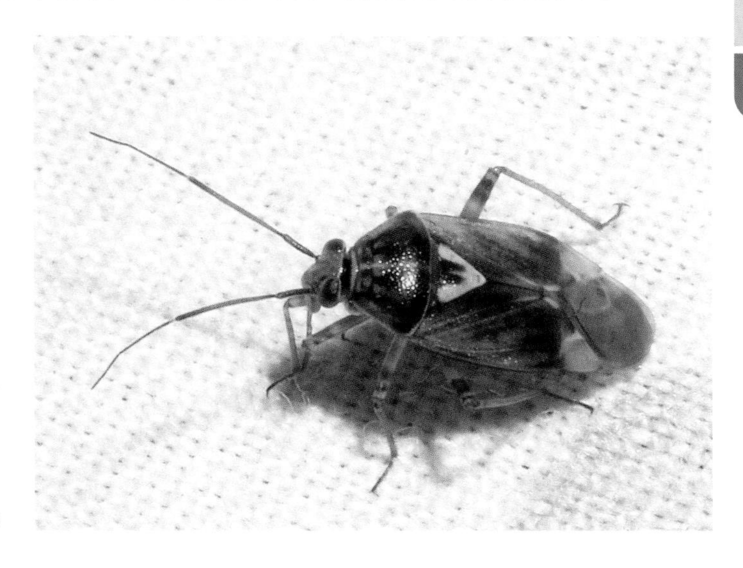

雄虫（延庆世界园艺博览会，2019.VIII.19）

纹翅盲蝽
Mermitelocerus annulipes Reuter, 1908

体连翅长9.0毫米。体绿色，具黑色斑纹，体被黑色短毛。触角第1节粗大，红褐色至黑色，第2节细长，基部2/3浅色，余黑色而明显粗大（或全节为黑色），第3、4节细，长之和短于第2节。雄虫体下几乎全黑色，雌虫腹部两侧具污黄色纵带。

分布： 北京*、陕西、黑龙江、吉林、辽宁、河北；日本，朝鲜，俄罗斯。

注： 北京5月可见成虫。

成虫（延庆松山，2018.V.23）

卡氏新丽盲蝽

Neolygus carvalhoi Lu et Zheng, 2004

体连翅长5.0～5.5毫米。体绿色，体背仅一种浅色毛。触角第1节同头色，第2节基部黄绿色，渐变深，端部1/5黑褐色。唇基端部约1/3黑色；喙端节端小半部黑褐色，伸达后足基节间。楔片末端绿色。后足腿节端具3个暗褐色环纹；胫节刺基部具黑色点。触角各节长为0.56毫米、1.64毫米、1.04毫米、0.72毫米。

分布： 北京、陕西。

注： 原始描述喙伸过后足基节（郑乐怡等，2004），未描述后足腿节端部的环纹。与绿盲蝽*Apolygus lucorum* (Meyer-Dür, 1843)相近，但后者胫节刺基部不具黑色点、触角第2节端部不呈黑色。北京5～6月见成虫于灯下。

成虫（昌平长峪城，2016.VI.1）

胡桃新丽盲蝽

Neolygus juglandis (Kerzhner, 1987)

体长5.7～6.4毫米。唇基端部暗褐色。触角第1、2节淡黄绿色，第3、4节深褐色。前胸背板淡黄绿色，基部具2个黑褐色大斑，有时2斑相连。足胫节刺的基部具小黑色点斑；足跗节第3节端半部深褐色。

分布： 北京*、陕西、湖北；日本，朝鲜，俄罗斯。

注： 成虫和若虫吸食核桃楸、麻核桃的嫩枝和叶片。北京6～8月可见成虫，偶见于灯下。

成虫（核桃楸，怀柔帽山，2015.VI.11）

烟盲蝽
Nesidiocoris tenuis (Reuter, 1895)

体连翅长3.0～3.2毫米。唇基黑褐色。触角4节，第1节中部及第2节基部黑色，第3节和第4节褐色，但节间浅色。足胫节基部黑色。

分布： 北京、陕西、内蒙古、天津、河北、山西、河南、山东、江苏、浙江、江西、福建、台湾、湖北、湖南、广东、广西、海南、四川、贵州、云南、西藏；广泛分布于热带、亚热带地区。

注： 可捕食烟粉虱等小昆虫，也可取食番茄等多种植物，或被认为是害虫，或被认为是天敌而释放利用，但有实验表明在数量较大时，也未对番茄的产量造成明显的损失（Sánchez & Lacasa, 2008）。北京见于温室内，也可见于野外。

成虫（茄，北京市农林科学院，2011.X.11）

捕食蚜虫的若虫（烟草，北京市农林科学院，2011.X.17）

艾黑直头盲蝽
Orthocephalus funestus Jakolev, 1881

雄虫体连翅长6.2毫米。体黑褐色，被浅色鳞片状毛和黑色长毛。头顶近复眼内缘各具1浅色点。触角第1节橘黄色，第2节黑褐色，第3～4节色稍浅。喙端2节暗褐色，伸达中足基节间前缘。足橘黄色，前足基节黄褐色，中后足基节暗褐色，端部色稍浅，胫节端及跗节黑褐色，中后足腿节具褐色小点斑，后足腿节较粗壮，胫节细长，具长刺，刺及刺基褐色。

分布： 北京*、陕西、甘肃、新疆、内蒙古、黑龙江、吉林、河南、江苏、湖北、四川；日本，朝鲜，俄罗斯，蒙古国。

注： 经检标本的触角第2节较短，与第3节相近或稍长于第3节，与国内的描述（刘国卿和郑乐怡，2014）稍有差异。本种变异较大（尚有短翅型），采于蒿属多种植物（Namyatova & Konstantinov, 2009），由于雄性外生殖器比较接近，而定为此种。记录的寄主为蒿属植物，北京5月见成虫于灯下和艾蒿上。

成虫（艾蒿，昌平长峪城，2016.VI.16）

永门直叶盲蝽
Orthophylus yongmuni Duwal et Lee, 2011

体连翅长雄虫5.2毫米，雌虫4.6～4.7毫米。体淡黄褐色，雄虫头顶、前胸背板前缘及鞘翅革片染有绿色；前胸背板后部（除两侧）、小盾片、前翅爪片、革片内缘、膜区及后足腿节端大部浅烟褐色。喙浅黄褐色，端节端半部黑色，伸达中足基节间。触角各节长0.36毫米、1.72毫米、1.32毫米、0.60毫米，前胸背板基部宽1.40毫米。阳茎“S”形，具2根端突，1根明显长于另一根，线状。

分布：北京*；朝鲜。

注：中国新记录属和种，新拟的中文名，均从学名。模式产地为韩国京畿道永门山（亦称龙门山），经检的雄虫略大，正模体长为4.66毫米（Duwal & Lee, 2011）。乙醇浸泡后的标本，体色较浅，后足腿节与其他足同色。北京5～6月见成虫于灯下，或见于在一叶萩*Flueggea suffruticosa*上的若虫蜕及刚羽化的成虫。

雌虫（怀柔黄土梁，2020.V.27）

雄虫（怀柔黄土梁，2020.V.27）

杂毛合垫盲蝽
Orthotylus flavosparsus (Sahlberg, 1841)

体连翅长3.7～4.1毫米。体背具2种毛：黑色的刚毛和浅色的被毛，另散生鳞片状毛，在前翅上呈现点状。触角第1节淡绿色，余3节黄褐色。喙绿色，端节暗褐色，口针褐色；伸达中足基节前。足绿色，胫节端部浅褐色，跗节端节褐色。

分布：北京、陕西、甘肃、新疆、内蒙古、黑龙江、河北、天津、河南、山东、浙江、江西、湖北、四川；日本，朝鲜，俄罗斯，中亚，欧洲，北非，美洲。

注：多在藜、地肤等藜科植物上取食，也会取食其他植物，包括成为棉花的害虫。北京5～6月、8～11月可见成虫，也可见于灯下。捕食性天敌有华姬蝽*Nabis sinoferus* Hsiao, 1964。

若虫（藜，北京市农林科学院，2011.VIII.12）

成虫（藜，怀柔邓各庄，2016.VI.3）

高句丽合垫盲蝽

Orthotylus kogurjonicus Josifov, 1992

体连翅长雄虫4.4～4.6毫米，雌虫4.7～4.8毫米。体淡绿色，常染有黄色，在头背前半部尤其明显。触角第1节黄褐色，染有暗褐色，第2～4节暗褐色，后2节略浅。雄虫触角各节长度为0.40毫米、1.36毫米、0.70毫米、0.36毫米；头宽与第3节相近。雌虫复眼间距稍大于头宽的一半，雄虫约为头宽的0.41倍。

分布：北京*；朝鲜。

注：中国新记录种，新拟的中文名，从学名。北京5月见成虫于灯下。

雌虫（怀柔黄土梁，2020.V.26）

雄虫（房山蒲洼村，2020.V.19）

奥氏合垫盲蝽

Orthotylus oschanini Reuter, 1883

体连翅长4.8～5.1毫米。体黄绿色，被淡色平伏毛和褐色半直立长毛。触角淡黄褐色，第1节较粗，内侧具3～4根褐色长毛，第2节细长，长于前胸背板宽。喙端节端部黑褐色，伸达后足基节。生殖节左侧具一片毛丛，其中黑色毛较为集中，整个毛区近于腹端，可占节长1/3。

分布：北京*、新疆、内蒙古；俄罗斯，蒙古国，哈萨克斯坦，乌兹别克斯坦，土耳其，乌克兰。

注：经检标本的体长稍大，俄罗斯远东的个体为3.8～4.8毫米，寄主为绣线菊（Kerzhner, 2001）。本种阳茎鞘状，其中从基部分出的2枝，其近端部两侧均呈锯齿状。与榆毛翅盲蝽*Blepharidopterus ulmicola* Kerzhner, 1977相近，该种复眼大，中胸盾片突出而明显。北京6月可见成虫于灯下。

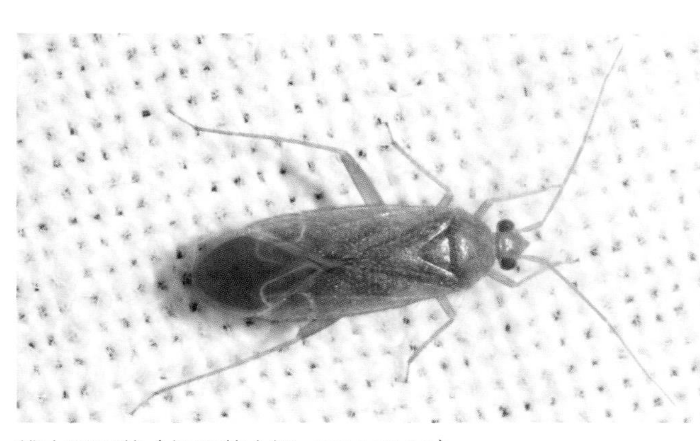

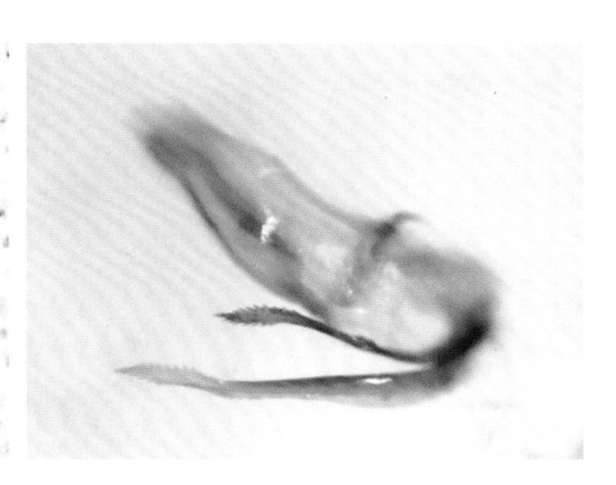

雄虫及阳茎（怀柔黄土梁，2020.VI.16）

盐生合垫盲蝽
Orthotylus schoberiae Reuter, 1876

体连翅长3.6毫米。体浅绿色，雄虫两侧近于平行，复眼大（头顶宽约为复眼宽的1.6倍），雌虫两侧稍弧凸，复眼小（头顶宽约为复眼宽的2.5倍）。体背密被褐色半直立长毛和浅色平伏毛。喙端节端半黑褐色，伸达中足基节。触角第1节同体色，余淡黄褐色，第2节稍长于第3节，第4节明显的短。前翅楔片颜色和被毛同革片，膜区淡烟色，翅脉淡绿色。雄虫右阳基侧突钩状突细长、弯曲。

分布：北京*、宁夏、新疆、内蒙古、辽宁、天津；伊朗，意大利，匈牙利。

注：本种属于*Melanotrichus*亚属，与小合垫盲蝽*Orthotylus parvulus* Reuter, 1879很接近，该种体长2.6～3.2毫米，后足腿节膨大较为明显，左阳基侧观背面观不明显呈“C”形（刘国卿和郑乐怡, 2014）。北京8月见成虫于灯下。

雄虫（怀柔喇叭沟门，2014.VIII.25）

雌虫（怀柔喇叭沟门，2014.VIII.25）

郑氏合垫盲蝽
Orthotylus zhengi Liu, 2014

体连翅长4.6～5.1毫米。背面红色或红褐色，被褐色半直立长毛及褐色平伏毛。额及唇基黑褐色，隆起；头顶及复眼内侧色浅。触角第1节内侧中部具4根黑褐色直立粗刚毛，并密被黑褐色倒伏短刚毛；各节长度如下：0.41毫米、1.69毫米、1.16毫米、0.71毫米（不同个体比例有所不同）。喙端节端部黑褐色，伸达后足基节。足基节淡黄色。

分布：北京*、宁夏、甘肃、内蒙古、四川。

注：本种体长形，颜色鲜艳；生殖节右侧具毛丛，分布达后缘；右阳基侧突似高尔夫球杆的球头，一侧近中部具褐色齿突。北京6～7月见于灯下（另1雌虫标本，体为绿色，疑为同种）。

雄虫及右阳基侧突（房山蒲洼东村，2016.VII.12）

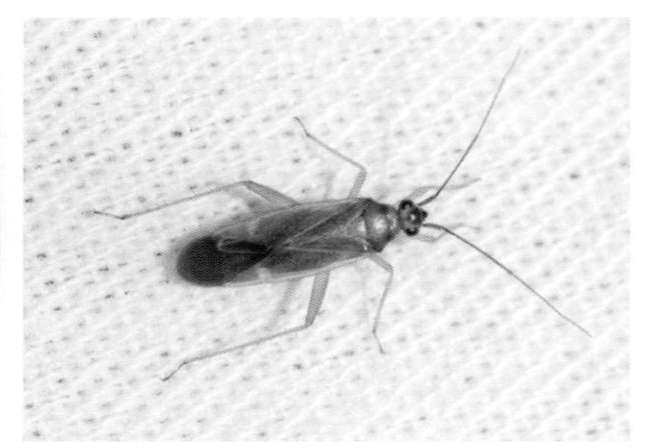
雄虫（房山蒲洼东村，2016.VII.12）

翘角延额盲蝽
Pantilius gonoceroides Reuter, 1903

体连翅长约10毫米。体污褐色，前翅前缘、腹面及足大部淡绿色。头顶中纵沟约为头长的2/5，其前方具“八”字形细短沟。触角4节，暗红褐色，第3节基大部及第4节基部淡黄色，第1～2节粗，后2节细。前胸背板后侧角稍上翘，明显伸出前翅基部，后缘弧形。小盾片端角具明显的黑色斑。前翅楔片淡黄色，外缘淡绿色，内缘红褐色。

分布：北京*、甘肃、四川；尼泊尔。

注：干标本体锈褐色，或体色加深，呈橄黑褐色（郑乐怡等, 2004）。北京8月见于蒿属植物上。

成虫（蒿，门头沟东灵山，2014.VIII.21）

云芝龟盲蝽
Peritropis advena Kerzhner, 1973

雌虫体连翅长3.5毫米。体灰褐色，小盾片端部白色，前翅膜区布许多小灰白色点。触角第1节暗褐色，第2节中部具白色斑。各足腿节暗褐色，后足胫节基部、中部和端部淡褐色。前胸背板后缘波状起伏。喙长，明显超过后足。

分布：北京*；日本，朝鲜，俄罗斯。

注：中国新记录种，新拟的中文名，本属盲蝽外形似龟，而本种的生活与某种云芝（*Coriolus* sp.）相关联。本种生活在落叶林下朽木上的多孔菌（Yasunaga, 2000）。北京8月见成虫于灯下。

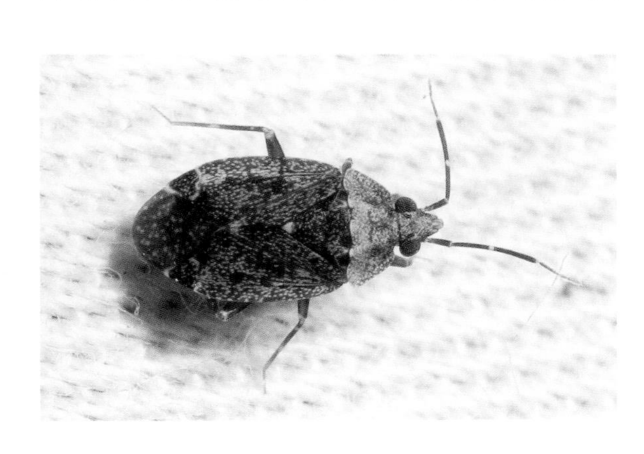

雌虫（昌平王家园，2013.VIII.28）

鳞毛吸血盲蝽
Pherolepis aenescens (Reuter, 1901)

雄虫体连翅长3.7毫米。黄褐色至黑色，前翅基半及小盾片密布宽扁、平伏的银白色鳞状毛。前胸背板光亮，不具鳞状毛。触角第1节稍带红色，第2节端部颜色稍加深。喙伸达中足基节间。足基节端半部或大部浅肉色。

分布： 北京、陕西、宁夏、甘肃、内蒙古、黑龙江、河南；俄罗斯，蒙古国。

注： 本属盲蝽在体中部（中后胸及腹基）两侧稍收束，属于束盲蝽族Pilophorini。本种阳茎"C"形，在端部2/5处内侧着生1分枝的刺状突，长稍不及主干的1/3，分枝短，约位于基部1/3处。记录的寄主为柳、榆（Zhang & Liu, 2009）；北京6月见成虫于灯下。

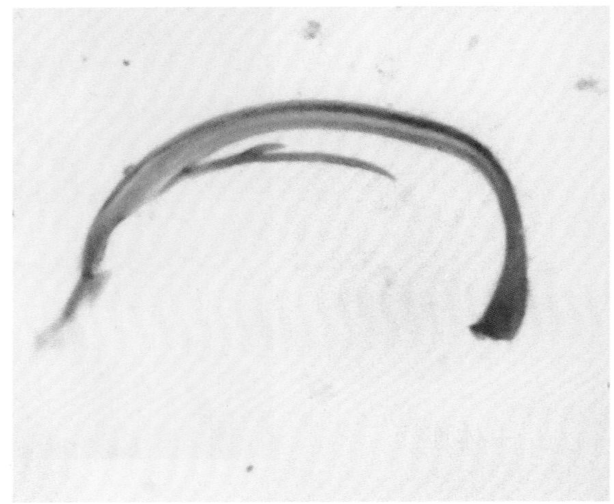

雄虫及阳茎（怀柔黄土梁，2020.VI.16）

榛亮足盲蝽
Phylus coryloides Josifov and Kerzhner, 1972

体长4.2～4.5毫米。体背黑色，被浅褐色近倒伏茸毛。体两侧近于平行，稍向后扩大。复眼红褐色，顶端低于头顶。触角基2节黑色，端2节淡污黄色，第1节基部缢缩，第2节最长，长于前胸背板后缘，稍不及第3节的2倍长。前胸背板前倾，向前收缩，侧缘稍内凹；中胸盾片外露部分宽。

分布： 北京*、内蒙古；朝鲜，俄罗斯。

注： 北京5～6月可见成虫于灯下。

成虫（延庆米家堡，2014.V.28）

萧氏植盲蝽

Phytocoris hsiaoi Xu et Zheng, 2002

雄虫体连翅长5.8～5.9毫米。额两侧具多行褐色斜纹，唇基中央黑褐色，两侧象牙白色。触角第1节深褐色，具白色点状斑，第2节褐色，基部和中部色稍浅，端部黑褐色，第3节褐色，基部浅色，第4节褐色。喙端2节暗褐色，伸达腹部第5节。前后足胫节具2个褐色环，而中足胫节无褐色环。

分布：北京、山西。

注：雌虫为短翅型（许兵红和郑乐怡，2002）。本种从前胸背板后缘淡白色（边缘不整齐）、其前方具黑褐色横带、前翅楔片带橘黄色，易与其他种区分（与蒙古植盲蝽的区别见该种的注）。北京6月、8月可见成虫，具趋光性。

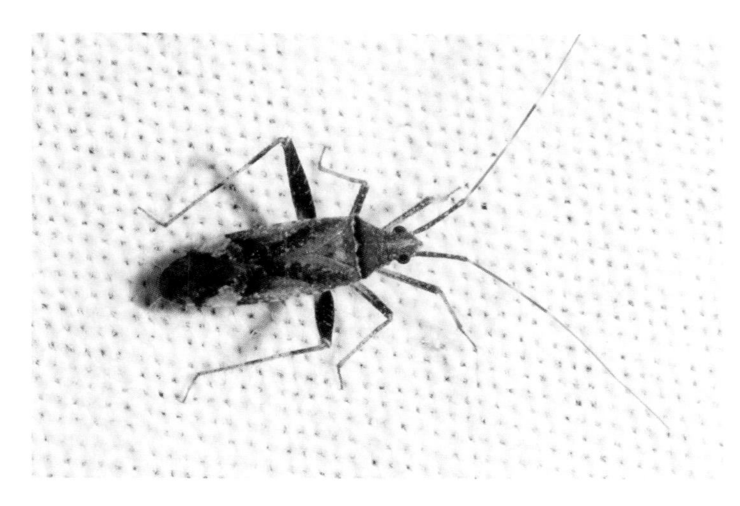

雄虫（怀柔黄土梁，2020.VI.16）

扁植盲蝽

Phytocoris intricatus Flor, 1861

雄虫体连翅长6.6毫米。体暗褐色。触角第1节具黄白色斑点（腹面更浅），第2、3节基部具黄白色环。喙端节大部分黑褐色，伸达腹第3节。前胸背板后缘浅色，其前方具黑色横纹（有时中断呈点带状）；前翅革片近端具一个倒“V”形黑色斑。前足胫节、中足胫节的深色环窄于浅色环，前足胫节端褐色或深褐色。前翅革片近端具1个浅色斜置大斑，有时变小。

分布：北京*、宁夏、甘肃、内蒙古、黑龙江、河北、四川；朝鲜，俄罗斯，欧洲。

注：本种触角第1节稍大于头宽，复眼大于头顶宽，前足胫节端部暗褐色。北京6月、8月见成虫于灯下。

成虫（门头沟小龙门，2014.VIII.20）

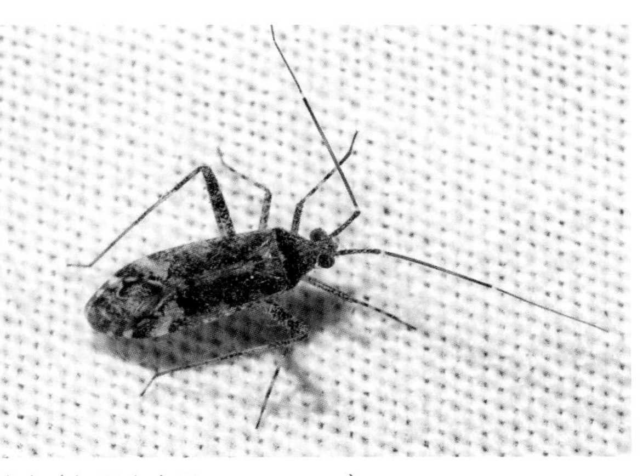

成虫（怀柔上台子，2020.VI.30）

蒙古植盲蝽

Phytocoris mongolicus Nonnaizab et Jorigtoo, 1992

体连翅长5.2～6.2毫米。雄虫长翅型，雌虫短翅型。触角第2节褐色或浅褐色，基部及中部白色。前足胫节具褐色或深褐色环，端部深褐色。

分布：北京、陕西、内蒙古、山西。

注：外形与萧氏植盲蝽*Phytocoris hsiaoi* Xu et Zheng, 2002很像，但本种雄虫触角第2节基部及中部的白色部分明显，与其他褐色部分分界明显，触角第1节与头宽的比例在1.35～1.64，而后一种触角第2节中部的浅色部分不明显，与褐色部分界线模糊，触角第1节与头宽的比例在1.69～1.74（郑乐怡等, 2004）。北京6～7月可见成虫于灯下。

成虫（昌平王家园，2013.VI.18）

诺植盲蝽

Phytocoris nowickyi Fieber, 1870

雄虫体连翅长5.8毫米。触角细长，第1节具许多红褐色斑，直立的毛明显长于该节直径；第4节颜色稍深，第2节长约为第1节长的2.5倍。小盾片淡黄色，两侧具红色斑。喙伸过后足基部。

分布：北京*、陕西、甘肃、内蒙古、黑龙江、吉林、河北、湖北、四川；日本，朝鲜，俄罗斯，欧洲。

注：北京8月见成虫于灯下。

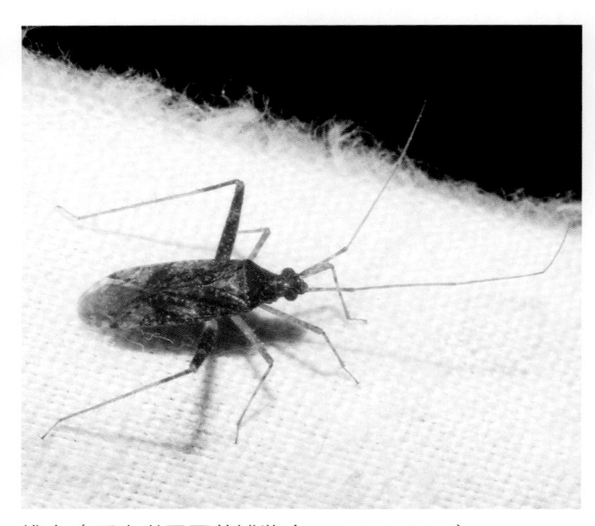

雄虫（延庆世界园艺博览会，2019.VIII.19）

沙氏植盲蝽
Phytocoris shabliovskii Kerzhner, 1998

体连翅长5.8～6.5毫米。触角深褐色至黑褐色，触角第1节具黄白色斑点，第2节基部、第3节基部及顶端具黄白色环。喙浅黄褐色，端节稍暗，明显超过后足。前胸背板后缘浅色，其前方具中断呈点带状黑色斑，侧缘具2条纵向暗带。小盾片浅色，端部两侧具黑色斑。前翅革片端部具大块浅色斑，其前缘具深色斜斑。前足胫节端部淡褐色，中足胫节的深色环窄于浅色环。

分布：北京*、陕西、甘肃、黑龙江、山西、湖北；日本，朝鲜，俄罗斯。

注：捕食小昆虫和螨。北京5月、8～9月可见成虫，具趋光性。

成虫（海淀凤凰岭，2013.VIII.19）

束盲蝽
Pilophorus sp.

雌虫体连翅长3.7毫米。体黑褐色，头前端、前翅大部红褐色，足基节淡白色。触角第1节褐色，基部淡白色，第2节褐色，端部暗褐色，第3节淡白色，端部稍褐色，第4节褐色，基部淡白色，各节长度为0.23毫米、0.97毫米、0.50毫米、0.39毫米。喙达中足前缘，端节端部黑褐色。小盾片两侧，前翅基部1/3、2/3及楔片内角具银白色鳞状毛簇。

分布：北京。

注：与黑束盲蝽*Pilophorus niger* Poppius, 1914相近，但该种体大（大于4毫米）、后足腿节暗褐色而有不同。北京6月、8月见成虫于灯下。

雌虫（怀柔黄土梁，2020.VI.16）

龙江斜唇盲蝽

Plagiognathus amurensis Reuter, 1883

体连翅长雄虫3.2～3.5毫米，雌虫3.8毫米。体黑褐色，被黄褐色毛。头顶淡黄绿色。有些个体浅色，前胸背板及前翅为淡黄绿色（具暗色区域）。喙淡黄色，端部黑褐色，伸达后足基节前缘（稍过中后基节）。触角基部2节黑色，节间淡色；端2节暗褐色。足淡黄色，后足基节基部暗褐色，后足腿节腹缘近端部具黑色短横带，背缘具粗大黑色点列。前翅楔片基部和端部浅色，或全为浅色。

分布：北京、陕西、黑龙江、河北、天津、山西、河南、山东、湖北；朝鲜，俄罗斯。

注：黑须盲蝽*Plagiognathus nigricornis* Hsiao et Meng, 1963为本种异名。本种体色变化较大，可从浅褐色、褐色至黑褐色（Duwal et al., 2010）。国内文献中，左阳基侧突的形态有所不同，经检雄虫标本的形态接近李鸿阳和郑乐怡（1991）的图。寄主为艾蒿、苘麻、棉、苜蓿、枸杞等。北京6月也可见成虫于灯下。

雌虫（枸杞，昌平桃林，2020.IX.25）

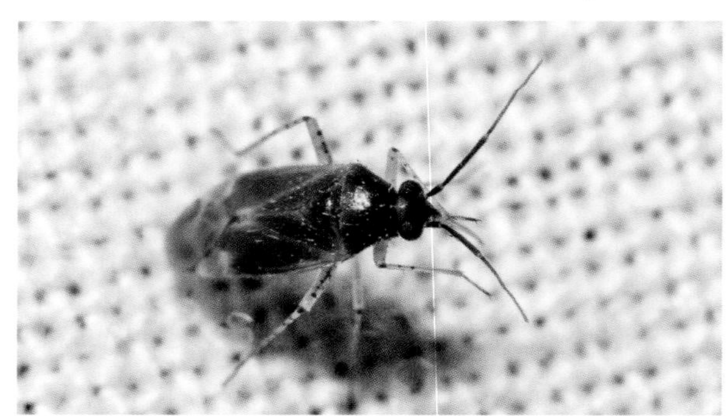

雄虫（怀柔黄土梁，2020.VI.17）

黑斜唇盲蝽

Plagiognathus yomogi Miyamoto, 1969

雌虫体连翅长3.2毫米。体黑色，光亮，被黑色毛。触角基部2节黑色，第2节端部及后2节黄褐色；触角第2节短于前胸背板宽。喙浅黄褐色，端节端半部黑褐色，伸达后足基节。足淡白色，中足基半部及后足基节全部暗褐色；后足腿节端部的背面和腹面均具黑色短横带。

分布：北京、陕西、黑龙江、安徽、湖北、湖南、四川、重庆、贵州、云南；日本，朝鲜，俄罗斯。

注：寄主为多种蒿属植物。北京6月可见成虫于灯下。

雌虫（怀柔黄土梁，2020.VI.16）

红楔异盲蝽

Polymerus cognatus (Fieber, 1858)

体连翅长3.7～4.5毫米。性二型，雄虫体色深，触角粗壮，雌虫体色浅，触角纤细。雄虫前胸背板大部黑色，仅后缘淡黄褐色，雌虫色较浅，前缘两侧具无毛的黑色斑。小盾片端部具浅色斑，雄虫约占1/3长，雌虫可占大部。前翅爪片至少两端浅色，楔片红色，外缘黑褐色，基部和端部淡黄色。

分布： 北京、陕西、甘肃、新疆、内蒙古、黑龙江、吉林、天津、河北、山西、河南、山东、四川；朝鲜，俄罗斯，中亚，欧洲，北美洲。

注： 过去我们鉴定的斑异盲蝽*Polymerus unifasciatus*，应是本种的误定。这两种在雄虫外生殖器上易于区分，本种阳茎端刺II特殊，基部具刀形分支，其内侧锯齿形。记录的寄主较多，如甜菜、藜、猪毛菜、菠菜、苜蓿、胡萝卜等，可成为甜菜的重要害虫。成虫具趋光性。

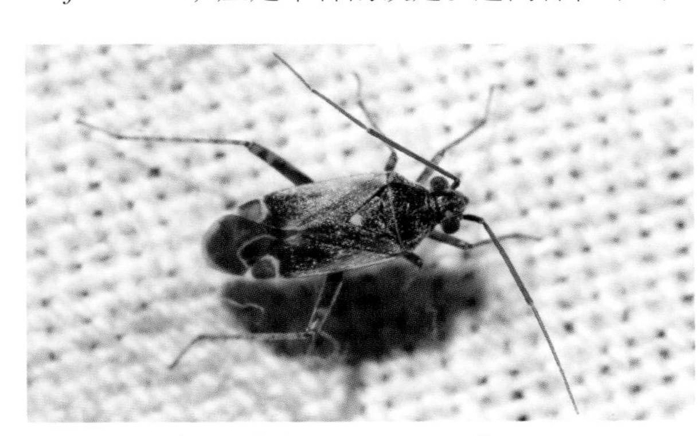

雄虫及阳茎（怀柔黄土梁，2020.VI.17）

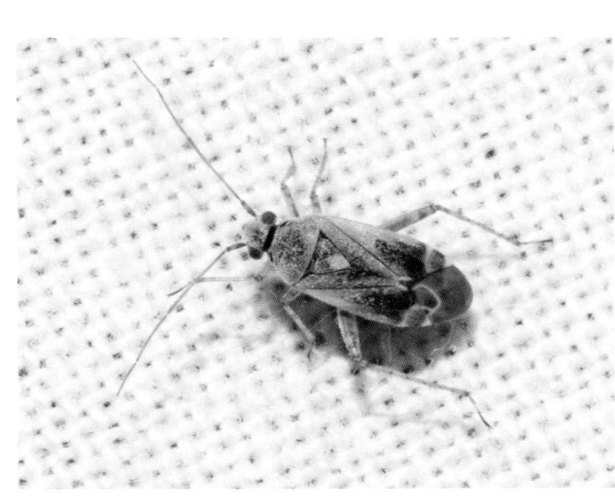

雌虫（怀柔黄土梁，2020.VI.16）

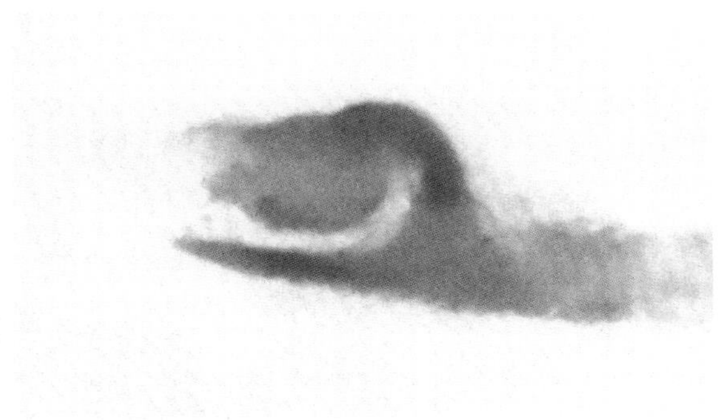

北京异盲蝽

Polymerus pekinensis Horváth, 1901

体连翅长5.2～5.9毫米。体黑色，具光泽，体背及鞘翅部分具银白色丝状毛（聚成小毛簇）。触角第1节黄褐色。足腿节近端部具淡黄色环，胫节基半部黑色，近基部具浅色环。触角第4节明显长于第3节，但仍短于第2节。

分布： 北京、陕西、内蒙古、黑龙江、吉林、天津、山西、山东、江苏、浙江、安徽、江西、福建、四川、云南；日本，朝鲜，俄罗斯，越南。

注： 北京6～9月可偶见成虫于反枝苋和茜草上，多见于灯下。

成虫（茜草，怀柔七道沟，2020.V.27）

美丽杂盲蝽
Psallus amoenus Josifov, 1983

雄虫体连翅长3.6毫米。体淡玉白色，具黄褐色至红褐色斑纹，斑纹的颜色从头部渐向翅中部加深，前翅楔片淡红褐色，基部淡白色。腹面淡红褐色。腿节具褐色斑点，在后足腿节端部具较大的褐色斑。触角第1节近端部具2根直立黑褐色毛，着生点褐色。喙端节端半部黑褐色，伸达后足基节间。触角各节长分别为0.25毫米、1.00毫米、0.62毫米、0.30毫米，第2节短于前胸背板后缘宽。生殖节两侧具毛簇。

分布：北京*；朝鲜，俄罗斯。

注：中国新记录种，新拟的中文名，从学名。与麟蹄杂盲蝽*Psallus injensis* Duwal, 2015很像，后者体略大，前翅仅在革片端部具成片的红色斑及后足腿节端斑纹呈黑褐色。它可从槲树上采到（Jung et al., 2010）。北京5月见成虫于灯下。

雄虫（平谷石片梁，2019.V.9）

乌杂盲蝽
Psallus ater Josifov, 1983

雄虫体连翅长3.7毫米。体黑色，稍带暗红色。触角第1～2节黑褐色，第3～4节淡褐色，第1节短，短于头宽，约为第2节的0.24倍。前翅楔片黑色，基部不具浅色斑，端部具黄白色斑，其基部相连处为暗红色。腿节深暗红色，胫节浅棕色，胫节刺基部暗红色。阳茎粗壮，端部具3个骨化的粗刺，其主刺端又生1尖突。

分布：北京*、四川；朝鲜。

注：若虫捕食鳞翅目、鞘翅目幼虫，成虫有时会取食腐殖质（Duwal et al., 2012）。北京6月灯下可见成虫。

雄虫（门头沟小龙门，2012.VI.5）

青泰杂盲蝽
Psallus cheongtaensis Duwal et al., 2012

体连翅长雄虫3.5毫米，雌虫3.8毫米。体玉白色，稍染淡绿色，体背具暗褐色倒伏毛。触角第1节近端部具2根直立黑色毛，基部黑褐色；第2节端部及后2节稍带褐色。腿节背端具几个黑色点，腹面大部布许多黑褐色点，上缘呈1列；胫节具黑色刺，着生点黑色且粗大（后足尤其明显）。喙伸达第1腹板。雌虫触角各节长分别为0.20毫米、0.96毫米、0.56毫米、0.44毫米，第2节短于前胸背板后缘宽。产卵器很长,几乎达腹基部。

分布：北京*；朝鲜。

注：中国新记录种，新拟的中文名，从学名。模式为雄虫，产地为韩国江原道青泰山（Duwal et al., 2012）。北京5～6月见成虫于灯下。

雄虫（平谷石片梁，2019.V.9）

雌虫（昌平长峪城，2020.VI.2）

麟蹄杂盲蝽
Psallus injensis Duwal, 2015

体连翅长4.1～4.2毫米。体淡黄色，具红褐色斑点，在一些区域呈大块红褐色斑。体侧具红褐色斑纹，在腹部侧面的中央具无斑纹条；腹面无斑纹。触角第1节近端部具1根直立浅褐色刚毛，着生点较暗。喙端节端1/3黑褐色，伸达腹部第2节。后足腿节近端部具浅暗褐色斑，常几个相连；各足胫节具黑色刺，着生点黑褐色。前翅楔片的基部具无红褐色斑的区域。

分布：北京*；朝鲜。

注：中国新记录种，新拟的中文名，从学名。本种归于*Calopsallus*亚属，显著特点是雄虫阳茎近端部具1个黑褐色弯钩（Duwal & Lee, 2015）。北京5～6月见成虫于灯下，数量较多。

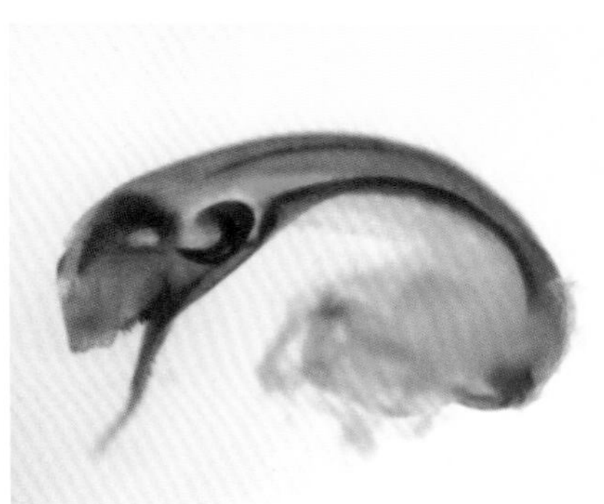

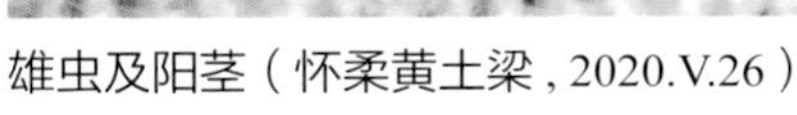

雄虫及阳茎（怀柔黄土梁，2020.V.26）

朝鲜杂盲蝽

Psallus koreanus Josifov, 1983

雄虫体连翅长3.6毫米。体暗红色（乙醇浸泡的标本更显红）。头、前胸及小盾片暗红褐色，体腹部红色，无明显斑纹。唇基端部1/3暗褐色。触角第1节近端部具2根直立浅褐色刚毛，着生点暗色不明显；各节长度为0.20毫米、1.06毫米、0.60毫米、0.42毫米。喙伸达腹部第1节。后足腿节具暗褐色斑点，分散分布；各足胫节具黑色刺，着生点暗褐色。前翅膜片烟褐色，翅脉红色，外室翅脉浅褐色。生殖节基部两侧各具1簇黑毛丛；阳茎端具2根线状突，出于不同位置。

分布： 北京*；朝鲜。

注： 中国新记录种，新拟的中文名，从学名。与榆杂盲蝽*Psallus ulmi* Kerzhner et Josifov, 1966相近，但该种前翅楔片基部具明显的淡黄色横带，雄虫阳茎端具2枚骨化较强的刺。北京5月见成虫于灯下。

雄虫（怀柔黄土梁，2020.V.26）

雌虫（门头沟小龙门，2012.VI.25）

槭树杂盲蝽

Psallus loginovae Kerzhner, 1988

雄虫体连翅长3.3毫米。体黑褐色至黑色。触角淡黄白色；两前翅基半部具近似“V”形的浅红褐色大斑，前翅楔片基部及端部近于透明。后足腿节端浅色，胫节红褐色刺，着生点红褐色。触角第1节近端部具2根直立黑褐色毛，着生点褐色。喙端节端半部黑褐色，伸达后足基节间。

分布： 北京*；朝鲜，俄罗斯。

注： 中国新记录种，新拟的中文名，从寄主。记录的寄主为茶条槭（Jung et al., 2010）。北京5月见成虫于灯下。

雄虫（平谷石片梁，2019.V.9）

太和杂盲蝽
Psallus taehwana Duwal, 2015

雌虫体连翅长3.7～3.8毫米。体黑色，前翅、足染有朱红色，头顶后缘褐色。触角第1节黑色，顶端及第2～4节淡黄褐色。各足腿节端浅色，胫节具黑色刺，着生点黑色且粗大（后足尤其明显）。喙伸达中足基节间。触角各节长分别为0.22毫米、1.06毫米、0.62毫米、0.42毫米，第2节长与后2节长之和相近，但短于前胸背板后缘宽。

分布：北京*；朝鲜。

注：中国新记录种，新拟的中文名，从学名。模式产地为韩国京畿道太和山（Duwal & Lee, 2015）。北京5月见成虫于灯下。

雌虫（怀柔黄土梁，2020.V.26）

四突杂盲蝽
Psallus tonnaichanus Muramoto, 1973

雄虫体连翅长3.1～3.2毫米。体黑褐色（偶见体黄褐色）。前翅染有红色（尤其是楔片）；腹面污褐色。触角第1节近端部具2根刚毛，基点浅色。喙伸达后足基部间。后足腿节基大部暗褐色，端半部具众多不明显暗褐色斑点；第3跗节长稍短于前2节长之和。生殖节长，长于其余节长之和，背面两侧具暗褐色毛丛。

分布：北京*、湖北；日本，朝鲜，俄罗斯。

注：李鸿阳和郑乐怡（1991）从湖北记录的本种，但雄虫外并不相同。经检标本的雄虫左阳基侧突一侧（感觉叶）端部宽粗，另一侧（钩状突）端部陡然变细尖，阳茎近端部具棘刺的半球状构造。记录的寄主为栎类植物。北京5～6月见成虫于灯下。

雄虫（平谷梨树沟，2020.VI.11）

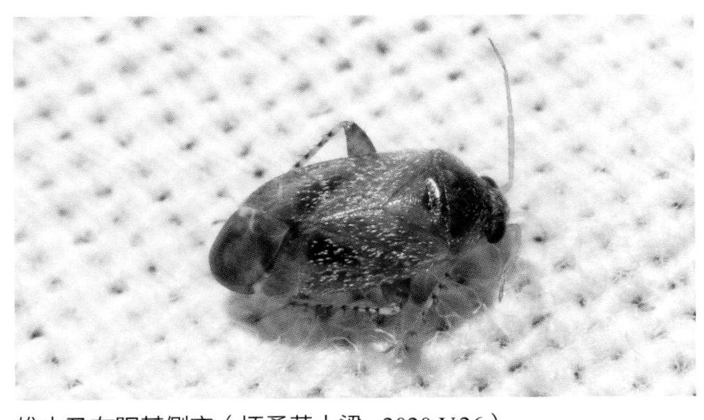

雄虫及左阳基侧突（怀柔黄土梁，2020.V.26）

大成山杂盲蝽
Psallus tesongsanicus Josifov, 1983

体连翅长3.9～4.2毫米。体淡黄色，具红褐色斑点，在一些区域呈大块红褐色斑。体侧具红褐色斑纹，在腹部侧面的中央具无斑纹条；腹面无斑纹。触角第1节近端部具2根直立浅褐色刚毛，着生点色较暗。喙端节端1/3黑褐色，伸达腹部第2节。后足腿节近端部具浅暗褐色斑，常几个相连；各足胫节具黑色刺，着生点黑褐色。前翅楔片的基部具无红褐色斑的区域。

分布：北京*、天津；朝鲜。

注：新拟的中文名，从学名；张旭（2010）从天津记录了本种（中文名为朝鲜杂盲蝽）。本种归于*Calopsallus*亚属，显著特点是雄虫阳茎端缘具锯齿，内侧具2个稍弯曲的端突（Duwal et al., 2012）。与麟蹄杂盲蝽*Psallus injensis* Duwal, 2015很接近，但后者后足腿节端具成堆的暗褐色斑，前翅楔片基部具无红褐色斑的区域。北京5月见成虫于灯下，数量较多。

雄虫及阳茎（怀柔黄土梁，2020.V.27）

短角杂盲蝽
Psallus sp.

体连翅长3.3毫米。体红褐色。头、前胸背板、小盾片和前翅革片端半部黑褐色；触角淡黄褐色，端节色稍暗，各节长度分别为0.22毫米、0.76毫米、0.46毫米、0.38毫米。足腿节暗红褐色，端部淡白色，染桃红色，后足腿节具黑色点（上具毛，多在近端部），胫节淡白色，刺黑色，刺着生点黑褐色（后足尤其明显，中部常横向相连）；后足胫节还具数列黑色微短刺；后足跗节3节，各节长度相近。

分布：北京。

注：与韩国的水原杂盲蝽*Psallus suwonanus* Duwal et al., 2012很接近，但后者触角第1节基部黑褐色，第2节长于后2节之和（Duwal et al., 2012）。北京5月见成虫于孩儿拳头叶片上。

成虫（孩儿拳头，平谷石片梁，2020.V.13）

苹果拟叶盲蝽
Pseudophylus stundjuki (Kulik, 1973)

雄虫体连翅长3.5～3.9毫米。体黑色。触角第1节黄褐色（基部窄，暗褐色），第2节黑色，第3～4节暗褐色；腹面暗褐色，喙黄褐色，端节端大部暗褐色；足黄褐色，各足基节淡白色，后足腿节红色。触角第1节近端部具2根直立浅褐色刚毛，着生点浅色。喙伸达中足基节。

分布：北京*；日本，朝鲜，俄罗斯。

注：中国新记录属和种，新拟的属中文名从学名，新拟的种中文名从可产生严重为害的寄主。记录的寄主有苹果、秋子梨、朝鲜槐等，其中可对前2种植物产生为害（Duwal & Lee, 2012）。北京5月见成虫于灯下。

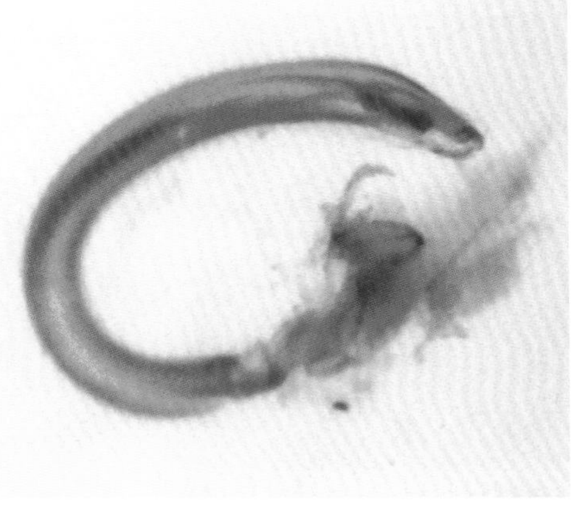

雄虫及阳茎（怀柔黄土梁，2020.V.26）

紫斑突额盲蝽
Pseudoloxops guttatus Zou, 1987

体连翅长3.4毫米。体黄白色，具密集的紫红色斑点，斑点上具毛；从头端部至小盾片端部隐约具1条黄褐色纵线，小盾片近两侧也具这样的纵线。触角第1节血红色，密布黑褐色刚毛，长于触角直径，同时还被有微毛；其余3节淡黄色。前翅楔片血红色，近基部具较大片淡黄色区域；翅脉血红色。后足腿节端半部血红色。

分布：北京、陕西、河北、山东、河南。

注：生活在桃、槐、柿、枣等植物上，可捕食柿零叶蝉、槐豆木虱、桃一点叶蝉等小虫，也会吸食植物汁液。北京6～9月可见成虫，具趋光性。

成虫（桃，北京市农林科学院，2011.VIII.6）

点突额盲蝽

Pseudoloxops punctulatus Liu et Zheng, 1994

体连翅长雄虫3.7毫米，雌虫4.1～4.3毫米。体淡黄色，背面染有红色，具分布较为均匀且密集的紫褐色斑点。触角基节、复眼血红色，前翅楔片血红色或红褐色，中部常具或大或小的淡黄色区域（具紫褐色斑点）；翅脉红色。足（包括后足腿节）淡白色。

分布：北京*、甘肃。

注：经检标本的体长小于甘肃产的标本（刘国卿和郑乐怡，2014），与分布于日本和朝鲜半岛的*Pseudoloxops miyatakei* Miyamoto, 1969相近，本种左阳基侧突的钩状突短粗、宽大，感觉叶一侧的基部具3～4齿，后者钩状突细长，弯钩状，感觉叶一侧基部的齿突有长柄（Kim & Jung, 2016b）。北京6月见于鹅耳枥上，疑为捕食其上的蚜虫，数量较多。

成虫（鹅耳枥，怀柔黄土梁，2020.VI.17）

若虫（鹅耳枥，怀柔黄土梁，2020.VI.30）

居栎红楔盲蝽

Rubrocuneocoris quercicola Josifov, 1987

体连翅长3.0～3.2毫米。体淡黄褐色，头色稍深，污褐色，触角第1节端部、足腿节端部、前翅爪片及楔片端部、翅脉染有红色或红色，腹面以红色为主，但足基节（有时除基部）、胸部中部、腹部中基部淡肉色。有时触角第3～4节稍带暗色。喙浅色，仅顶端带褐色，伸达后足基节。足胫节刺基部具褐色点。体背光亮，无刻点。

分布：北京*；朝鲜。

注：中国新记录种，新拟的中文名，从学名。北京6月可见成虫于灯下，数量很多。

雄虫及阳茎（怀柔黄土梁，2020.VI.17）

横断斑楔盲蝽
Sejanus interruptus (Reuter, 1906)

雄虫体连翅长3.5毫米。体黑褐色至黑色，体背被黄褐色毛，复眼及后足腿节端部红褐色。喙端节端半部黑褐色，伸达中足基节。触角黄褐色，第2节黑褐色（两端部色稍浅），第1节近端部具2～3根褐色粗毛。前翅楔片基部具白色斑，呈弯月形。足基节与腹部同色，红褐色。

分布：北京、四川。

注：触角（尤其第3～4节）、足基节的颜色与张旭（2010）的描述有所不同，但雄虫外生殖器几乎一致，暂定为本种。与分布于韩国的*Sejanus yasunagai* Oh & Lee, 2020也相近，但该种前翅楔片基部的浅色斑较小、触角第2节基半部黄褐色而不同。北京8月见于沙棘上，可能为捕食刺沙棘钉毛蚜*Capitophorus rhamnoides*。

成虫（沙棘，门头沟江水，2014.VII.8）

日本军配盲蝽
Stethoconus japonicus Schumacher, 1917

体长3.3～3.5毫米。体污黄色，具白色和黑色等斑。触角淡黄色，第2节最长，端部1/3黑褐色，后2节细，端部浅红褐色，第4节浅红褐色，基部具浅色环。前胸背板具白色相连的点纹，中线两侧各有5个黑褐色（略呈梅花形）。小盾片黑色，两侧具黄白色斑，端部隆起。前翅革片沿爪片中部具明显白色斑，革翅中部具黑褐色横带。

分布：北京、河南、四川；日本，朝鲜，（引入）美国。

注：捕食性盲蝽，可捕食多种网蝽，如梨冠网蝽、悬铃木方翅网蝽等。

成虫（西府海棠，北京市农林科学院，2013.IX.8）

西伯利亚狭盲蝽
Stenodema sibirica Bergroth, 1914

雌虫体连翅长8.5毫米。体淡绿色，具暗褐色或墨绿色纹。触角第1节及第2节基部淡绿色，余红褐色；第1节粗壮，被浓密褐色半伏毛，长不及该节直径；第2节基部毛较长（仍明显短于该节直径），渐向端部变短。额端前伸并覆盖于唇基基部之上，明显超过侧叶。喙伸达中胸中部之后，不达中足基节。后足腿节与后足胫节正常，腿节不具强齿，胫节端部不明显收细。

分布： 北京*、内蒙古、黑龙江、吉林；朝鲜，俄罗斯，蒙古国。

注： 经检标本触角第2节所被毛的颜色为褐色（个别毛暗褐色），与郑乐怡等（2004）描述的黑褐毛有差异，暂定为本种。北京9月见成虫于灯下。

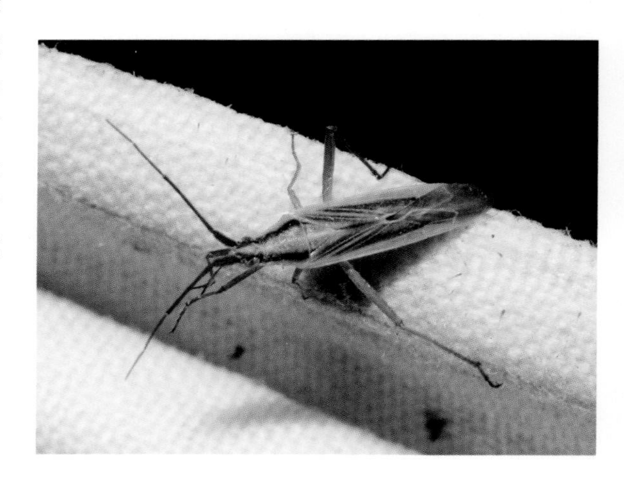

雌虫（昌平长峪城，2017.IX.4）

黄头阔盲蝽
Strongylocoris leucocephalus (Linnaeus, 1758)

体连翅长4.8毫米。体黑色，具光泽。头部、触角第1节、足橙黄色，但唇基黑色，足跗节褐色。头扁宽，复眼间距宽大，约为复眼宽的近3倍。触角第2节、头宽和前胸背板后缘宽长分别为1.2毫米、1.8毫米和1.9毫米。

分布： 北京、宁夏、内蒙古、河北、湖北；日本，朝鲜，俄罗斯，蒙古国，中亚，土耳其，伊朗，欧洲。

注： 本种从眼小、体色容易与其他种区分。记录的寄主有车前草属、风铃草属、沙参属。北京6月发现于细叶沙参，成虫和若虫均有。

成虫（细叶沙参，昌平长峪城，2020.VI.3）

老龄若虫（细叶沙参，昌平长峪城，2020.VI.3）

低龄若虫（细叶沙参，昌平长峪城，2020.VI.3）

松猬盲蝽

Tinginotum pini Kulik, 1965

雄虫体连翅长4.9毫米。喙端节端大部黑褐色，伸达后足基节。触角第1节两侧具白色纵纹，几达顶端；第2节中央具浅色环（两端亦为浅色），第3节中央具不明显的浅色环。前胸背板密被毛。前翅具众多淡色斑，在中部呈横带，在前缘呈丛带，及在革片端部呈斑点状。足胫节基大部黑褐色，在近基部及中部具浅色环，胫节端部淡红褐色。

分布：北京*、陕西、甘肃、浙江、四川、云南；日本，朝鲜，俄罗斯。

注：经检标本触角第4节长于第3节，与这两节相等的描述（Kulik, 1965; 郑乐怡等, 2004）不同。记载可从松树上采到，北京7月见成虫于灯下。

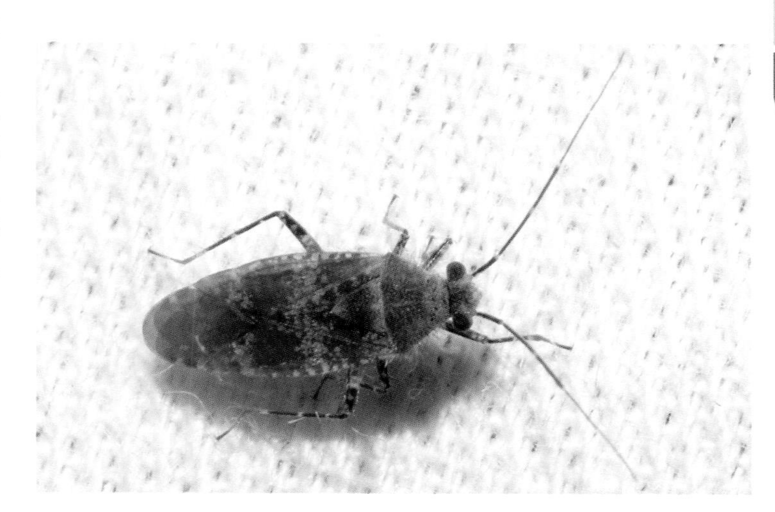

雄虫（房山蒲洼东村，2016.VII.13）

条赤须盲蝽

Trigonotylus coelestialium (Kirkaldy, 1902)

体连翅长5.3～6.0毫米。体淡绿色至鲜绿色。头三角形，头顶中央具1条纵沟，两复眼间距约为触角第1节长之半。触角4节，红色，第1节具3条界限分明的红色纵纹。后足胫节的端部1/4和跗节红色。

分布：北京、陕西、甘肃、青海、宁夏、新疆、内蒙古、黑龙江、吉林、辽宁、河北、天津、山西、河南、山东、江苏、安徽、江西、湖北、四川、云南；朝鲜，俄罗斯，北美洲。

注：取食小麦、水稻、玉米等禾本科及菊、胡萝卜等植物。北京5～10月可见成虫，具趋光性。

成虫（菊花，北京市农林科学院，2016.VI.25）

若虫（胡萝卜，北京市农林科学院，2016.XI.2）

绿色柽盲蝽
Tuponia virentis Li et Liu, 2016

体连翅长雄虫2.1～2.2毫米，雌虫1.8～2.2毫米。体绿色，被近倒伏的黑褐色较长刚毛和银色的丝状毛。喙绿色（口针带褐色），末节黑色，伸达后足基节。触角第1节同体色，余淡黄褐色，第1节近端部具1～2根黑褐色粗刚毛，第2节短于后2节长之和。足胫节刺黑褐色，刺基淡色；后足跗节第1节最短，第3节明显长于第2节。

分布：北京*、内蒙古。

注：模式产地为内蒙古，未记录寄主（Li & Liu, 2016）；经检标本的雄性个体较小，原始描述为2.40～2.48毫米；阳茎略呈“C”形（扭曲），暂定为本种。北京见于柽柳上，数量较多。

若虫（柽柳，北京市农林科学院，2020.VII.19）

雄虫（柽柳，北京市农林科学院，2020.VII.19）

雌虫（柽柳，北京市农林科学院，2020.VII.19）

突唇榆盲蝽
Ulmica baicalica (Kulik, 1965)

体连翅长4.8毫米。淡黄绿色，被黑褐色长毛和白色短毛簇。触角第1节具2条黑色纵带，第2节基部和端部、第3节（除基部）和第4节黑褐色，腿节外缘、胫节基部和外缘（很细）、第3跗节黑色；膜片烟色，翅室及翅脉均大部分绿色。

分布：北京*、内蒙古、黑龙江；朝鲜，俄罗斯，蒙古国。

注：本属盲蝽的腿节外缘具黑色边缘及体背具白色毛簇，颇有特点。寄主为榆，北京6月可见成虫于灯下。

成虫（怀柔喇叭沟门，2015.VI.10）

栓皮栎榆盲蝽
Ulmica sp.

体连翅长4.2～4.3毫米。体淡白色，染有绿色，密被银白色鳞状毛。触角第1节与头同色，具2条黑色纵纹；第2节黄褐色，基部黑色，第3～4节淡黄褐色，向端部变浅。前翅染绿色，在爪片端、缘片端部及楔片端呈点状，有时翅面呈明显的绿色斑点。足腿节具绿色斑点，在后足腿节背面端半部呈带状；胫节基部具褐色点。在爪片端、缘片端部及楔片端呈点状，有时翅面呈明显的绿色斑点。足腿节具绿色斑点，在后足腿节背面端半部呈带状；胫节基部具褐色点。

分布：北京。

注：目前本属仅知2种（Oh & Lee, 2018），在触角、前翅及后足腿节斑纹均与已知种不同。北京发现于栓皮栎，捕食其他小虫；成虫具趋光性。

若虫（栓皮栎，平谷石片梁，2018.VI.28）

雄虫（栓皮栎，平谷石片梁，2020.VII.7）

雌虫（平谷金海湖，2016.IX.13）

桑榆盲蝽
Ulmica yasunagai Oh et Lee, 2018

体连翅长雄虫3.7毫米，雌虫4.1毫米。体嫩绿色，被半直立浅色毛。触角第1节同体色，具2个黑色斑，近基部的较小，位于腹面，近端部的较大，仅外侧色略浅，第2节黑褐色，两端黑色；第3～4节暗褐色，第3节基部浅色。喙伸达中足基节，端节端半部黑色。前翅具淡白色区域，膜区外侧缘淡烟色。足腿节近端部背面具黑色纵纹，后足长，可达腿节长之半；后足胫节黑褐色，近基部浅色。

分布：北京*；朝鲜。

注：中国新记录种，新拟的中文名，从寄主，可从触角第2节深色、后足胫节除端部外暗褐色与突唇榆盲蝽*Ulmica baicalica* (Kulik, 1965) 区分（Oh & Lee, 2018）。北京8月见于灯下。

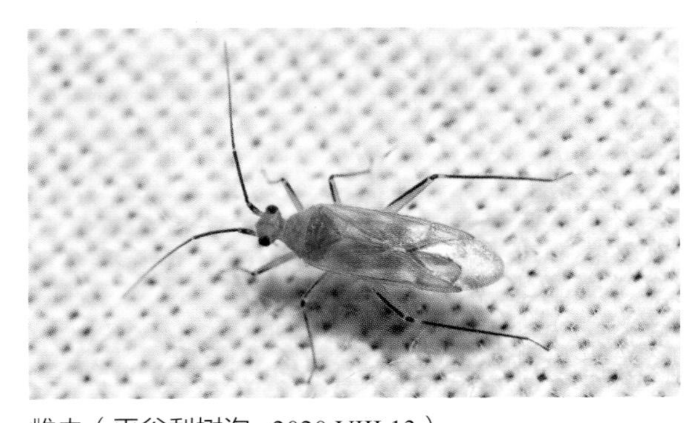

雌虫（平谷梨树沟，2020.VIII.13）

碎斑平盲蝽
Zanchius mosaicus Zheng et Liang, 1991

体连翅长2.6～3.1毫米。淡黄褐色，具乳白色和绿色斑。触角第1节红褐色，基部淡黄白色。小盾片侧角具大型乳白色斑。前翅革片外缘具9枚绿色小斑，楔片外缘具3枚。

分布：北京、河北。

注：生活在柿树上，捕食叶蝉。北京7～8月可见成虫，也可见于灯下。

成虫（柿，昌平王家园，2014.VII.29）

陕平盲蝽
Zanchius shaanxiensis Liu et Zheng, 1999

雌虫体连翅长4.6毫米。体淡黄色，前胸背板及前翅具明显的血红色斑纹；体腹面无深色部分，仅喙端稍带褐色。触角第2节细长，是头宽的2.25倍，是第1节的3.8倍, 第3、4节长之和长于第2节。喙略过后足基节后缘。

分布：北京、陕西。

注：经检雌虫体稍大，原描述体长3.65～4.10毫米，中胸盾片及小盾片亦可红色（Liu & Zheng, 1999）。北京8月见成虫于灯下。

雌虫（门头沟东灵山，2014.VIII.20）

红点平盲蝽

Zanchius tarasovi Kerzhner, 1987

体连翅长4.6～5.0毫米。体嫩绿色。触角黄褐色，第1节腹面外侧具虾红色纵条，第2节外侧也有不明显的淡红色纵条，第1节短粗，长约为头宽的1/2；第2节长，约是第1节的4倍。中胸盾片外露，光滑。小盾片三角形，中部具一红黄色大斑，有时缩小，或消失。前翅爪片端部具小红色斑，有时此斑不显著。

分布：北京*、陕西、甘肃、河北、河南；俄罗斯。

注：记载发现于多种植物上（如日本核桃、华东椴、柿、大叶栎等），在柿树上，捕食叶蝉，或吸食叶片的汁液。北京8月见成虫于灯下，或见于核桃楸叶片上。

成虫（门头沟小龙门，2015.VIII.19）

成虫（核桃楸，平谷四座楼，2018.VIII.23）

古无孔网蝽

Dictyla platyoma (Fieber, 1861)

体连翅长雄虫3.0～3.1毫米，雌虫3.3毫米。触角前3节及第4节基部褐色，腹面黑褐色。头部具3枚头短刺，淡黄色，瘤状，前2枚成对，位于两触角窝之间，另1枚位于头顶。前胸侧背板外缘直。前翅前缘域具1列方形小室，亚前缘域具3～4列不规则的小室，中域最宽处具4～5列小室。

分布：北京、宁夏、甘肃、新疆、内蒙古、河北、天津、山西；朝鲜，俄罗斯，蒙古国，匈牙利。

注：记录的寄主为紫草科的鹤虱*Lappula myosotis*、沙旋覆花*Inula salsoloides*、勿忘草属*Myosotis*和细叠草属（经希立，1981）。北京4～5月、10月见于栽种的勿忘草和野生的斑种草，偶见成虫于灯下。在《北京林业昆虫图谱（I）》中介绍了6种网蝽。

成虫对（斑种草，平谷金海湖，2016.V.10）

成虫和若虫（勿忘草，海淀香山，2019.X.23）

船兜网蝽
Elasmotropis distans (Jakovlev, 1903)

体连翅长3.4～3.5毫米。体浅黄褐色，触角第4节暗褐色，有时前胸背板中部及翅端具黑褐色纹。前胸侧背板较宽，稍向侧上方翘，具3列小室；背板中部具3条平行纵脊。前翅前缘域宽大，基部及端部具4列小室，中段具3列小室。

分布：北京、内蒙古；俄罗斯，蒙古国。

注：雄虫的头兜前端较尖，而雌虫的较宽。寄主为蓝刺头，1个植株上常常可见许多头船兜网蝽。

成虫对（蓝刺头，昌平黄花坡，2016.VII.7）

短贝脊网蝽
Galeatus affinis (Herrich-Schaeffer, 1835)

体连翅长3.2毫米。头部具5枚细长头刺，2枚位于触角间，另3枚位于后头；后头刺的长度稍大于头兜高度，但明显小于后者的2倍长。前翅明显伸过腹部末端，伸过腹末的部分明显短于腹部长度，约为前者的3/5。

分布：北京、陕西、甘肃、黑龙江、辽宁、河北、天津、山西、河南、山东、浙江、福建、台湾、湖北、广西、四川、重庆、云南；日本，朝鲜，俄罗斯，蒙古国，欧洲，美国。

注：寄主为蒿属植物。北京7月发现于艾蒿上，数量不多。

成虫（艾蒿，平谷黄松峪，2020.VII.6）

杜鹃冠网蝽
Stephanitis pyrioides (Scott, 1874)

体连翅长3.5～3.8毫米。体黄褐色，两翅合拢时具“X”形黑褐色纹。前胸头兜宽大，端部收尖，向前伸达触角第1节的端部，背面观两侧可伸达复眼外缘；中纵脊高度与头兜相近，由2排长方形小室组成，这些小室明显大于头兜的小室；背侧板长明显大于宽。

分布：北京*、河北、上海、浙江、台湾、湖北、广东、四川、重庆、贵州、云南；日本，朝鲜，俄罗斯，不丹，美国，澳大利亚，阿根廷等。

注：寄主植物为杜鹃和马醉木等，可为杜鹃的重要害虫。北京9月见成虫于照山白的叶片上。

成虫（照山白，门头沟小龙门，2017.IX.27）

长毛菊网蝽
Tingis pilosa Hummel, 1825

体连翅长3.3～4.0毫米。体黄褐色，前翅前缘及中域具黑褐色纹，腹面大多黑褐色。头背具5枚头刺，略呈梅花形排列，前2枚相互接近，中央1枚最短小；唇基端部强烈下倾，前端几乎与两侧的额刺顶端平齐。

分布：北京、陕西、甘肃、新疆、内蒙古、黑龙江、吉林、辽宁、河北、天津、湖北；朝鲜，俄罗斯，蒙古国，中亚，欧洲。

注：北京5～8月可见成虫于寄主益母草、糙苏，还见于铁线莲（但未见食痕）。

成虫（糙苏，昌平黄花坡，2015.VII.1）

褐角肩网蝽
Uhlerites debilis (Uhler, 1896)

体连翅长3.0毫米。体黄褐色，两翅合拢时具“X”形黑色纹，有时不明显，仅见两侧近中部具黑色斑。前胸背板仅具中央1条纵脊，侧背板前侧角伸过复眼后缘连线。前翅R+M在基部较远时才呈现弧形外弓；静止时左右前翅末端相交处未呈现深裂。

分布： 北京*、陕西、山西、河南、安徽、台湾、湖北、广西、云南；日本，朝鲜，俄罗斯。

注： 寄主为板栗及麻栎等多种栎类，在叶背取食，有时发生量大而成为害虫。北京5～7月见于栓皮栎，发生量小。

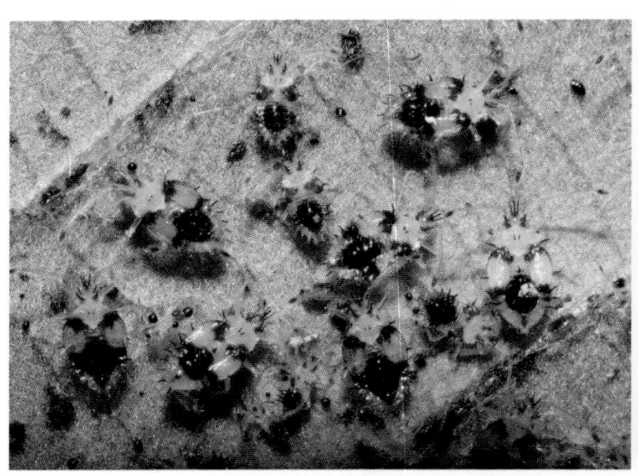
若虫（栓皮栎，平谷石片梁，2020.VII.7）

雌虫（栓皮栎，平谷石片梁，2017.V.16）

黄角肩网蝽
Uhlerites latiorus Takeya, 1931

雌虫体连翅长3.5毫米。体黄褐色，两翅合拢时具“X”形黑色纹。前胸背板仅具中央1 条纵脊，侧背板前侧角伸过复眼后缘连线。前翅R+M在基部时就呈现明显弧形外弓；静止时左右前翅末端相交处呈宽“V”形深裂。后胸臭腺孔缘外端远离侧板外缘，开口窄，线形。

分布： 北京*、浙江、福建、湖北、四川、甘肃；日本，朝鲜。

注： 寄主为榆，北京8月可见成虫。

雌虫（榆，怀柔喇叭沟门，2014.VIII.26）

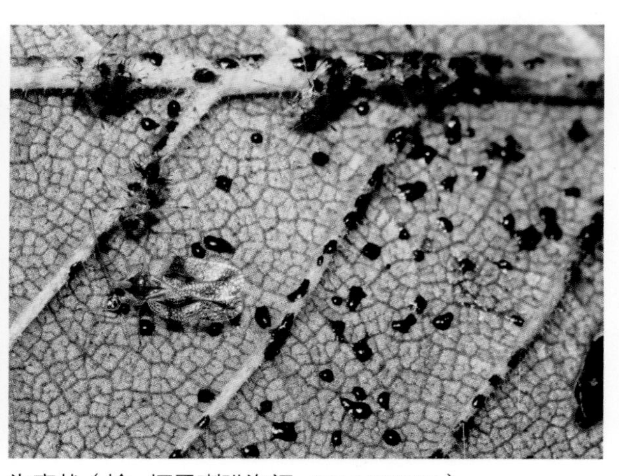
为害状（榆，怀柔喇叭沟门，2014.VIII.26）

东方细角花蝽
Lyctocoris beneficus (Hiura, 1957)

体连翅长3.6～4.1毫米。头黑褐色，前端略浅；喙淡黄褐色，伸达中足基节间；触角污黄褐色，第2节端部颜色稍深，第1、2节明显粗大，第3、4节明显的细，其上具长毛，长于该节直径的2倍。前胸背板及小盾片黑褐色，领不明显，前胸背板后缘凹陷较深。前翅污黄白色，革片和楔片几乎透明，膜片浅灰白色，透明。

分布：北京、陕西、河北、天津、河南、山东、江苏、浙江、江西、湖北、广东、广西、四川、贵州；日本，朝鲜，俄罗斯。

注：国内过去记录的细角花蝽*Lyctocoris campestris* (nec. Fabricius, 1794)，为本种的误定；多生活在室内或枯枝落叶中，捕食其他昆虫的卵和小幼虫，是仓库内重要的天敌昆虫。北京6～9月可见成虫于灯下。

成虫（昌平王家园，2015.VIII.10）

混色原花蝽
Anthocoris confusus Reuter, 1884

雌虫体连翅长3.7毫米。头、前胸背板及小盾片黑色。触角黑褐色，第2节中部棕色。前翅黑褐色，楔片缝内侧具1淡黄色小圆斑，外革片端半部外侧及楔片大部分具光泽；膜片在亚基部及楔片端角后具淡色斑。足褐色，转节黄色。

分布：北京*、内蒙古、河北；日本，俄罗斯，蒙古国，哈萨克斯坦，欧洲，北非。

注：可捕食多种小昆虫；北京6月发现于杨树叶片上。《北京林业昆虫图谱（I）》中介绍了2种：黑头叉胸花蝽 *Amphiareus obscuriceps* (Poppius, 1909) 和东亚小花蝽 *Orius sauteri* (Poppius, 1909)。

雌虫（杨，门头沟小龙门，2016.VI.15）

乌苏里原花蝽
Anthocoris ussuriensis Lindberg, 1927

体连翅长3.5～3.8毫米。头黑色，以复眼前缘为界，眼前部分稍短于眼后部分；触角黑褐色，第2节中大部红褐色，且为4节中最粗长的，第4节次之。前胸背板黑色，有时后角及后缘带褐色。小盾片黑色。前翅楔片黑色，有强光泽，革片近楔片区黑褐色，具光泽；楔片缝内侧具1小浅色斑；膜区具浅色斑。足红褐色。

分布： 北京*、陕西、黑龙江、辽宁、河北、湖北；俄罗斯，蒙古国。

注： 经检标本膜区的浅色斑有变化。生活在榆树上，取食虫瘿内的绵蚜（如宗林四脉绵蚜*Tetraneura sorini* Hille Ris Lambers, 1970）。北京6月可见成虫。

成虫（榆，门头沟小龙门，2013.VII.29）

若虫（榆，门头沟小龙门室内，2017.VI.8）

槲树透翅花蝽
Montandoniola kerzhneri Yamada, Yasunaga et Miyamoto, 2010

体连翅长0.39毫米。体漆黑色，具强光泽。触角第1、2节粗大，黑褐色，第2节端部色稍浅，第3、4节黄褐色。喙黑色，端节基半部淡黄色。足黑色，前足胫节淡黄色，基部黑褐色，中足胫节黑色，端部1/3淡黄色，后足胫节黑色。前翅楔片长为外革片长的0.66倍，前翅膜片中央具褐色纵带。

分布： 北京*；日本。

注： 中国新记录种，新拟的中文名，从生活的植物。本属已知10种，一些种类捕食蓟马，本种模式产地为琉球西表岛（Iriomote Is.），后足胫节端部1/4淡黄色（Yamada et al., 2010）而北京产端部约1/3浅色，暂定为本种。我们发现于槲树的丛生叶形虫瘿上。

成虫（槲树，怀柔喇叭沟门，2016.IX.16）

微小花蝽
Orius minutus (Linnaeus, 1758)

雄虫体连翅长2.0毫米（连翅长2.4毫米）。头黑色，顶端黄褐色。喙褐色，伸达前足基节间。触角第1节褐色，第2节淡黄褐色，第3、4节淡褐色；触角第2节被毛短，不超过直径，第3节具数根较长的毛，比其直径长。前胸背板四角无直立长毛。前翅楔片端部黑褐色，渐向前缘变浅。臭腺沟缘略宽大，后缘稍呈角形。足淡黄色，基节及跗节褐色，中后足腿节及胫节稍带暗色。腹部黑褐色，腹末非常弯曲，从腹第4节右侧弯向左侧。阳基侧突的叶部具齿，较大，略呈新月形，鞭部仅在基部加粗，其余细长。

分布：北京、甘肃、黑龙江、吉林、辽宁、河北、天津、山西、河南、湖北、湖南、四川；全北区，泰国。

注：小花蝽捕食螨及蚜、蓟马、叶蝉等小昆虫及蝽类、蛾类的卵。由于个体较小，常常需要核查外生殖器才能做正确的鉴定。本种为北方地区的常见种，见于许多植物上（卜文俊和郑乐怡, 2001）。

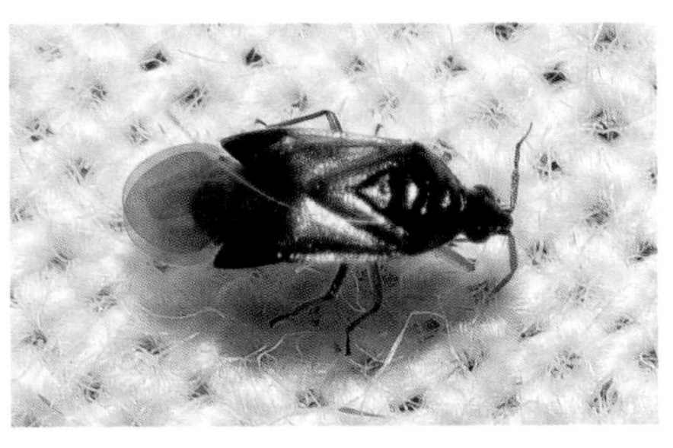

雄虫及阳基侧突
（房山蒲洼村，2020.VII.15）

落叶松肩花蝽
Tetraphleps sp.

雌虫体连翅长3.5毫米。头黑褐色，前端略浅，头眼前部分明显长于复眼长，中部两侧稍凹入。喙黑褐色，节间红褐色。触角黑褐色，节间色稍浅，第1节明显短粗，第2节细长，但稍粗于后2节，且短于后2节之和。前胸背板及小盾片黑色，领明显。前翅污黄褐色，具少许暗褐色纹，爪片暗褐色，膜片淡烟色，中部具近于贯通的浅色横带。臭腺沟缘外侧明显隆起，高出腹板平面。足基节和转节红褐色，腿节黑褐色，端部红褐色，胫节浅黄褐色，跗节褐色；后足胫节明显长于中足，端2/5略膨大，其上的毛均不长于直径，但端部的毛长于基部的毛。

分布：北京。

注：与同样生活于落叶松上的*Tetraphleps bicuspis* (Herrich-Schäffer, 1835) 很接近，但后者触角第2节中部红褐色，头侧缘（位于唇基中部）内凹明显。北京6月见于落叶松上，捕食其上的落叶松球蚜。

成虫（落叶松，门头沟小龙门室内，2012.VII.1）

若虫（落叶松，门头沟小龙门，2012.VI.26）

日浦仓花蝽
Xylocoris hiurai Kerzhner et Elov, 1976

雌虫体连翅长2.9毫米。头、胸及小盾片黑色。触角暗褐色，第1、2节粗，第3、4节明显的细，被毛细长，超过其直径2倍以上。喙淡黄色，略伸过前足基节间。前翅灰白色，爪片缝两侧及楔片内侧暗褐色。臭腺沟缘弧曲，较宽大，端部不接近侧板前缘。足淡黄褐色，各足基节及腿节（除两顶端）颜色稍深；前足腿节比中足的粗大，前足胫节端半部明显扩大，约为基部的2倍宽，也比中足的粗，腹缘具体4～5根粗大刺毛。

分布：北京、天津、河南、福建、广东；日本，朝鲜。

注：生活在枯枝落叶中，捕食其他小昆虫。北京6～7月见成虫于灯下。

雌虫（怀柔黄土梁，2020.VI.17）

温带臭虫
Cimex lectularius Linnaeus, 1758

体长6～7毫米。体宽卵形，扁，棕色至红棕色。触角4节，第1节短粗，第3、4节明显细于第2节。无翅，体背被金色毛。前胸背板长宽比大于2.5倍。雄虫腹末较尖，雌虫较圆。

分布：中国广泛分布；世界广泛分布。

注：南方尚有热带臭虫*Cimex hemipterus*，与之不同在于前胸背板长宽比明显少于2.5倍。过去所谓的“床虱”或“虱”即为臭虫，近年来为害有上升的趋势，曾有市民在郊区农家乐碰到臭虫，不认识而请求鉴定。它的后胸腹面具臭腺，可分泌异常臭液（多种醛类），起到防御天敌和促进交配的作用。可吸人、蝙蝠、鸡的血，吸血后腹部节间膜被拉伸，身体明显增长。

若虫（海淀清华东路室内，2018.XI.21）

成虫（左雄右雌）（海淀清华东路室内，2018.XI.21）

吸血后的雌虫（海淀清华东路室内，2018.XI.21）

伯扁蝽

Aradus bergrothianus Kiritshenko, 1913

雌虫体长约8毫米。黑褐色。触角基突两侧近于平行，尖刺状，稍超过触角第1节之半。触角4节，短粗，第2节最长，长于第3节，约为第1节的2倍。前胸背板两侧叶状突出，具明显的小齿，侧缘前端显著内凹。

分布：北京、河北；朝鲜，俄罗斯。

注：生活于朽木树皮下，取食菌类。北京6～7月可见成虫。

雌虫（怀柔孙栅子，2015.VI.10）

皮扁蝽

Aradus corticalis (Linnaeus, 1758)

雌虫体长8.3毫米。体暗褐色。头中叶粗大，端部稍收窄，伸达触角第2节的1/3处。触角第3节除基部外淡白色，第4节黑色，顶端灰白色，第2节最长，稍长于后2节长之和。前胸背板侧角较钝，最宽处位于中部之后，背板中部具4条纵脊，较窄，后叶两侧各具1条较宽短纵脊。各足腿节端、胫节两端及腹部侧接缘后角黄褐色。前翅爪片端超过小盾片。

分布：北京*、陕西、吉林、河南；日本，俄罗斯，阿塞拜疆，欧洲。

注：本种的颜色有变化，欧洲部分个体触角第3节可黑色。在树皮下生活，取食菌类。北京5月可见成虫（在叶片上爬行）。

雌虫（门头沟小龙门室内，2014.V.18）

文扁蝽

Aradus hieroglyphicus Sahberg, 1878

雌虫体长8.0毫米。体污褐色。触角4节，第2节端部黑褐色，第3节除基部外淡白玉色，第4节黑色，第1节很短，第2节明显长于后2节之和。前胸背板基部稍窄于前翅基部，侧缘前部近斜面直，具1列大的齿状突起。

分布：北京、宁夏、新疆、内蒙古、河北、天津、河南、四川；日本，朝鲜，俄罗斯，吉尔吉斯斯坦。

注：生活于杨、柳树皮下（或绑带下），以腐生的菌类为食。北京3～4月见成虫于杨树皮下或寄生于柳树的多孔菌上。

卵（洋白蜡，海淀永丰屯室内，2018.IV.27）

雄虫（柳，密云梨树沟，2019.IV.25）

雌虫（杨，昌平北七家，2015.III.5）

银脊扁蝽

Neuroctenus argyraeus Liu, 1981

雌虫体长6.0毫米。体扁平，暗棕色。触角基突两侧稍向前扩大，短刺状，几达触角第1节之半。触角4节，短粗，前2节长度相近，稍短于第3节，后2节长度亦相近。前胸背板近梯形，后缘弧形内凹；侧缘前端显著内凹。

分布：北京、河北、湖北；朝鲜。

注：生活于朽木树皮下，取食菌类。北京4～5月可见成虫于朽木中。

雌虫（密云雾灵山，2015.V.11）

邻锥头跷蝽

Neides propinquus Horváth, 1901

雌虫体长9.4毫米。体淡灰褐色。各足腿节端的膨大部分、触角第1节的棒部及第4节暗褐色，第3节端部具不明显褐色环。头顶具向前的侧扁突起；前唇基近端部具1指状突起，指向斜下方。触角4节，第2节明显长于第4节，约为第1节的膨大部分的2倍多。前胸背板具中脊，但前缘1/3消失，中脊后端无突起。

分布：北京*、陕西、内蒙古、山东；俄罗斯，蒙古国。

注：经检标本的喙不达中足基节，仅过前胸中部，这与描述有所不同（蔡波等, 2018）。北京5月见成虫于地黄上。《北京林业昆虫图谱（I）》中介绍了常见的锤胁跷蝽*Yemma exilis* Horváth, 1905。

雌虫及头胸部（地黄，平谷金海湖，2016.V.11）

大沟顶长蝽

Holcocranum saturejae Kolenati, 1845

体长3.2～3.9毫米。体淡褐色。头部中、侧叶之间的沟较长，几达头的后缘。触角基节近于卵形，较粗。前胸背板后缘明显宽于前缘，两侧具浅灰白色边。雄虫抱握器基干宽大，端部斜切。

分布：北京、内蒙古；土库曼斯坦，以色列，约旦，土耳其，欧洲，（扩散至）北美洲、非洲。

注：取食水烛（蒲草）的雌花序；北京6～7月可见成虫于灯下。

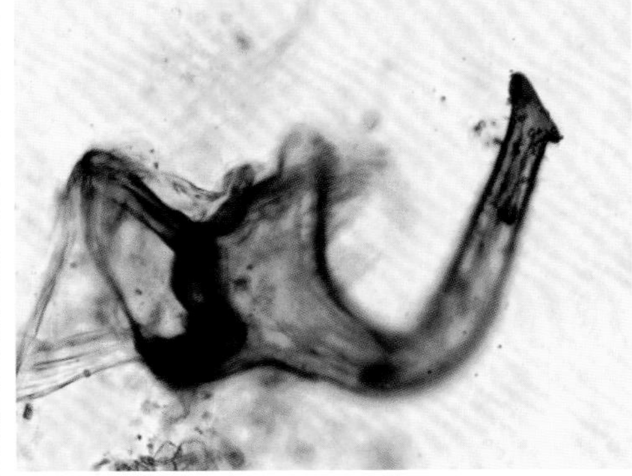

雄虫及左抱器（延庆米家堡，2015.VII.15）

高粱长蝽
Dimorphopterus spinolae (Signoset, 1857)

又名高粱狭长蝽。雌虫体长3.9毫米。头黑色，触角第1～3节褐色，第4节黑色，第4节最长，约为前1节长的2倍。前胸背板黑色，但后叶基部深褐色，前叶宽不大于后叶。前翅浅污褐色，革片端部和爪片基部暗褐色，膜片灰白色，具3条纵脉。

分布： 北京*、陕西、内蒙古、黑龙江、吉林、辽宁、河北、河南、山东、江西、福建、湖南、广东、四川；古北区。

注： 本种具短翅型，前翅仅达腹第2节。寄主有粟、稷、玉米、水稻及芦苇等一些禾本科杂草。北京5月可见成虫。

雌虫（大叶白蜡，门头沟小龙门，2018.V.10）

韦肿腮长蝽
Arocatus melanostoma Scott, 1874

体长7.5毫米。体鲜红色，头前端、基部中央、触角、胸部黑色，腹部红色，具1圈黑色纹。喙黑褐色，伸达后足基节。前胸背板后叶中脊两侧具粗大刻点，侧缘中部稍内凹。前翅膜片黑色，端缘淡褐色。

分布： 北京、陕西、甘肃、黑龙江、吉林、辽宁、河北、天津、山西、河南、安徽、浙江、江西、福建、湖南、广东、海南；日本，朝鲜，俄罗斯。

注： 记录的寄主为某种薯蓣*Dioscorea* sp.（Gao et al., 2013）。北京6月、9月见成虫在地面上爬行，或在荆条、竹叶子（*Streptolirion volubile*）上。《北京林业昆虫图谱（I）》介绍了长蝽科5种长蝽。

成虫（荆条，平谷刘家峪，2016.IX.13）

棕古铜长蝽
Emphanisis kiritshenkoi Kerzhner, 1977

体长雄虫5.7毫米，雌虫6.7毫米。体带古铜色，密被平伏毛。头凸圆，眼小，头宽与眼距比为1.33；触角黑褐色，第1节超过头部末端，第4节纺锤形，触角瘤由背面明显可见。喙黑褐色，伸达中足基节。前胸背板侧缘弯曲，中纵脊仅前半部分稍明显，刻点在后叶粗大，密集，并相互联结形成粗糙多皱的网状。小盾片具刻点，“T”形脊明显。臭腺沟缘耳状，棕褐色。足黑色，转节淡褐色，胫节中部淡黄白色。雌虫受精囊单球，葫芦形。雄虫生殖节开口具三角形侧突。

分布：北京*、甘肃、四川；朝鲜，俄罗斯。

注：经检雌虫标本右触角明显短于左触角，胸腹部腹面布满了银灰色或褐灰色绒毛，乙醇浸泡的标本可见黄褐色腹面；从雌性受精囊形态（邹环光和郑乐怡. 1980），鉴定为本种。北京7～8月见成虫于北京杨和鹅耳枥上。

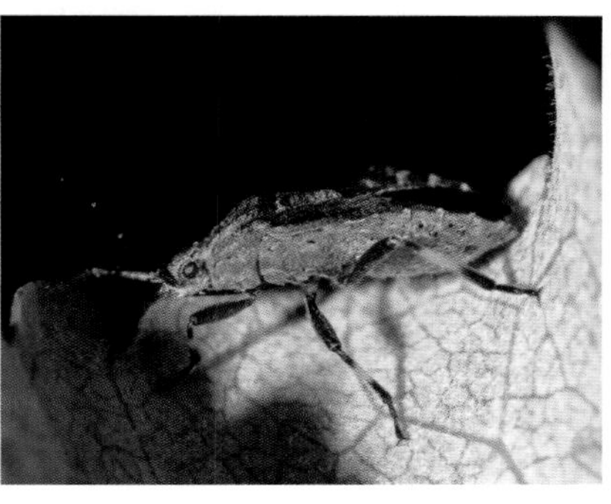
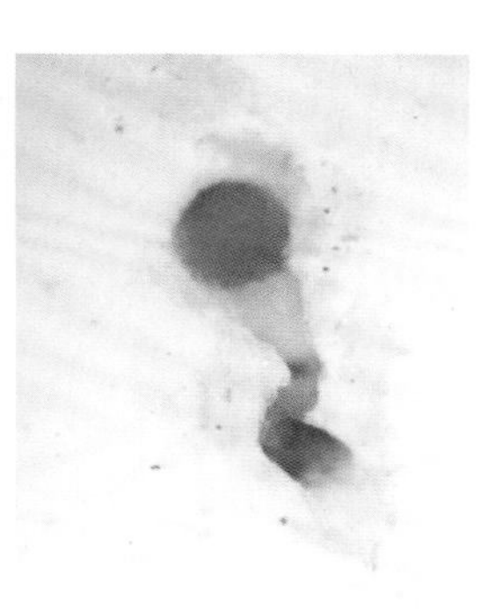

雌虫背面、侧面及受精囊（北京杨，怀柔黄土梁，2020.VIII.19）

中国松果长蝽
Gastrodes chinensis Zheng, 1981

雌虫体长6.3毫米。体黑褐色，头、前胸背板前叶、小盾片黑色，腹面腹部红褐色。喙超过后足基节，伸达第1腹节中部，第1节不达头后缘。前胸背板几乎全长可见侧边，但在非常接近前缘时消失；前胸背板和小盾片（包括革片）毛短。前足腿节膨大，腹方两侧各具1列刺，前方刺列具1大刺，其外侧尚有4～5枚小刺，基侧具5～6枚小刺；后方刺列12枚小刺（刺比前方列更小），几乎分布于全长，中央缺刺。

分布：北京*、河南、湖北、广西。

注：经检标本为雌性，从体大小及大刺基侧和端侧的小刺数上看，则接近立毛松果长蝽*Gastrodes pilifer* Zheng, 1979（郑乐怡，1979），但不同的是喙超过后足基节；从前足腿节腹面大刺位于近端部、腹板第6节中长为侧长的1/2及前胸背板的毛很短，暂定为本种。北京4月可见成虫。

雌虫（门头沟小龙门，2015.IV.17）

大眼长蝽

Geocoris pallidipennis (Costa, 1843)

体长3.0～3.2毫米。头部三角形，黑色，具小型白色斑。复眼大而突出，背面观向后侧方。触角4节，第1～3节黑色，但端部灰黄色，第4节灰褐色。喙黄色，末节大部黑色。前胸背板大部黑色，具粗刻点。前翅革片内缘有3行排列整齐的大刻点，外缘有1行刻点。

分布：北京、陕西、天津、河北、山西、河南、山东、江苏、浙江、安徽、江西、湖北、湖南、四川、贵州、云南、西藏；古北区和东洋区广泛分布。

注：也有作者另列一科大眼长蝽科Geocoridae。捕食蚜虫、粉虱等多种小型昆虫及红蜘蛛等，有时会捕食体大得多的甲虫，也会吸食植物汁液。北京3～10月可见成虫，数量很多，也具趋光性。

捕食绣线菊蚜的成虫（菊花，北京市农林科学院，2016.IX.17）

若虫（玉米，北京市农林科学院，2011.IX.12）

宽大眼长蝽

Geocoris varius (Uhler, 1860)

体长4.7～4.9毫米。头橙黄色或黄褐色，头顶后缘具较小黑色纹。触角第1节黄褐色，第2～4节黑色。前胸背板黑色，仅两侧后缘黄褐色。小盾片黑色。前翅浅灰色，爪片外缘具1列刻点，革片内缘具2列刻点。足基节淡白色，余淡黄褐色，后足腿节端具暗色环纹。腹面黑色。

分布：北京*、陕西、山西、河南、江苏、浙江、江西、福建、台湾、广东、广西、四川、贵州；日本，朝鲜。

注：正模前胸背板呈黑褐色，两侧（除前端1/4）黄褐色；一些近缘种的区分可参考Kóbor（2018）。捕食性，也可吸食植物。北京5～6月见成虫于栓皮栎、孩儿拳头的叶片上或败酱的花上，未见于灯下。

成虫（平谷鸭桥，2019.VIII.15）

若虫（栓皮栎，平谷东长峪，2017.VIII.4）

斑红长蝽

Lygaeus teraphoides Jakovlev, 1890

体长约10毫米。体红色具黑色斑。头黑色，头顶至中叶中央红色。前胸背板前后缘各具2个黑色斑，其中前2个大，相连。小盾片黑色，端部红色，中部“T”形脊明显。前翅膜片黑褐色，超过腹部末端，在接近革片端角处具白色斑点，膜片外缘白色。

分布：北京、陕西、甘肃、湖北、四川。

注：可取食板栗、酸枣等植物；北京7～8月可见成虫。

成虫（牵牛，怀柔琉璃庙，2012.VIII.14）

巴氏直缘长蝽

Ortholomus batui Li et Nonnaizab, 2004

雌虫体连翅长5.8毫米。体污褐色，具黑色刻点，腹面色稍浅，胸部具黑色刻点，腹部布暗褐色云状斑纹。足污黄褐色，各足腿节具相连的黑色斑点，常呈纵带。触角第2节最长，端节稍长于前一节。小盾片具隆起的中纵脊，后半部淡黄褐色。

分布：北京*、内蒙古。

注：模式产地为内蒙古呼和浩特和赤峰（李俊兰和能乃扎布, 2004）。北京5月见成虫于灯下。

雌虫（怀柔黄土梁，2020.V.27）

巨膜长蝽

Jakowleffia setulosa (Jakovlev, 1874)

体连翅长短翅型2.3～2.7毫米，长翅型3.0～3.4毫米。头部及前胸背板、小盾片淡褐色至深褐色，触角第4节端大部黑褐色，其余色浅。前翅膜区发达，灰白色至浅褐色，翅脉上分布小黑褐色斑。

分布：北京、宁夏、新疆、内蒙古、河北；俄罗斯，蒙古国，塔吉克斯坦。

注：喜欢栖居于荒漠草原中的沙蒿、沙蓬、刺蓬等沙生植物中，喜食植物种子。北京7月灯下可见成虫。

成虫（延庆米家堡，2013.VII.24）

淡色尖长蝽

Oxycarenus pallens (Herrich-Schaeffer, 1850)

体连翅长3.9毫米。头栗褐色。触角第1节褐色，接近头的前端，第2节色最浅，第3、4节黑褐色。前胸背板黄白色，近前缘具栗褐色横带。头及胸背面具粗大刻点。小盾片基部下陷，栗褐色。腹面头胸部以栗褐色为主，腹部黄褐色，两侧色稍深。前足腿节膨大，具3枚刺。

分布：北京*、新疆、内蒙古、天津、山西；印度，西亚，中东，欧洲，北非。

注：以多种菊科植物（如小蓟、矢车菊）为寄主。北京5月可见成虫。

成虫（海淀瑞王坟室内，2016.V.20）

普通云长蝽
Eremocoris plebejus (Fallén, 1807)

雄虫体长5.2毫米。头、前胸背板（两侧缘常浅色）及小盾片黑色。头近三角形，复眼后不收窄。触角4节，第1节一半多伸出头前缘，第2节最长，第3、4节长度相近。喙伸达后足基节。前足腿节膨大，腹缘中部前具2枚强刺。前胸背板前叶明显长于后叶。前翅革片上的直立毛长于后足胫节直径或稍长，膜区具1对白色斑。前足胫节其的毛短于其直径，并向端部扩大；后足胫节上的毛长，可达其直径的2倍。

分布： 北京*、内蒙古、黑龙江、河北；日本，朝鲜，俄罗斯，中亚，土耳其，欧洲。

注： 记录见于松林地表。北京10月可见成虫于灯下。《北京林业昆虫图谱（Ⅰ）》介绍了褐斑点烈长蝽 *Paradieuches dissimilis* (Distant, 1883)。

雄虫（门头沟小龙门，2011.X.20）

白边刺胫长蝽
Horridipamera lateralis (Scott, 1874)

体长雄虫5.5～5.8毫米，雌虫5.8～7.3毫米。体黑色，具浅色部分。前翅基半部两侧淡黄色，膜区的脉纹浅色。前胸长，前叶明显长于后叶，但窄于后叶。前足腿节粗大，雄虫前足胫节中部具1～2枚大齿，近端部具1枚小齿，雌虫无大齿。

分布： 北京、陕西、天津、河南、浙江、江西、湖北、广西、贵州；日本，朝鲜，俄罗斯。

注： 有时触角第3节几乎全黑褐色，或中足胫节端褐色斑不明显。北京5～9月可见成虫，具趋光性。

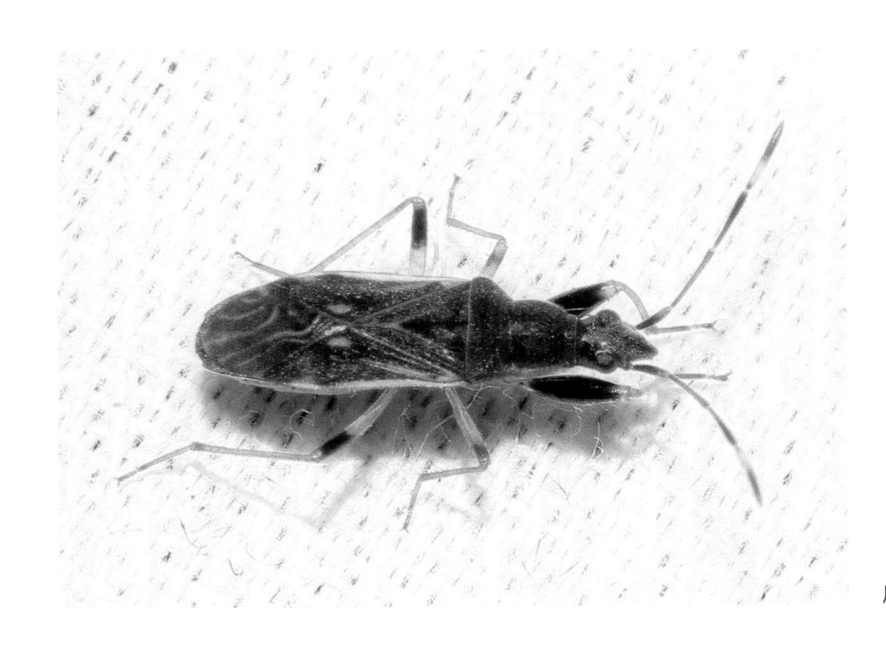
成虫（平谷金海湖，2016.VIII.4）

宽地长蝽
Naphiellus irroratus (Jakovlev, 1889)

体长8.0～8.6毫米。体黑褐色。前胸背板前半大部黑色，侧缘具刻点。触角褐色，密生半直立毛，第3节最长。前翅革片中部具一纵向的长形黑色斑，前部及内侧具白色区域；膜片翅脉两侧具白色窄细纹。

分布： 北京、内蒙古、辽宁、河北、天津、河南；朝鲜，俄罗斯，蒙古国，哈萨克斯坦，欧洲。

注： 曾用学名*Rhyparochromus* (*Naphiellus*) *irroratus* (Jakovlev, 1889)。北京4月、6～8月可见成虫，在地面上活动。

成虫（北京市农林科学院室内，2015.VI.16）

东亚毛肩长蝽
Neolethaeus dallasi (Scott,1874)

体长6.5～7.8毫米。头黑色。前胸背板深褐色至黑褐色，领、侧边色浅，后角呈黄色，肩角处各有1根长毛。小盾片黑褐色，具“V”形脊，上刻点稀少。前翅爪片黄褐色，内侧第2列刻点在后半不直，常在一侧出现多余的不整齐的刻点。雄虫后足腿节较为膨大，下方具疣齿。

分布： 北京、陕西、甘肃、内蒙古、山西、河北、天津、河南、山东、江苏、浙江、江西、福建、台湾、湖北、湖南、广东、广西、四川、重庆、贵州、云南；日本，朝鲜。

注： 寄主水稻、杂草等。北京6～9月可见成虫，具趋光性。

雄虫（平谷金海湖，2016.IX.14）

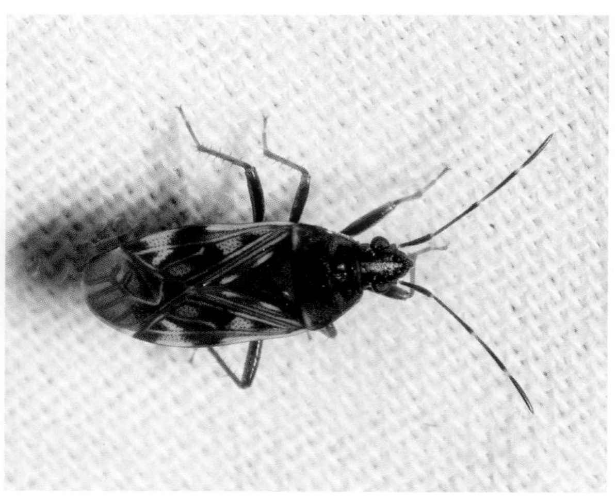

雌虫（昌平王家园，2014.V.19）

淡边地长蝽

Panaorus adspersus (Mulsant et Rey, 1852)

体长6.8毫米。触角黑色，第2节基半部及第3节基部黄褐色。前胸背板前叶黑色，后叶底色黄白色，具黑褐色刻点，侧缘全为淡黄白色。小盾片黑色，端半部具“V”形纹，黄白色，接近两侧缘。前翅革片顶角及前缘3/5处各有一小型黑褐色斑。足腿节黑色，胫节黑褐色，端部渐黑色。

分布：北京*、陕西、甘肃、新疆、内蒙古、黑龙江、吉林、河北、山西、山东、湖北、四川；日本，朝鲜，俄罗斯，蒙古国，哈萨克斯坦，欧洲。

注：过去曾放在*Rhyparochromus* (*Panaorus*) 中。北京6月见成虫于地面上爬行。

成虫（门头沟小龙门，2016.VI.15）

白斑地长蝽

Panaorus albomaculatus (Scott, 1874)

Rhyparochromus

体长7.0～7.5毫米。头黑色，无光泽，披金黄色平伏短毛。前胸背板前叶黑色，后叶具黑色刻点，两侧淡黄色，其上无刻点。小盾片黑色，前端具“V”形淡黄色纹。前翅革片后端具一个近三角形白色斑。

分布：北京、陕西、吉林、天津、河北、山西、河南、江苏、湖北、湖南、广西、四川；日本，朝鲜，中亚。

注：刺吸板栗、杨、榆等植物的汁液，北京3～10月可见成虫，多见于地面，也可在多种植物上发现，甚至访花（旋覆花等）（虞国跃, 2019），具趋光性。

成虫（海淀车道沟，2017.VIII.28）

若虫（昌平王家园，2016.X.26）

全缝长蝽
Plinthisus sp.

体长3.8毫米。头黑色，中叶末端红褐色，具较密的细长毛。复眼具数根长毛，不及复眼直径长。触角黑色，第1节及第2节基半棕色，被毛长于其直径。喙褐色，伸达中足基节。前胸背板侧缘及后叶大部或后缘黄褐色，前叶刻点不明显。足黄褐色，腿节色稍深；前足腿节非常膨大，腹面前半部具2枚大齿及一些小齿，腿节内侧近端还有一些小齿，成片状分布；胫节稍弯曲，基部1/3具1枚齿，端部膨大，其顶端内侧具2枚齿；中后足正常。

分布： 北京。

注： 与河北全缝长蝽*Plinthisus hebeiensis* Zheng, 1981接近，但后者体长2.8～2.9毫米，且前足胫节基部1/3无齿，端部不特别膨大。北京9月可见成虫。

成虫（房山蒲洼村，2019.IX.26）

三白斑长蝽
Scolopostethus sp.

体长5.0毫米。体黑色，触角基节端部及第2节、前胸背板后叶、小盾片尖端、前翅革片和爪片、足褐色。革片近端部及膜片端具白色斑。腹面黑色，但前胸后叶侧面、后胸后缘及三足基节外侧黄白色。

分布： 北京。

注： 北京3月见成虫在地面上爬行。

成虫（北京市农林科学院，2016.III.26）

山地浅缢长蝽

Stigmatonotum rufipes (Motschulsky, 1866)

体长3.7～4.0毫米。头黑色，具浓密平伏毛，金黄色。触角黄褐色，第4节黑褐色（有时第1节基半黑褐色）。前胸背板前缘及后叶淡褐色至黑褐色，前叶黑色（具粉被而呈灰黑色），前叶与后叶等长。前翅爪片具3列完整的刻点，内2列间具不完整刻点列，内列的刻点伸向爪片的顶角；革片端缘具完整刻点列；膜片脉淡白色，脉间沿脉褐色，有时扩大而彼此相连，翅伸过腹端。前足腿节近端部具2枚齿（1大1小）。

分布：北京*、陕西、甘肃、黑龙江、河南、山东、浙江、安徽、江西、湖北、湖南、广西、四川、重庆、贵州、云南；日本，朝鲜，俄罗斯。

注：北京8月灯下可见成虫。

雌虫（平谷金海湖，2016.VIII.5）

中国束长蝽

Malcus sinicus Stys, 1967

体长3.4～3.5毫米。体栗褐色。触角第1节同头部颜色，第2～3节淡黄褐色（其中第2节基部黑褐色），第4节黑褐色。喙伸达中足基节中部或后缘。前胸背板倾斜度较大，直立毛较多而长。小盾片黑褐色至黑色，两侧淡黄褐色。爪片黄褐色至黑褐色，革片中部及顶角颜色较深。臭腺沟缘小，明显突起，黑褐色。腹部第4～6节侧接缘各呈叶状突出。足淡黄褐色，后足腿节近基部具明显的黑褐色环，或不明显，或消失；中足腿节有时具隐约的痕迹。

分布：北京*、陕西、河南、江苏、浙

江、福建、广西、云南。

注：Zeng 和 Liu（1998）从云南描述了若虫的形态，寄主为菜豆 *Phaseolus vulgaris*；北京7～8月可见成虫，我们发现的寄主为葎草，在叶背面取食，叶正面的为害状呈现白色斑；也见于拐枣叶面，但未见若虫。

若虫（葎草，房山上方山，2016.VIII.24）

成虫（葎草，房山上方山室内，2016.VIII.26）

成虫（葎草，房山上方山，2016.VIII.24）

灰皮蝽
Parapiesma josifovi (Pericart, 1977)

体长2.4～2.8毫米。（短翅型）前胸背板中央具3条纵脊，其中中间1条几达前后缘，两侧的均不达前后缘。头部两侧的刺状突起分2叉，上叉小，约为下叉长的1/4。喙仅伸达前足基节间的中部。前翅膜片革质，两翅端部稍重叠（翅端向一侧近扇形扩大，覆在另一翅上）。

分布：北京、内蒙古、天津、山东；日本，朝鲜，俄罗斯，蒙古国。

注：过去用学名*Piesma josifovi*，此属作为*Piesma*的亚属。寄主为藜、尖头叶藜*Chenopodium acuminatum*等。北京8月发现于藜上。

雄虫（藜，顺义汉石桥室内，2016.VIII.13）

成虫（藜，顺义汉石桥，2016.VIII.12）

宽胸皮蝽
Parapiesma salsolae (Becker, 1867)

体长2.6毫米。体黄褐色，前胸背板黑褐色，小盾片黑褐色，端角白色。头部侧叶明显长于中叶，超过触角第1节端部，两叶彼此平行。触角第3节长为第4节长的1.5倍。前胸背板具3条纵脊，侧缘中部稍内凹，后半部分明显隆起，背侧板半透明，具1列小室（偶尔前端具2列小室）。

分布：北京、内蒙古、天津、四川；俄罗斯，蒙古国，哈萨克斯坦，土耳其，伊朗，欧洲。

注：过去用学名*Piesma salsolae*。记录的寄主为藜科的碱蓬、猪毛菜等。北京5月见成虫于灯下。

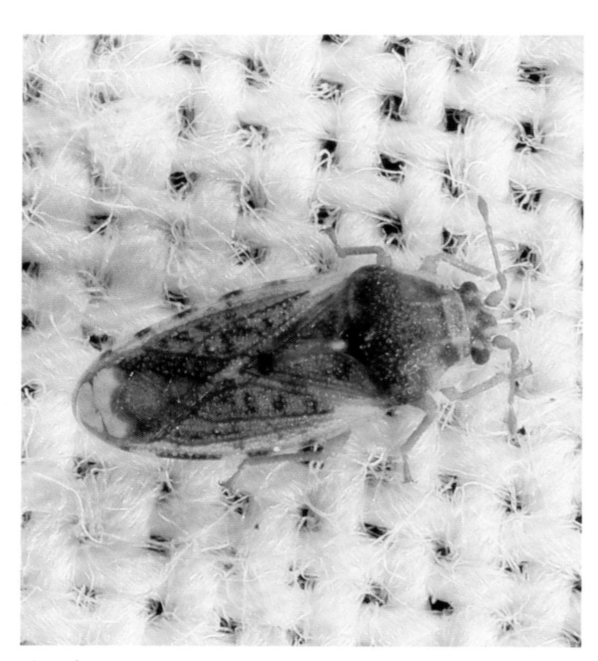
成虫（平谷石片梁，2019.V.9）

黑斑皮蝽
Piesma maculatum (Laporte, 1833)

体长3.1毫米。体淡污黄色，小盾片黑褐色，端部淡黄白色。头侧叶前伸，明显长于中叶。前胸背板前部中央具2条纵脊，侧缘中部显著向内弯曲，侧背板中部之后的小室常为1列。

分布：北京、天津；古北区。

注：经检标本小盾片较大、头侧叶较短而有所不同，暂定为本种。本属昆虫多生活在藜、苋等植物上。北京6月见成虫于萱草上。

成虫（萱草，北京市农林科学院，2012.VI.12）

地红蝽
Pyrrhocoris sibiricus Kuschakewitsch, 1866

又名先地红蝽。体长7.9～9.7毫米。体灰褐色，具暗棕色刻点，有时体的局部或大部呈红色。头黑色，中叶及头顶具5个四边形棕褐色斑；触角及喙黑色。前胸背板前部近中央具一对黑色斑，侧缘斜直，或中部稍内凹。小盾片中央具1条淡色纵线，近基部中央两侧具1对暗红色圆斑。至少后胸侧板后缘淡白色。前翅的长度多变，翅端脉纹乱网状。

分布：北京、甘肃、青海、内蒙古、辽宁、河北、天津、河南、山东、江苏、上海、浙江、四川、西藏；日本，朝鲜，蒙古国，俄罗斯。

注：地红蝽*Pyrrhocoris tibialis* Stål, 1874为本种的异名。成虫常待在枯草落叶、土缝中，取食多种植物的种实，北京可见于蜀葵（有若虫）、棉花、芙蓉葵上。北京5～10月可见成虫，偶尔可见于灯下。

成虫和若虫（白三叶，门头沟小龙门，2016.VI.15）

成虫（蜀葵，北京市农林科学院，2020.VIII.30）

曲缘红蝽
Pyrrhocoris sinuaticollis Reuter, 1885

雌虫体长8.8毫米。体暗褐色，具黑褐色刻点。头黑色，中叶具稍浅色的纵纹。前胸背板侧缘中部稍内凹，具粗大刻点（胝部亦具明显的刻点）。前胸背板侧缘黑色。腹部侧接缘各节后角淡黄色或淡红色。

分布：北京、河南、江苏、浙江、湖北、湖南；日本，朝鲜，俄罗斯。

注：与地红蝽 *Pyrrhocoris sibiricus* Kuschakewitsch, 1866较为接近，本种体色更暗，头复眼内侧未见明显的暗红色曲折纹，胸部侧板全为黑色。北京7～8月可见成虫，具趋光性。

雌虫（平谷石片梁，2018.VII.18）

棕长缘蝽
Megalotomus castaneus Reuter, 1888

体长15.0～15.5毫米。体棕红色，头部背面、前胸背板前叶及侧角常暗褐色。触角第1节长于第2节，第4节长与前2节长之和相当。前胸背板侧角尖锐，其后缘平直或微内凹；背板后缘中央凹入明显。小盾片端部淡白色，稍上翘。后足腿节稍膨大，端部具4枚齿。

分布：北京、内蒙古、河北、山西。

注：模式产地为北京（Reuter, 1888），有时可见体色较深的个体，这样与黑长缘蝽 *Megalotomus junceus* (Scopoli, 1763) 相近，但后者触角第4节长于前2节长之和，且前胸背板侧角后缘强烈内凹。北京7月、9月可见成虫，在林下榆、杨小枝上停休。常见的点蜂缘蝽 *Riptortus pedestris* (Fabricius, 1775) 已在《北京林业昆虫图谱（I）》中作了介绍。

成虫头胸部（萝藦，怀柔喇叭沟门，2016.IX.20）

成虫（榆，怀柔喇叭沟门，2016.IX.20）

黑长缘蝽

Megalotomus junceus (Scopoli, 1763)

体长12.5～14.5毫米。体黑褐色。触角黑色，第1节长于第2节，第2、3节长度相近，第4节长，长于前2节之和。前胸背板侧角尖锐，其后缘明显内凹，背板后缘较直，与侧角的距离较近。后足腿节稍膨大，端部具4枚齿；各足胫节红褐色，两端黑褐色，后足胫节直，不弯曲。

分布： 北京、河南、山东、江苏；朝鲜，俄罗斯，蒙古国，哈萨克斯坦，伊朗，欧洲。

注： 记录的寄主为豆科植物。北京9月见成虫停休在榆树上。

成虫（榆，昌平长峪城，2016.IX.7）

斑背安缘蝽

Anoplocnemis binotata Distant, 1918

体长20～24毫米。体棕褐色至黑褐色，密披浅棕色短毛。头小；触角基3节黑色，端节红褐色，中间大部分常黑褐色。前胸背板中央具不明显的纵走刻纹，侧角钝圆。腹部背面黑色，中央具黄褐色斑。雄虫后足腿节粗大，基部弯曲，近端部腹面扩大成三角形突起，基部无突起，胫节顶端呈锐角。

分布： 北京、河北、河南、山东、安徽、江苏、浙江、江西、福建、湖北、广东、四川、贵州、云南、西藏；印度。

注： 成虫、若虫吸食大豆、紫穗槐、板栗、刺槐、杭子梢、绣线菊等的嫩枝，被害后枝梢常常枯萎。北京8～10月可见成虫。《北京林业昆虫图谱（I）》介绍了4种缘蝽。

雄虫（刺槐，平谷白洋，2016.VIII.16）

若虫及为害状（绣线菊，昌平黄土洼，2016.VII.26）

稻棘缘蝽

Cletus punctiger (Dallas, 1852)

体长9.0～11.6毫米。体黄褐色，体背密布黑褐色颗粒状刻点。触角4节，棕红色，有时端节色稍暗（棕褐色，被毛明显），第1节较粗，向外弯。前胸背板侧角向两侧平伸，略向上翘。前翅外缘基半部具白色边。

分布：北京、陕西、河北、河南、山东、江苏、上海、浙江、安徽、江西、福建、台湾、湖北、湖南、广东、广西、海南、四川、云南、西藏；日本，朝鲜，印度。

注：本种前胸背板侧角的长短有变化，常随着纬度（或海拔）提高而变粗短（郑乐怡和董建臻, 1995）。《我的家园，昆虫图记》（虞国跃等, 2016）鉴定有误，应为宽棘缘蝽 *Cletus schmidti* Kiritshenko, 1916。取食水稻、甘蔗、小麦、谷子等禾本科植物及木豆等。北京6～7月可见成虫，多见于狗尾草上。

成虫（狗尾草，昌平王家园，2014.VII.15）

宽棘缘蝽

Cletus schmidti Kiritshenko, 1916

体长9.0～11.3毫米。体背暗棕色，腹面污黄色。触角4节，基部3节暗红色，第1节腹面外侧具1列显著的黑色小颗粒。前胸背板前后明显不同颜色，前部与头部颜色较浅，前胸背板两侧有尖细的角，黑色，略指向前侧方。腹部背面基部及两侧黑色，侧缘及前翅前缘基半部淡黄色。雌虫第2载瓣片后缘呈弧状，内角宽圆。

分布：北京、陕西、河北、山东、安徽、浙江、江西；日本，朝鲜。

注：国内记录的*Cletus rusticus* (nec. Stål, 1860) 为本种的误定（郑乐怡和董建臻, 1995）。有时体较小（雌虫体长8.4毫米），前胸侧角较尖。取食大豆、苹果、苋、构树、蓼等植物。北京5～9月可见成虫，见于藜、反枝苋、皱叶一枝黄花、金鸡菊等花上。

若虫（反枝苋，平谷金海湖，2014.IX.16）

雄虫（大叶醉鱼草，北京市植物园，2018.IX.26）

颗缘蝽
Coriomeris scabricornis (Panzer, 1805)

体长8.5毫米。体背面灰褐色，腹面淡褐色。触角4节，被平伏或半直立的毛，第1节粗壮，第4节黑褐色。前胸背板两侧稍显灰白色，稍内凹，具约10个大小不等的白色突起，其顶端具灰色短毛。前翅膜区翅脉黑褐色，间有白色斑点。后足腿节近端部具1枚大齿，其外侧尚有3枚小齿，内侧稍远区另有1枚小齿。

分布： 北京、陕西、河北、天津、山西、河南、山东、江苏、四川、西藏；朝鲜，俄罗斯，中亚，西亚，欧洲。

注： 后足腿节端部的齿数量有变化。寄主为豆科植物。北京9月见成虫于菊花上。

成虫（菊花，怀柔中榆树店，2017.IX.12）

环胫黑缘蝽
Hygia lativentris (Motschulsky, 1866)

体长10～12毫米。体黑棕色。触角端节橘红色，基部黑褐色。后足胫节中部常有浅色环。触角第1节粗，短于头宽，第2节最长，第3节长于第1节。前胸背板中部前具1条浅横沟，中央具1条细的纵沟。腹部第3、4节腹板中部各有2个黑色斑，各节侧面常具黑色斑，后几节的黑色斑较大。寄主植物有虎杖、酸模、葎草、蒿类等，有时群集，并可释放报警激素。

分布： 北京*、天津、山西、河南、江西、福建、台湾、广西、云南、西藏；日本，朝鲜，印度。

注： *Hygia touchei* (Distant, 1901）是本种的异名（Kerzhner & Brailovsky, 2003）。记录的寄主为辣椒。北京4～6月可见成虫，我们发现的寄主有巴天酸模、蒿等植物。

成虫对（巴天酸模，平谷熊儿寨，2018.V.18）

离缘蝽

Chorosoma macilentum Stål, 1858

雌虫体长18毫米。体狭长，草黄色。后足胫节端的腹面及跗节腹面黑褐色。腹部背面基部具2条黑色纵纹，向腹端延伸，颜色渐浅。触角第1节粗大，约为头宽（复眼处）的1.8倍。前胸背板与头长相近，向后稍扩大。后足胫节腹面具长毛，约为胫节直径的2倍，但在端部黑褐色区域，毛短而粗。

分布：北京*、陕西、甘肃、新疆、内蒙古、河北、山西。

注：本属体形狭长，前翅膜区透明，远离腹端，我国已知3种（韩吐雅, 2017; Rédei, 2018）。*Chorosoma brevicolle* Hsiao, 1965为本种的异名。寄主为禾本科植物，如拔碱草、白茅、小麦等。北京6月见成虫于灯下。《北京林业昆虫图谱（I）》介绍了2种姬缘蝽种，其中*Aeschyntelus notatus* Hsiao, 1963为点伊缘蝽*Rhopalus* (*Aesehyntelus*) *latus* (Jakovlev, 1883)的异名。

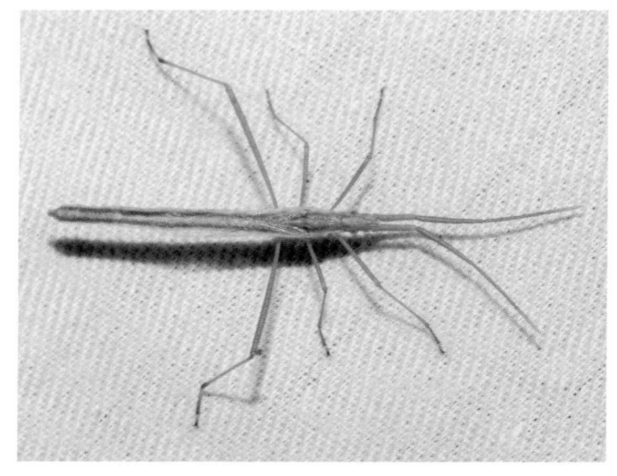

雌虫（昌平长峪城, 2016.VI.22）

亚姬缘蝽

Corizus tetraspilus Horváth, 1917

体长8～10毫米。体红色具黑色斑纹：头边缘、前胸背板前缘黑色，后缘具4个黑色斑（通常独立），小盾片基部、前翅爪缝和革片中部具黑色斑。头三角形，触角第1节短于头顶宽。触角4节，第1节短粗，第2、3节长度相近，第4节最长。腹部背面基部及末端2节黑色，腹面各节基部具3个独立的黑色斑。

分布：北京、甘肃、内蒙古、黑龙江、河北、山西、贵州、西藏；朝鲜，俄罗斯，蒙古国至中亚。

注：成虫和若虫取食麦类、黑豆、大麻、茴香及杂草等，可成为苜蓿上的害虫。北京6～7月可见成虫，多见于蒿类植物上。

成虫（蒿, 昌平北流, 2012.VI.21）

黄边迷缘蝽
Myrmus lateralis Hsiao,1964

体长8～10毫米。草黄色，体背中央黑褐色（雌虫背面颜色明显的浅），两侧具草黄色边。腹面浅黄色，边缘具黑色纵条。中胸及后胸腹板中央具宽纵沟，用于放置喙。触角第1节较粗，第2、3节长度相近，第4节短，但明显长于第1节。前翅短，不过腹末。后足胫节顶端腹侧具黑褐色刚毛，第3跗节黑褐色。

分布： 北京、内蒙古、河北、山东；朝鲜，俄罗斯。

注： 北京7月见于苋菜上。

雄虫（苋菜，昌平王家园，2013.VII.18）

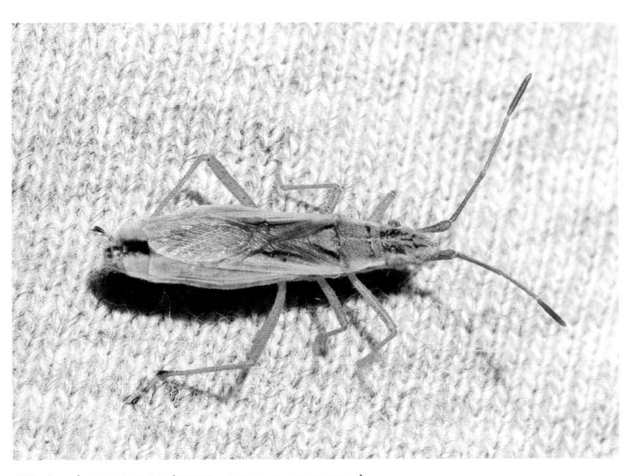
雌虫（昌平王家园，2016.VII.27）

黄伊缘蝽
Rhopalus maculatus (Fieber, 1837)

体长6.5～8.5毫米。触角4节，第1节粗短，第2～3节较细，第4节粗，且长于第3节。前胸背板胝区呈1横线，光滑无刻点。后胸侧板前后端分界明显，后角尖（背面观明显可见）。前翅长，通常膜质远超腹末，革片散生褐色斑点，端缘近中部具一四方形翅室。腹部侧接缘各节中部具褐色斑点。各足腿节散生红色小点，跗节端及爪黑色。

分布： 北京、新疆、内蒙古、黑龙江、吉林、辽宁、河北、天津、河南、江苏、上海、安徽、浙江、江西、湖北、湖南、广东、广西、贵州、四川；日本，朝鲜，俄罗斯。

注： 可取食多种农作物，如稻、棉、小麦、粟、高粱、油菜、花生、萝卜、菊花、蚕豆，及其他一些草本植物（如狗尾草、荠、野燕麦）。北京7月见成虫于圆叶牵牛上。

成虫（蒿，昌平王家园，2013.VI.17）

开环缘蝽
Stictopleurus minutus Blöte, 1934

体长6.0～8.2毫米。体毛短而稀，前胸背板和小盾片上的直立毛不长于触角第2节直径的2倍。前胸背板前缘沟的两端通常弯曲呈环形，但前端不封闭，故名“开环”；沟的前缘无光滑的横脊。前翅除基部、前缘、翅脉及革片顶角外完全透明。

分布： 北京、甘肃、新疆、内蒙古、黑龙江、吉林、辽宁、河北、河南、山东、江苏、浙江、安徽、江西、湖北、四川、贵州、广东、云南、台湾；日本，朝鲜。

注： 北京6～10月可见成虫于多种植物上，如向日葵、菊花、黄花草木樨、白桦、艾蒿等，也见于旋覆花、菊花、狼尾草、黄花草木樨、蓝刺头、一枝黄花、丝瓜等花上。

雌虫（艾蒿，门头沟小龙门，2016.VI.15）

雄虫（白桦，怀柔喇叭沟门，2014.VII.16）

壮角同蝽
Acanthosoma haemorrhoidale angulatum Jakovlev, 1880

体长13～18毫米。体黄绿色，前胸背板基部、前翅爪片及革片内半部、膜片棕红色，前胸侧角黑色。触角黑褐色，第1节内侧色浅，红褐色。头侧叶具少数刻点，单眼正前方各具一列黑色粗密刻点，眼与单眼间光滑前胸背板侧角尖，指向外侧稍向前。腹部各节背板后缘具黑色带纹，侧接缘黄绿色。

分布： 北京*、黑龙江、吉林、辽宁；日本，朝鲜，俄罗斯。

注： 指名亚种分布于欧洲，前胸背板侧角不明显外突；分布于浙江的天目同蝽亦为一亚种*Acanthosoma haemorrhoidale ouchii* Ishihara, 1950，其前胸背板侧角为橘红色。可寄生桦树。北京8月、10月见成虫于蒿和糙苏上。《北京林业昆虫图谱（I）》中介绍了6种同蝽，其中泛刺同蝽*Acanthosoma spinicolle*应是黑背同蝽*Acanthosoma nigrodorsum* Hsiao et Liu, 1977的误定。

雄虫（蒿，门头沟小龙门，2015.VIII.20）

宽铗同蝽
Acanthosoma labiduroides Jakovlev, 1880

雌虫体长约20毫米。触角第1节明显长过头的前端，绿色，端半部具黑色点，端部黑褐色，第2～3节黑色，第4～5节暗褐色。头部中叶无刻点，稍长于侧叶，侧叶具皱纹及少量刻点。前胸背板侧缘内凹，侧角短，橙红色，外侧无刻点。

分布： 北京、陕西、黑龙江、河北、天津、山西、浙江、湖北、四川、云南；日本，朝鲜，俄罗斯。

注： 本种的侧角长短有变化，从不明显至非常明显，颜色也有变化，橙红色或淡黄色；雄虫的长殖节发达，长于触角第3节，橙红色；花椒同蝽*Acanthosoma zanthoxylum* Hsiao et Liu, 1977被认为是本种异名（Tsai & Rédei, 2015）。北京6月见成虫于小叶朴上。

雌虫（小叶朴，怀柔黄土梁，2020.VI.17）

副锥同蝽
Acanthosoma murreeanum (Distant, 1900)

体长14～16毫米。体绿色，具褐色刻点。前胸背板后部红褐色，侧角强烈延伸成较粗的长刺，稍指向侧前方，端部尖。小盾片端部细，黄白色。前翅革片内侧大部红褐色。

分布： 北京、陕西、甘肃、河北、山西、湖北、四川、重庆、贵州、云南、西藏；印度，巴基斯坦，泰国。

注： 国内鉴定的*Sastragala edessoides* (non Distant, 1900)（萧采瑜等, 1977）为本种的错误鉴定（Tsai & Rédei, 2015），保留原中文名。北京5月和9月可见于白桦、卫茅、小叶朴的小枝上。

雄虫（卫茅，门头沟小龙门，2014.X.22）

雌虫（白桦，昌平白羊沟，2017.V.11）

封开匙同蝽
Elasmucha fengkainica Chen, 1989

雄虫体长12.1毫米。体黄褐色，前胸背板两侧角间具黑褐色横带，侧角红棕色，触角及足浅黄褐色，触角第4节端部褐色，第5节除基部外暗褐色。头中叶长于侧叶，中叶上无刻点；头长与宽相近，为1.80毫米；触角各节长1.00毫米、1.88毫米、1.40毫米、1.68毫米、1.28毫米。喙伸达第2腹板。

分布：北京*、台湾、广东。

注：模式产地为广东，雄虫体长9.0毫米（陈振耀, 1989）。经检标本体略大，前胸背板侧角较短，暂鉴定为此种。雄性生殖节特征与棕角匙同蝽*Elasmucha angulare* Hsiao et Liu, 1977也相近，但后者体更大，且喙更长，伸达腹部末端（丁丹等, 2009）。北京6月见成虫于灯下。

雄虫（怀柔黄土梁，2020.VI.17）

绿板同蝽
Lindbergicoris hochii (Yang, 1933)

体长11毫米。绿色，体背具密集的黑色刻点。触角第1节绿色，远超过头，余4节暗色。前胸背板侧角扁平，末端尖锐，指向侧后方，侧角前缘具黑色斑纹。小盾片刻点均匀，比前翅上刻点稍大。

分布：北京、陕西、甘肃、河北、山西、河南、湖北、西藏。

注：北京7月可见成虫。

成虫（门头沟小龙门，2013.VII.29）

伊锥同蝽
Sastragala esakii Hasegawa, 1959

体长雄虫10.4毫米，雌虫12.6毫米。体具多种颜色：翠绿色、淡黄色、褐色、象牙白色等。前胸背板两侧缘翠绿色，前缘淡黄色，两侧角短，端部圆钝，黑色。小盾片暗褐色，中央具大型心形斑，象牙白色，前缘凹入，小盾片端部白色。

分布：北京、陕西、山西、河南、安徽、江苏、江西、福建、台湾、湖北、湖南、广西、四川、重庆、贵州；日本。

注：本种的特点是小盾片具象牙白色心形斑，前缘中央凹入。记录的寄主有柞、苦枥木。北京7～8月见成虫于鹅耳枥上。

成虫对（鹅耳枥，房山合议，2020.VII.21）

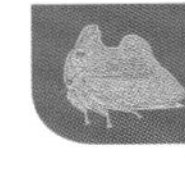

长毛狭蝽
Dicranocephalus femoralis (Reuter, 1888)

体长11.8～13.3毫米。体暗褐色，具白色或黄白色斑，其中小盾片顶端白色，后足腿节基部黄白色部分不及腿节长的1/3。体背具黑色刻点。触角及足被半直立长毛，毛长于触角第2节及胫节的粗度。

分布：北京、甘肃、青海、新疆、天津、山西。

注：狭蝽科是1个很小的科，种类不多，世界已知仅1属30种。本种模式产地为北京；北京4月、6～8月可见成虫，具趋光性。

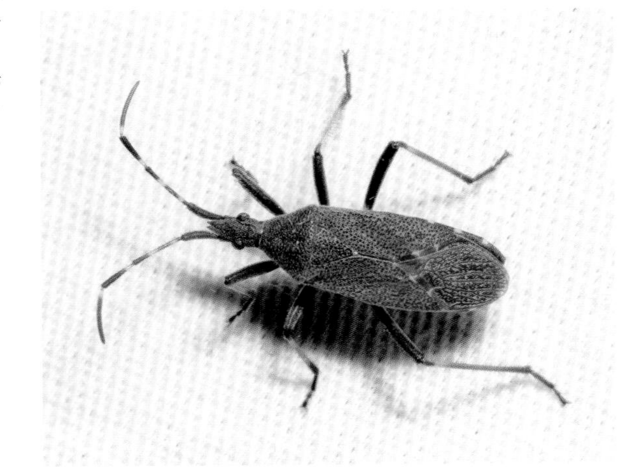

成虫（平谷金海湖，2013.VIII.14）

长点阿土蝽
Adomerus notatus (Jakovlev, 1882)

体长4.4～5.4毫米。体黑色（包括小盾片顶端）。头突出，侧叶长于中叶等长；触角5节，第2节短于第3节。前胸背板侧缘、腹部侧缘和各足胫节背面具白色条纹。前翅上的白色斑条形，长约为宽的3倍多。

分布：北京、青海、内蒙古、河北；蒙古国，俄罗斯。

注：*Legnotus longiguttulus* Hsiao, 1977为本种异名，可见于益母草（Kanyukova, 2001），北京6月、8月见于地面或侧柏上。

成虫（门头沟小龙门，2016.VI.15）

成虫（侧柏，门头沟小龙门，2014.VIII.19）

圆阿土蝽
Adomerus rotundus (Hsiao, 1977)

体长3.5～4.5毫米。体黑色（包括小盾片顶端）。头突出，侧叶与中叶等长；触角5节，第2节长等于或稍短于第3节长。前胸背板侧缘、腹部侧缘和各足胫节背面具白色条纹。前翅上的白色斑条形，长约为宽的2倍。

分布：北京、甘肃、天津、河北、山西、山东、江苏、湖北、香港；日本，朝鲜，俄罗斯。

注：短点边土蝽*Legnotus breviguttulus* Hsiao, 1977 是其异名。寄主为小麦、蔬菜、苜蓿等农作物及多种杂草，取食根系，也可在榆、葎草、鹅耳枥、苹果等植物叶上发现，甚至访花（如益母草）。北京6～8月可见成虫，具趋光性，有时灯下数量很大，几乎布满诱虫的白布。

成虫（益母草，昌平黄土洼，2016.VIII.17）

成虫（顺义汉石桥，2016.VIII.11）

异色阿土蝽

Adomerus variegatus (Signoret, 1884)

雄虫体长6.6～6.8毫米。体暗红褐色，头、前胸背板及小盾片黑色，其中前胸背板后缘带暗红褐色，侧缘白色，并延伸至后缘的两侧（爪片与革片的缝处），小盾片端部黄白色。头侧叶明显长于中叶。前胸腹背中央具显著纵沟，用以接纳喙。体腹部腹面侧缘黑色及淡白色相间。

分布：北京；日本，俄罗斯。

注：作为中国新记录种记录于北京（虞国跃, 2017）。它取食榆树的种实；雌虫具母爱，护卵，看管孵化后的若虫，并提供食物；产下的卵中有营养卵，可作为初孵若虫的食物（Mukai et al., 2010）。北京5月见于地面，或7月见于蒙古栎上。

雄虫（蒙古栎，门头沟小龙门，2018.V.11）

大鳖土蝽

Adrisa magna (Uhler, 1860)

体长12～20毫米。黑色，刻点显著，具光泽。头前端侧叶略长于中叶，并内弯在中叶前端相连；触角4节，第2节最长，但仍明显短于后2节长之和。前胸背板侧缘及前翅侧缘无刚毛。后足胫节基部内侧无瘤突（有时雄虫具齿突）。

分布：北京、陕西、天津、河北、河南、江西、台湾、湖北、湖南、广东、香港、海南、四川、云南；日本，朝鲜，越南，缅甸，老挝，泰国。

注：本种个体大，前胸背板具粗大刻点，触角仅4节，可与其他土蝽区分。可取食植物的种子，多在夜间活动，成虫有趋光性。北京6～8月可见成虫。

雄虫（昌平王家园，2013.VI.17）

若虫（房山上方山，2016.VIII.24）

青革土蝽
Macroscytus japonensis Scott, 1874

又名方革土蝽。体长9.0～9.2毫米。褐色至黑褐色。头背具6根长刚毛，触角长于前胸背板，各节均长于前一节。前胸背板前半部及后缘光缘，其余部分具稀疏刻点，侧缘具6～9根刚毛。前翅前缘基部具2根刚毛。

分布： 北京、甘肃、山西、河南、山东、上海、浙江、福建、台湾、湖北、湖南、广东、四川、贵州；日本，朝鲜，俄罗斯，越南，缅甸。

注： *Macroscytus subaeneus* Scott, 1874分布于印度尼西亚、菲律宾和泰国，我国记录的系误定（Lis, 2000）。与同域分布的圆革土蝽*Macroscyms japonensis* Scott, 1874很接近，后者的生殖囊的开口背侧方向较圆窄（Zhu et al., 2010）。土栖，取食豆类、花生、麦类和禾草的根系汁液。北京6～9月可见成虫，具趋光性。

成虫（房山上方山，2016.VIII.24）

黑环土蝽
Microporus nigrita (Fabricius, 1794)

体长4.0～5.2毫米。黑褐色，触角、足等红褐色。头的前缘具1列短刺和1列刚毛（侧叶端各有9枚短钉状刺和5根刚毛）。前胸背板及前翅革片两侧具1列刚毛；前胸背板前部鼓起，中后部具刻点。小盾片刻点粗大。

分布： 北京、内蒙古、天津、山西、山东、云南、西藏；日本，缅甸，印度，欧洲，引入北美洲。

注： 曾用名黑伊土蝽 *Aethus nigritus* (Fabricius, 1794)；《我的家园，昆虫图记》记录的青革土蝽的若虫（即下方左图）应属于本种。在浅土中生活，数量多时可对农作物如马铃薯产生为害。北京4月、7月可见成虫。

若虫（北京市农林科学院，2015.VII.11）

成虫（北京市农林科学院，2012.IV.25）

华麦蝽

Aelia fieberi Scott, 1874

体长8.0～9.5毫米。头三角形，长宽相近。触角5节，基部2节淡黄褐色，后3节渐红色，端节深红色，各节向端部渐长。喙长，伸达第3腹节。前胸背板及小盾片具浅色中线，很细。前翅革片中部的翅脉很不清楚。各足腿节近中部具2个小黑色点。

分布： 北京、陕西、甘肃、黑龙江、吉林、辽宁、河北、天津、山西、河南、山东、江苏、浙江、江西、福建、湖北、湖南、四川、云南；日本，朝鲜，俄罗斯，欧洲。

注： *Aelia nasuta* Wagner, 1960为本种异名。以成虫越冬，寄主为小麦、稻及其他禾本科植物。北京5月可见成虫在禾草上。《北京林业昆虫图谱（I）》介绍了22种蝽科昆虫。

成虫（苜蓿，平谷金海湖，2016.V.10）

成虫（平谷金海湖，2016.V.10）

朝鲜蠋蝽

Arma koreana Josifov et Kerzhner, 1978

雌虫体长15毫米。头侧叶微长于中叶，边缘黑色，侧缘稍内凹。触角浅褐色，第3、4节端大部黑色（顶端仍为浅褐色）。前胸背板侧角圆钝，略伸出体外，侧缘具黑色边。小盾片长大于宽，基角各有一深凹，端部伸长成狭长的舌状。臭腺沟缘中部无黑色斑。

分布： 北京*、陕西、宁夏、甘肃、辽宁、河北、天津、浙江、江西、湖北、重庆、四川、贵州、云南；朝鲜。

注： 与蠋蝽*Arma chinensis* (Fallou, 1887)相近，但蠋蝽各足胫节和腿节具明显的黑褐色点、臭腺沟缘中部具黑褐色斑。捕食性，可捕食多种昆虫。

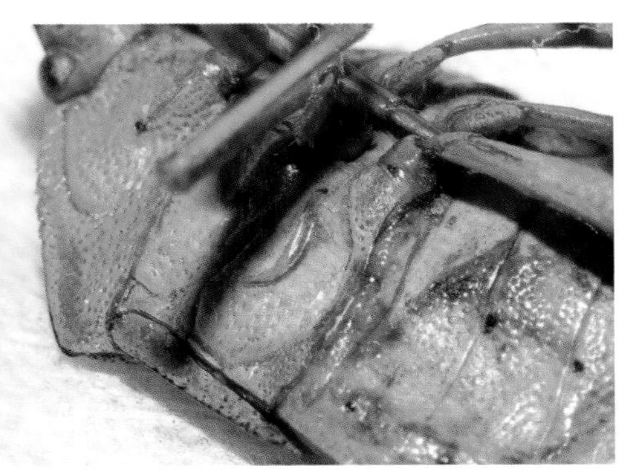

雌成虫及胸部腹面（门头沟小龙门，2012.VI.26）

苍蝽

Brachynema germarii (Kolenati, 1846)

体长9.8～13毫米。淡绿色或粉绿色。头两侧、前胸背板和腹部两侧、小盾片端部黄绿色或青白色，前翅前缘具青白色宽边。头侧叶长于叶前，并在中叶前接近但不接触（有时相距较远）。喙伸达中后足基节之间。触角5节，基3节（有时第4节基部）绿色，端2节墨绿色；第2节最长，第4、5节长度相近，长于第3节。第2～5节腹板后侧角各具1黑色点。

分布：北京、陕西、甘肃、青海、宁夏、新疆、内蒙古、河北、西藏；俄罗斯，蒙古国，土耳其，叙利亚，欧洲。

注：可取食高粱、麻类、胡杨、沙枣等多种植物，被认为是沙漠昆虫。北京7～8月可见成虫于灯下，数量不多。

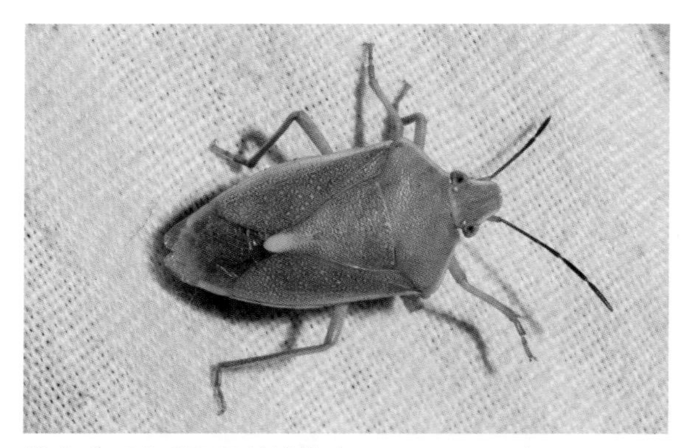

雄虫（延庆世界园艺博览会，2019.VIII.19）

菜蝽

Eurydema dominulus Scopoli, 1763

体长6～9毫米。体黄色、橙黄色或橙红色，具黑色斑纹。头黑色，侧前缘同体色。前胸背具6个黑色斑，分成两排，前缘2个，后缘4个；小盾片中基部具心形大黑色斑，两侧近端部具1个长形黑色斑。前翅缘片基部约2/5处具长形黑色斑或缩小、消失。腹部侧接缘具黑色斑，腹面同体色，各节具2个黑色斑。足胫节黑色，中间大部分可浅色。

分布：北京、陕西、内蒙古、黑龙江、吉林、河北、天津、山西、河南、江苏、浙江、江西、福建、湖北、湖南、广东、广西、海南、四川、贵州、云南、西藏；俄罗斯，欧洲。

注：有时可与横纹菜蝽*Eurydema gebleri* Kolenati, 1846生活在同一片菜叶上。以成虫越冬，体色鲜艳。成虫和若虫用口针吸食萝卜、油菜、二月蓝等多种十字花科植物的花蕾、嫩芽、嫩茎叶的汁液，也可取食菊科植物和醉蝶花。

成虫对（二月兰，平谷金海湖，2015.IV.27）

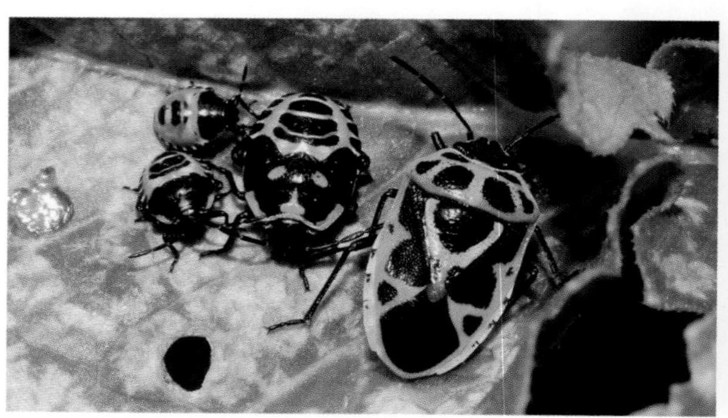

成虫及若虫（萝卜，昌平王家园，2016.X.26）

雌虫产卵（桑，顺义小曹庄，2017.VII.7）

横纹菜蝽

Eurydema gebleri Kolenati, 1846

体长6～9毫米。体黄色或红色，与上一种菜蝽相近，但本种腹部侧接缘无黑色斑，前翅革片黑色，近端部具白色斑（或红色斑），侧缘白色或淡黄色。

分布：北京、陕西、甘肃、内蒙古、黑龙江、吉林、辽宁、河北、天津、山西、河南、湖北、湖南、四川、云南、西藏；朝鲜，俄罗斯，蒙古国，哈萨克斯坦，欧洲。

注：习性与菜蝽相近。若虫与菜蝽也相似，本种前胸背板上的黑色斑较大，中后足胫节中部具白色环，菜蝽若虫的前胸背板具较小的黑色斑，足胫节黑色，或具纵向的白色纹。

若虫（蒿，昌平王家园，2016.VI.23）

成虫对（糖芥，昌平禾子铜，2016.VI.23）

二星蝽

Eysacoris guttiger (Thunberg, 1783)

体长5.5毫米。体褐色，密被黑褐色刻点，头部黑色。触角褐色，第4节（除基部浅色）和第5节黑褐色。喙黄褐色，端节黑色，伸过后足基节，达第1腹节中。小盾片两基角处各具玉白色斑。足黄褐色，具黑色点，腿节上粗大，一些黑色点相连。腹部腹面黑色区域距气门较远，边缘分界不明确。

分布：北京*、陕西、宁夏、甘肃、内蒙古、黑龙江、辽宁、河北、山西、河南、山东、江苏、安徽、浙江、江西、福建、台湾、湖北、湖南、广东、广西、海南、四川、贵州、云南、西藏；日本，朝鲜，南亚，东南亚。

注：食性较广，取食稻、小麦等禾本科植物及棉、大豆、花生、菜豆、桑、臭椿、泡桐等。北京9月见于龙葵上。

成虫（龙葵，平谷刘家峪，2016.IX.13）

广二星蝽

Eysarcoris ventralis (Westwood, 1837)

体长4.8～6.3毫米。体黄褐色，具铜色光泽。头多黑色，复眼基部前方有一小白色点；中叶稍长于或等于侧叶。小盾片宽大，基角处各有1黄白色点，小于复眼；端半部常具3个纵向的小黑褐色斑。前胸背板侧角不伸出体外。

分布： 北京、陕西、河北、山西、河南、浙江、江西、福建、湖北、湖南、广东、广西、贵州、云南；日本，东南亚，印度。

注： 外形与珠蝽*Rubiconia intermedia* (Wolff, 1811) 接近，但后者头叶明显短于侧叶，小盾片端缘淡白色，无刻点。可取食小麦、水稻、玉米、甘薯、棉花、大豆、葡萄等多种作物和杂草。北京6～8月可见成虫，有时可见于灯下。

成虫（怀柔黄土梁，2020.VI.16）

谷蝽

Gonopsis affinis (Uhler, 1860)

体长12～18毫米。体黄褐色至玫瑰色。头部三角形，侧叶长于中叶，并在中叶之前会合。前胸背板侧缘小锯齿形，侧角尖，两侧角之间具1条淡色的横脊。小盾片具3条淡色纵纹，有时中线在基部消失或不明显。前翅前缘基半部及腹部侧接缘淡白色。前翅膜片透明，脉两侧具黑色细线。

分布： 北京、陕西、河南、山东、江苏、上海、浙江、江西、福建、台湾、湖北、湖南、广东、广西、贵州；日本，朝鲜。

注： 成虫和若虫吸食水稻、粟等禾本科植物。北京6月、8月见成虫于芦苇和大油芒上。

成虫（芦苇，平谷东长峪，2019.VI.21）

成虫（大油芒，平谷金海湖，2012.VIII.21）

黑龙江赫蝽

Hermolaus amurensis Horváth, 1903

雄虫体长5.7毫米，翅末6.0毫米。触角浅黄褐色，端部2节暗褐色。头在中线两侧具1对褐色细纵线，头顶两复眼间具4条褐色短纵纹。喙在体下曲折，端部达后中基节间（如果伸直则达第1腹板）。前胸背板胝明显，黑色。小盾片大，舌形，两基角常具角形白色斑。各足腿节近端部具褐色纹。

分布：北京*；日本，朝鲜，俄罗斯。

注：中国新记录种，新拟的中文名，从学名。模式产地为俄罗斯符拉迪沃斯托克（Horváth, 1903）。北京6月见成虫于鹅耳枥上。

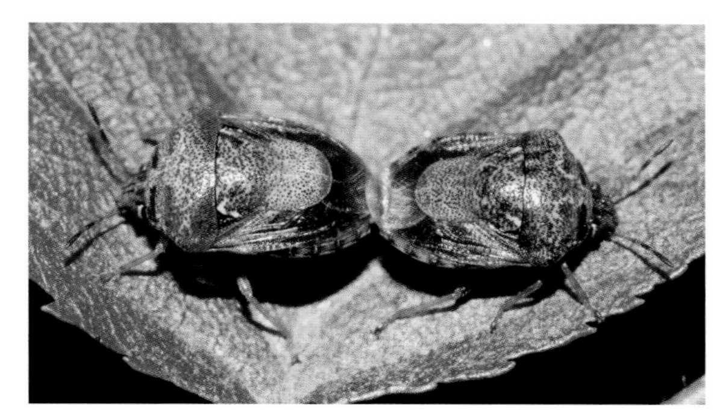

成虫对（鹅耳枥，怀柔黄土梁，2020.VI.17）

灰全蝽

Homalogonia grisea Josifov et Kerzhner, 1978

体长10.4～12.5毫米。体灰色，密布黑色刻点。头中叶稍长于侧叶；触角5节，第3节端部和第4节基部淡黄色，或第1～4节全为黑色，第5节基部或基半部淡白色。前胸背板胝区明显，后方各具2个淡白色或淡黄色小斑。小盾片基缘具3个淡色斑，近基角具淡黄色至橙黄色斑，基角黑色；中部两侧具1个黑褐色纹。中后胸腹板漆黑色。腹部各节侧接缘基部和端部具黑褐色纹，中间的浅色区约占腹节长之半。

分布：北京*、河北、河南、山东、浙江、江西、湖北、广西、四川；日本，朝鲜。

注：北京4～5月、8～9月可见成虫，在北京发现若虫和卵的植物有刺槐、槐、栓皮栎、榆、小叶朴、桑、白桦等。卵块通常由16粒组成，呈菱形排列。

卵及初孵若虫（榆，平谷金海湖，2015.V.27）

成虫（核桃，平谷张家台，2020.VIII.14）

若虫（刺槐，平谷石片梁，2017.VI.28）

陕甘全蝽

Homalogonia sordida Zheng, 1994

雄虫体连翅长12.4毫米。体黑褐色（实为密布刻点的颜色）。触角第1～3节红褐色，密布不规则的黑色小点，第4～5节黑褐色，第5节基部明显红褐色，第3节略长于第2节。喙伸达第3可见腹节后缘。体腹面黄褐色，头胸部密布黑色刻点，中胸腹板除中脊黄褐色外漆黑色；腹部刻点略疏。腹部背面黑色，侧接缘宽，各节前后缘黑色，中央黄褐色，约占1/4面积，黄褐色部分具黑色刻点，向两侧渐消失。

分布：北京、陕西、甘肃。

注：腹部侧接缘浅色区的大小及喙的长度与原始描述（郑乐怡和袁士云，1994）稍有不同，但雄虫外生殖器的结构相同。北京10月见于灯下。

雄虫（门头沟小龙门，2011.X.20）

东北曼蝽

Menida musiva (Jakovlev, 1876)

雌虫体连翅长9.5毫米。体黄褐色，密布黑色刻点，前胸背板基半部及前翅红褐色。前胸背板胝区周围黑色，中部横排4个小黑色斑，侧角处具1个黑色斑。小盾片具下列黑斑：近基部中央具2个半圆形，基角黄色斑内侧具2个、侧缘弯折处1个。腹基突起伸达中足基节。腹部背面黑色，侧接缘黑白色相间。足淡黄色，腿节近端部布黑色点，胫节两端颜色稍深。

分布：北京*、黑龙江、吉林、河南、台湾、四川、云南；日本，朝鲜，俄罗斯。

注：体色及斑纹有变化，前胸背板基部及前翅可与小盾片同色。北京5～7月见成虫于栓皮栎上或灯下。

成虫（平谷石片梁，2018.VI.28）

雌虫背面及侧面（栓皮栎，平谷东沟村，2019.V.9）

川甘碧蝽
Palomena chapana (Distant, 1921)

雄虫体连翅长13.0毫米。深绿色，复眼和单眼棕褐色；第7腹节及生殖节鲜红色。喙稍过后足基节，达第1腹节前缘。头侧叶长于中叶，在前端相互接近但不接触。触角墨绿色，第4节端大部及第5节红褐色；触角第3节稍短于第2节。前胸背板侧缘直或稍内凹，后缘在小盾片前直，侧角圆，伸出体外。

分布：北京*、陕西、宁夏、甘肃、河北、山西、浙江、湖北、湖南、四川、云南、西藏；尼泊尔，缅甸，越南。

注：过去多用的学名*Palomena haemorrhoidalis* Lindberg, 1934是本种的异名；过去国内记录的*Palomena unicolorella*，系误定。本种前胸背板侧角的形态有变化（郑乐怡和凌作培, 1989）。北京7月可见成虫。

雄虫（门头沟小龙门, 2013.VII.29）

条颊益蝽
Picromerus bidens (Linnaeus, 1758)

雌虫体长12.3毫米。体暗黄褐色，小盾片端部黄白色。头中侧稍短于侧叶。触角第4、5节基部黄褐色，端大部暗褐色。前胸背板梯形，中部具1对小黄色点，侧缘具齿状突起，侧角黑褐色，端部尖锐，向两侧伸出。腹部侧接缘黄黑色相间。前足腿节近端部具1黑色刺。腹部腹面黄褐色，第6节中部具方形黑色斑。

分布：北京*、内蒙古、黑龙江、吉林；俄罗斯，欧洲。

注：捕食性，可捕食多种蛾蝶类幼虫。北京8月可见成虫于榆叶上，10月见于石缝内。

雌虫（榆，平谷白洋，2018.VIII.24）

并蝽

Pinthaeus sanguinipes (Fabricius, 1781)

雌虫体长15毫米（连翅长18毫米）。头侧叶明显长于中叶，并在前方接近。触角5节，黑色，第5节基半部橙黄色。喙伸达后足基节后缘。小盾片基角各具1浅色斑，端部白色。腹部第2～5节中央具黑色斑，以第5节为最大。前足腿节近端部具1根刺，胫节外侧扩大呈片状。

分布： 北京*、内蒙古、吉林、山东、江西、福建、湖南、四川、贵州、云南、西藏；日本，朝鲜，俄罗斯，叙利亚，土耳其，欧洲。

注： 本属已知1种，体色和侧角长度变化很大，描述于云南的*Pinthaeus humeralis* Horváth, 1911为本种异名（Zhao et al., 2013）。捕食性，捕食其他鞘翅目、鳞翅目或膜翅目的幼虫。北京7月见成虫于辣椒。

雌虫（辣椒，怀柔汤河口，2019.VII.3）

圆颊珠蝽

Rubiconia peltata Jakovlev, 1890

体长6.9～9.3毫米。头背面暗褐色，中央常具1条浅褐色纵带；铁锹形，侧叶明显长于中叶。触角第1～2节及第3节基部淡褐色，其余暗褐色至黑褐色。前胸背板侧缘光滑，具黄白色窄边，前缘中央刻点与两侧同样密集。小盾片端部黄白色，具光滑无刻点的窄边；足腿节前缘具黑色斑点。

分布： 北京*、陕西、甘肃、内蒙古、黑龙江、吉林、辽宁、河北、山西、河南、山东、安徽、浙江、江西、湖北、湖南；日本，朝鲜，俄罗斯。

注： 与珠蝽*Rubiconia intermedia* (Wolff, 1811) 很接近，但后者的小颊前端呈直角形（本种为弧形）、腿节前缘无黑色斑点、前胸背板前缘浅色区内的刻点明显比两侧的稀疏。北京6～7月见成虫于榆树上或灯下。

成虫（榆，昌平王家园，2014.VI.17）

点蝽
Tolumnia latipes (Dallas, 1851)

体长8.6毫米。体黑褐色（密布黑褐色刻点）。触角浅褐色，第4～5节黑褐色，但第4节基部、第5节基半部淡白色或淡黄色。头侧叶扁宽，与中叶等长。前胸背板侧缘具白色边。小盾片基部具小白色斑（两侧尤为明显），端部具大白色斑。前、中足胫节端部和后足腿节端部、胫节两端黑色。腹部侧接缘中央具白色斑。腹面浅色，腹部两侧近于透明。

分布： 北京*、陕西、河南、安徽、浙江、江西、福建、台湾、湖北、湖南、广东、广西、海南、贵州、云南、西藏；东南亚。

注： 北京仅见于平谷区，5～9月可见成虫于多种植物上，如栓皮栎、丁香、一叶萩、南蛇藤、孩儿拳头、桑、枣、荆条等，枣、山葡萄上可见若虫，偶见于灯下。

成虫（桑，平谷桃棚，2019.VIII.15）

若虫（枣，平谷石片梁 2017.VIII.24）

蓝蝽
Zicrona caerulea (Linnaeus, 1758)

雄虫体长6.2毫米。蓝色、蓝黑色或紫黑色，有光泽，密布刻点。头中叶与侧叶等长。触角5节，第2、4节长度相近，均长于第3节，第5节最长。小盾片三角形，端部圆弧形。

分布： 全国除西藏、青海不详外均有分布；日本，朝鲜，缅甸，印度，马来西亚，印度尼西亚，欧洲，北美洲。

注： 成虫和若虫能捕食菜青虫、榆蓝叶甲、黏虫等多种昆虫，也能取食水稻等植物。北京6～7月、9月可见成虫。

成虫（萝藦，平谷金海湖，2016.IX.14）

若虫（刺儿菜，海淀板井，2003.V.29）

中华圆龟蝽
Coptosoma chinense Signoret, 1881

雄虫体长3.6毫米。头黑色，中叶前端黄褐色，中侧叶长度相近（中叶稍长），侧叶在中叶端前稍向内弯。前胸背板黑色，具细刻点（明显比小盾片小），横缢不显著，侧缘稍扩展，具1条黄色纹，两侧刻点较粗糙。小盾片黑色，基胝两端具黄色斑，仅后侧具黄色边缘（基部1/2及后缘中央黑色）；足黄褐色，腿节（除端部）黑褐色。生殖囊背缘及侧缘黄色，背缘及腹缘中部具灰白色毛簇，均略呈椭圆形。

分布：北京、甘肃、吉林、山西、四川；朝鲜。

注：未记录寄主，我们见于榆叶上；北京6～8月可见成虫。《北京林业昆虫图谱（I）》介绍了2种龟蝽：双痣圆龟蝽*Coptosoma biguttula* Motschulsky, 1859和狄豆龟蝽*Megacopta distanti* (Montandon, 1893)。

成虫（榆，昌平王家园，2017.VI.12）

显著圆龟蝽
Coptosoma notabilis Montandon, 1894

体长2.5～2.6毫米。体黑色，具黄色斑纹。头侧叶不长于中叶，中叶较宽，黑色，顶部黄褐色，侧叶黄色，周缘黑色。前胸背板前缘中央两侧具1个黄色横斑；侧缘黄色（不达基部），前侧缘扩展部分具1条黄色纹。小盾片基胝具2个近长方形的橘黄色斑纹（有时呈方形），侧胝各具1个小黄色点，侧缘（不达小盾片基部）及后缘黄色。腹面黑色，腹部侧缘黄色，内侧具黄色纵纹列，不相连。

分布：北京、浙江、江西、福建、湖北、湖南、广东、四川、贵州、西藏。

注：记录的寄主有胡枝子、合欢、葛藤、甘薯等；北京7～8月可见成虫于一叶荻、榆、美国地锦、板栗上，其中可确认一叶荻、枣为其寄主，也可见于灯下。

成虫（一叶荻，平谷石片梁，2018.VII.13）

成虫（美国地锦，房山合议，2020.VII.14）

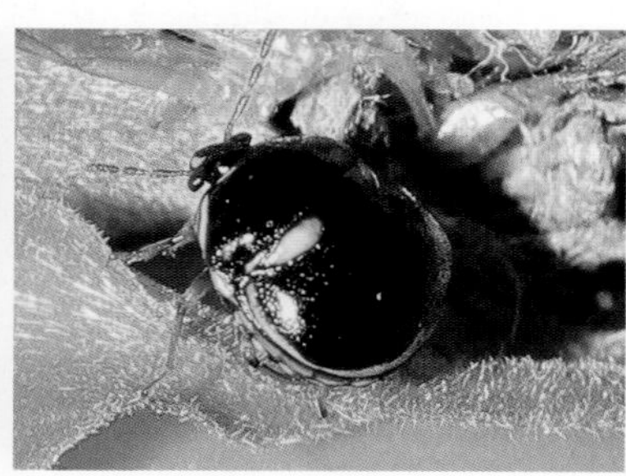

成虫（板栗，平谷金海湖，2016.VIII.5）

筛豆龟蝽

Megacopta cribraria (Fabricius, 1798)

体长3.9毫米。体浅褐色，密布刻点。头侧叶长于中叶，并把后者包围其中。前胸背板前缘1/3处具1列刻点组成的横线。小盾片基胝两端颜色稍浅，无刻点，小盾片两基角沿基缘和侧缘具沟。

分布：北京*、陕西、河北、天津、山西、河南、山东、江苏、上海、安徽、浙江、江西、福建、台湾、湖北、湖南、广东、广西、海南、四川、贵州、云南、西藏；日本，朝鲜，南亚，东南亚。

注：寄主为多种豆科植物，如大豆、葛、刺槐、菜豆等，也可见于其他植物（如桑）；北京见于葛。

成虫（葛，海淀西山，2017.X.16）

扁盾蝽

Eurygaster testudinarius (Geoffroy, 1785)

体长8.0～10.9毫米。体色（及斑纹）有变化，从灰黄褐色至暗棕色。头宽大于长，中叶与侧叶约等长，侧叶在中叶前方不接触。前胸背板侧缘直，侧角宽于前翅基部。小盾片发达，稍超过腹末，窄于体宽，体一侧的露出部分最宽处约为小盾片宽的1/4。

分布：北京、陕西、新疆、黑龙江、吉林、河北、山西、山东、江苏、浙江、江西、湖北、四川；俄罗斯，蒙古国，塔吉克斯坦，伊朗。

注：取食麦类、水稻及其他一些禾本科植物；在北京6～8月可见成虫，除了禾草外还见于刺儿菜、万年蒿等菊科植物。《北京林业昆虫图谱（I）》介绍了金绿宽盾蝽*Poecilocoris lewisi* (Distant, 1883)。

中龄若虫（昌平禾子涧，2016.VI.23）

成虫（延庆佛爷顶，2017.VIII.29）

硕蝽

Eurostus validus Dallas, 1851

体长23～34毫米。体大粗壮。头部、前胸背板前缘、小盾片两侧及腹部侧接缘金绿色。触角4节，第1节短粗，第3节枯黄色（基部黑色）。各足腿节近端部具2枚刺，后足腿节近基部具1枚大刺。雄虫腹末浅内凹，雌虫凹入很深，且第5腹节后侧突很尖。

分布：北京、陕西、河北、天津、河南、山东、江苏、安徽、浙江、江西、福建、台湾、湖北、湖南、广东、广西、海南、香港、四川、贵州、云南；老挝，越南，缅甸。

注：寄主为栓皮栎、槲树、板栗等壳斗科植物（成虫也可吸食其他植物），由于成虫（或若虫）的吸食，使嫩枝枯萎。1年1代，以4龄幼虫越冬。

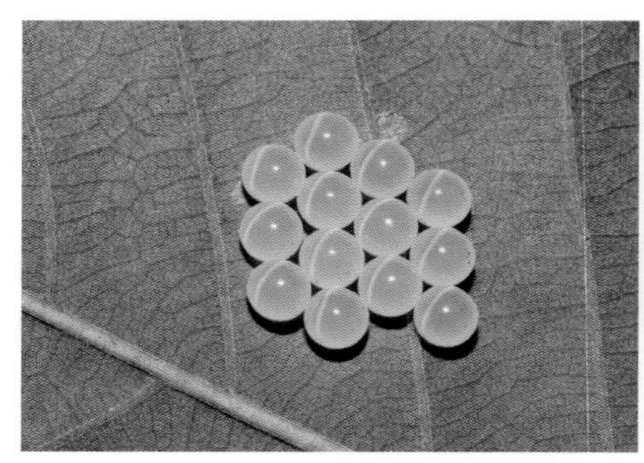

卵（栓皮栎，平谷石片梁，2018.VII.6）

1龄和2龄若虫（栓皮栎，平谷石片梁，2017.VIII.3）

若虫寄生状（虫体背面的为1龄和3龄）（栓皮栎，平谷石片梁，2017.VIII.25）

5龄若虫（栓皮栎，平谷石片梁，2016.V.10）

5龄若虫（栓皮栎，平谷石片梁，2017.V.16）

雄虫（栓皮栎，平谷石片梁，2018.V.18）

雌虫（槲树，平谷石片梁，2018.VI.13）

光华异蝽
Tessaromerus licenti Yang, 1939

体长雄虫8.0毫米，雌虫9.2毫米。体绿色。触角第1节及第2节基部红褐色，第2节端大部及第3、4节端半部黑色，第3、4节基半部淡黄白色。后胸侧板的后角具黑色斑；前胸侧板近侧缘的端半部具黑色细条纹。雌虫腹部宽，前翅不达腹端；雄虫腹略窄，前翅略超腹末。

分布：北京、河北、天津、山西、河南、云南。

注：国内描述中"赭色"是标本的颜色，乙醇浸泡后身体呈土黄色。北京6～8月见成虫于艾蒿等植物上。《北京林业昆虫图谱（I）》中介绍了2种异蝽：短壮异蝽*Urochela falloui* Reuter, 1888和红足壮异蝽*Urochela quadrinotata* Reuter, 1881。

成虫对（艾蒿，昌平长峪城，2016.VI.23）

黄脊壮异蝽
Urochela tunglingensis Yang, 1939

体长10.5～11.9毫米。触角黑色，第4、5节基半部淡黄白色（有时第4节基部淡色部分不及节长的一半）。前胸背板近中部两侧各有1浅色点，中央具1淡黄色纵纹，向后伸达小盾片末端。腹面土黄色或浅赭色。足腿节具褐色点斑，胫节基部、跗节第3节黑色。记载寄主为忍冬。

分布：北京、陕西、甘肃、辽宁、河北、天津、四川；朝鲜。

注：记载的寄主为忍冬；北京5～6月见成虫于多种植物上，如糙苏、铁线莲、巴天酸模、艾蒿等。

成虫对（艾蒿，门头沟小龙门，2014.VI.10）

环斑娇异蝽

Urostylis annulicornis Scott, 1874

雄虫体连翅长12.6毫米。体背面绿色，前翅两侧基部黄色，膜区淡烟色，腹面淡黄绿色。触角第3节褐色，基部淡黄褐色。前胸背板、小盾片及前翅爪片和革片具黑褐色或黑色刻点。前足胫节基部具黑色环，胫节端部及跗节橙黄色或黄褐色。

分布：北京、陕西、甘肃、内蒙古、黑龙江、吉林、河北、天津、河南、浙江、湖北、广西、四川；日本，朝鲜，俄罗斯，蒙古国。

注：寄主为栎类，如蒙古栎等。北京9月见成虫于灯下，10月见于林下地面上活动。

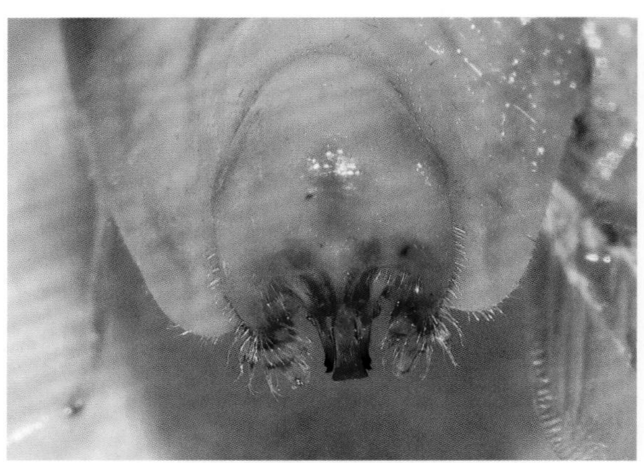

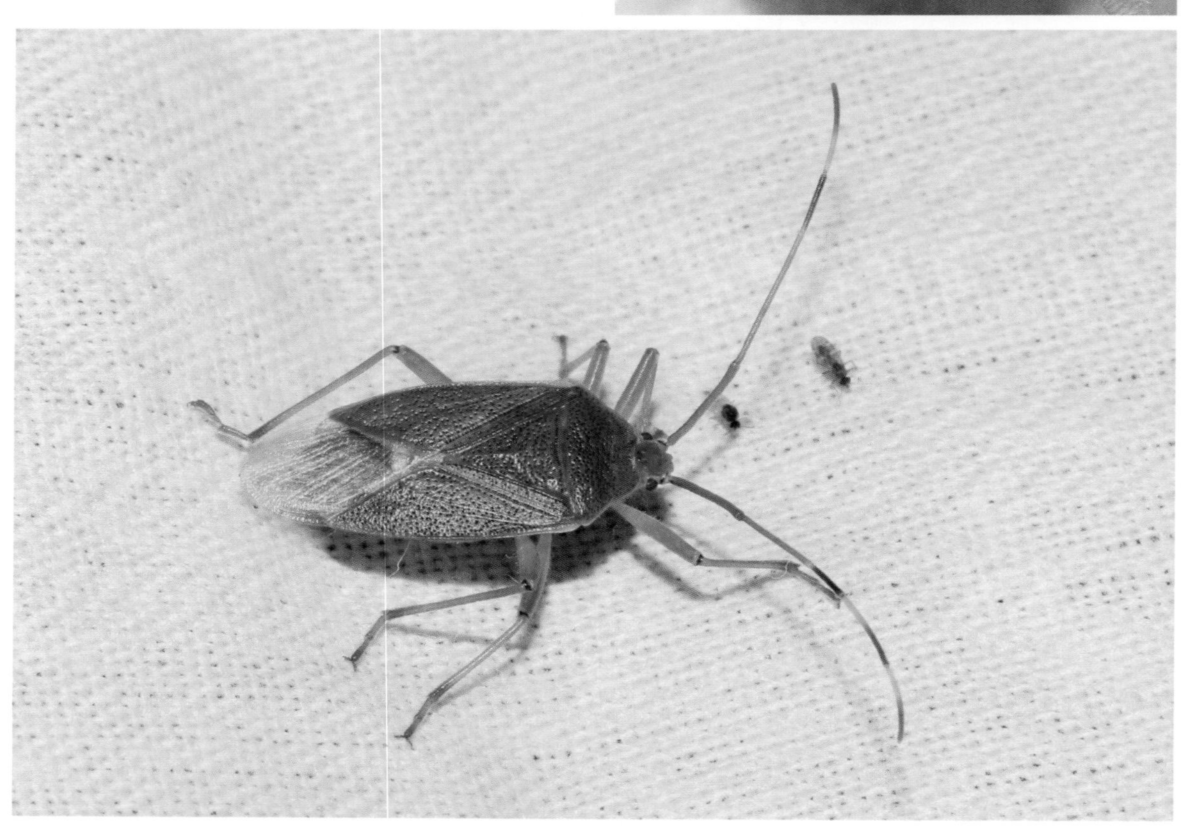

雄虫及腹末（延庆玉皇庙，2020.IX.3）

毛翅目

《北京林业昆虫图谱（Ⅱ）》

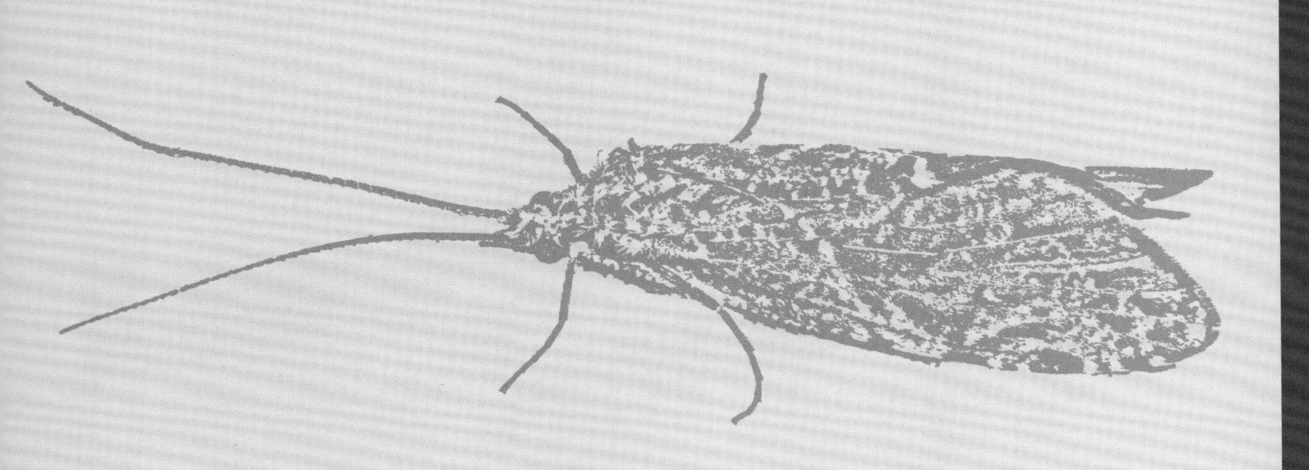

宽羽拟石蛾
Phryganopsyche latipennis (Banks, 1906)

前翅长约15毫米。体黄褐色。复眼及下颚须黑褐色。前翅较宽，被均一的细毛，翅面具白色毛斑，从前缘的近翅中至后缘的基部1/3具1斜线，在翅前缘约3/4处具几个黑色斑。

分布： 北京*、陕西、安徽、浙江、江西、福建；日本，俄罗斯，越南，泰国，缅甸，印度。

注： 本种斑纹有变化。产于福建挂墩的亚种*Phryganopsyche latipennis sinensis* Schmid, 1965为本种异名。北京4月见成虫于灯下。

成虫（门头沟小龙门，2014.IV9）

毛鞭栖长角石蛾
Oecetis comalis Yang et Morse, 2000

体长5.5毫米，前翅7.2毫米。体黄褐色。触角基部（鞭节1～6节）具黑褐色毛丛，多出自第1鞭节。前翅具黑褐色斑点，其中中部外侧的横脉黑褐色，外缘纵脉端黑褐色。雄虫左右抱握器（下附肢）对称，中部向内膨大，其内缘具小齿。

分布： 北京*、福建。

注： 新拟的中文名，从学名。模式产地为福建平武。与产于福建邵武的*Oecetis laminata* (Hwang, 1957) 相近，但后者雄虫下附肢中部并不膨大，其内缘光滑。北京6月见于灯下。

成虫及头胸部（密云梨树沟，2019.VI.10）

脉翅目

NEUROPTERA

《北京林业昆虫图谱（Ⅱ）》

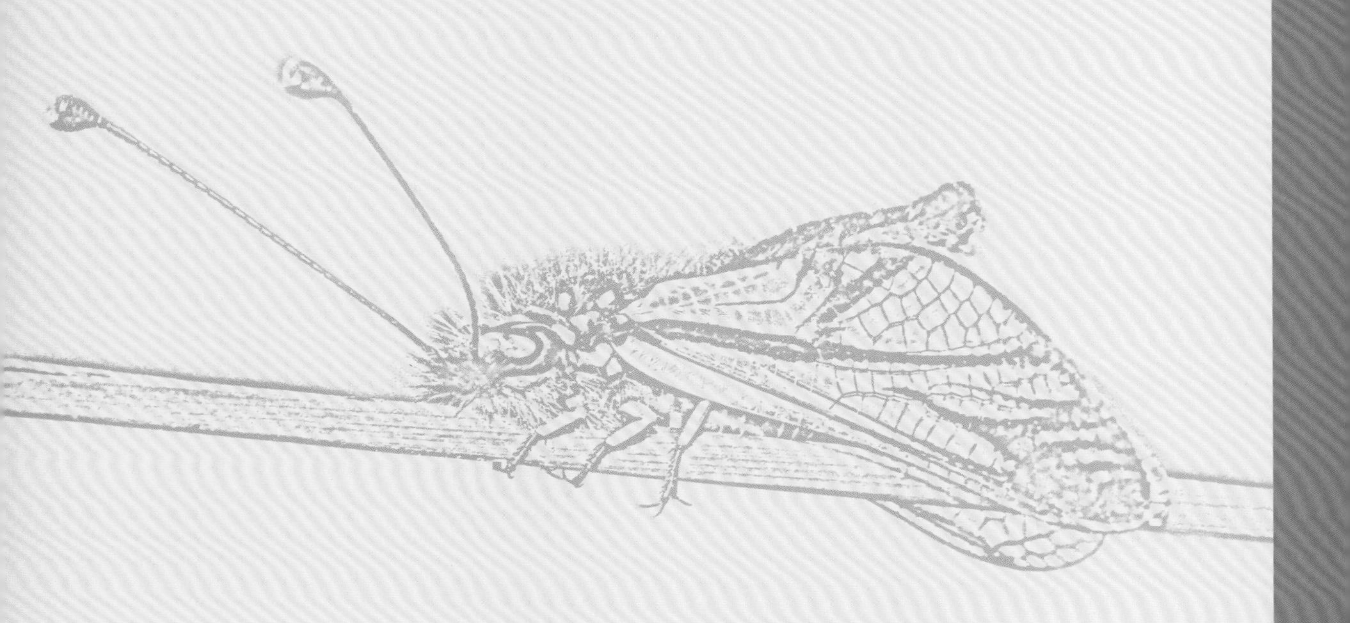

褐纹树蚁蛉

Dendroleon similis Esben-Petersen, 1923

前翅长22～31毫米。触角褐色，渐向端部成橙红色，末端黑色。胸部背面黄褐色，中央具褐色纵带。翅透明，具黑褐色斑纹，前翅分布在翅尖及后缘，以后缘中央的弧形纹为其特点。

分布：北京、陕西、宁夏、甘肃、河北、山东、江苏、上海、浙江、江西、福建、湖北；朝鲜，俄罗斯，蒙古国。

注：*Dendroleon pantherinus* (Fabricius, 1787) 分布于欧洲，远东记录的应属于本种（Krivokhatsky, 2011），过去我国记录的应属于本种（保留原中文名）。幼虫生活在墙角处等，可出现于室内。北京6～8月可见成虫，具趋光性。

成虫（昌平王家园，2015.VI.17）

条斑次蚁蛉

Deutoleon lineatus (Fabricius, 1798)

前翅长35～44毫米。头黄色，额中内具3个黑色斑在触角下方排成1横带，触角上方黑色，头顶具众多黑褐色斑。前胸背板黄色，两侧缘及中线两侧各具黑褐色纵条。前翅翅痣黄色，翅脉大多黄色；雌虫后翅近端部具1黑褐色条斑。

分布：北京、宁夏、新疆、内蒙古、吉林、辽宁、河北、山西、山东；朝鲜，蒙古国，俄罗斯，哈萨克斯坦，吉尔吉斯斯坦，乌克兰，罗马尼亚。

注：幼虫在沙地上建穴，捕食落入陷阱的昆虫。北京6～7月可见成虫，具趋光性。

成虫（昌平王家园，2015.VI.2）

幼虫（昌平王家园，2013.VI.18）

黑斑距蚁蛉
Distoleon nigricans Matsumura, 1905

前翅长33～46毫米。头部浅褐色，头顶前部具1条黑色横带，其后方具2个近似梅花状的大黑色斑。前胸背板黑色，具3条浅褐色纵纹，中线细。前翅翅痣内侧和后缘中央具明显的黑色斑，翅的前半部具许多“工”字形黑色纹；后翅后缘的黑色斑位于翅痣斑的下方。

分布：北京、陕西、河北、河南、山东、安徽、浙江、福建、湖北、湖南、广东、贵州；日本，朝鲜。

注：北京8月可见成虫于灯下。

成虫（怀柔黄土梁，2019.VIII.29）

朝鲜东蚁蛉
Euroleon coreanus Okamoto, 1926

又名地牯牛。前翅长27～37毫米。头部淡棕色，具多个黑色斑，头顶具6个黑色斑，中间2个被中线略分开。胸部黑褐色，前胸背板两侧及中央各有1黄白色纵纹，近端部还有1对小黄白色斑。翅透明，翅痣乳白色，翅脉多为黑色，间杂黄色，前翅具10多个褐色斑（或大或小有变化），翅中部具5个明显的黑色斑，排成1纵列。

分布：北京、陕西、宁夏、甘肃、新疆、内蒙古、河北、山西、河南、四川；朝鲜。

注：中华东蚁蛉*Euroleon sinicus* (Navás, 1930) 和三峡东蚁蛉*Euroleon sanxianus* Yang, 1997被认为是此种的异名。北京6～8月灯下可见成虫。

幼虫（门头沟小龙门，2015.VI.18）

成虫（房山上方山，2016.VIII.25）

小华锦蚁蛉
Gatzara decorilla (Yang, 1997)

前翅长27～36毫米。体浅灰褐色，头部具黑褐色斑，其中头顶处具一横一竖2对斑；前胸背板具3条纵纹，其中侧条在近前端断开。前后翅具黑褐色斑，前翅后缘中部及后翅近臀角处的斑纹尤为明显。

分布： 北京*、陕西、甘肃、河南、浙江、湖北。

注： 本种外形与褐纹树蚁蛉*Dendroleon similis* Esben-Petersen, 1923较为相近，但后者头顶无明显斑纹、前翅后缘近中部具新月形黑色斑（外侧尚有1圆形黑褐色斑）（Wang et al., 2012）。北京8月可见成虫于灯下。

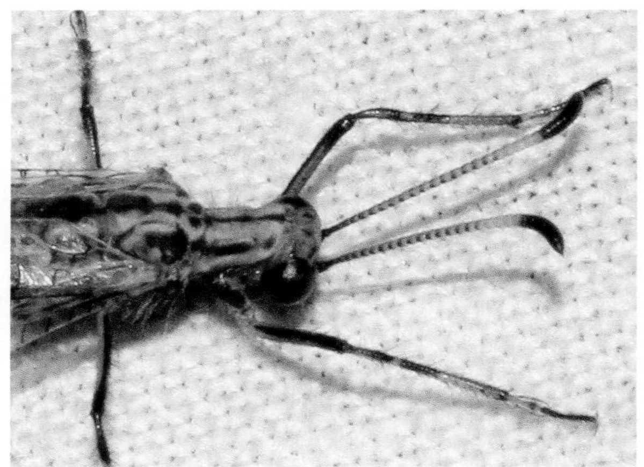

成虫及头胸部（怀柔黄土梁，2019.VIII.29）

钩臀蚁蛉
Myrmeleon bore (Tjeder, 1941)

前翅长27～30毫米。体（包括触角）黑色，头部触角窝黄色；前胸背板前缘两侧黄色，宽大于长。前翅无明显黑色斑，翅痣淡黄色，一些纵脉黑白色相间。

分布： 北京、陕西、河北、山西、河南、山东、福建、台湾、湖北、四川；日本，朝鲜，俄罗斯，欧洲，澳大利亚。

注： 描述于福建的小穴蚁蛉*Myrmeleon exigus* Yang, 1999为本种异名。北京7～8月可见成虫于灯下。

成虫及头胸部（怀柔黄土梁，2019.VIII.29）

黄花蝶角蛉
Libelloides sibiricua (Eversmarm, 1850)

前翅长22～29毫米。头及胸部具黑色长毛，头顶毛黄色。胸部具黄白色小圆斑，小盾片具2个长形黄色斑。足黑色，腿节端及胫节黄色。前翅翅痣黑褐色，基部具黄色斑，其余翅面透明无斑；后翅翅基及端部黑色，其间黄色。

分布：北京、陕西、甘肃、内蒙古、吉林、辽宁、河北、山西、河南、山东；朝鲜，俄罗斯。

注：捕食其他昆虫，幼虫具强大上颚；北京5～7月可见成虫。

成虫（昌平禾子锏，2016.VI.23）

日完眼蝶角蛉
Protidricerus japonicus (MacLachlan, 1891)

前翅长35～42毫米。体黑褐色，触角（包括触角棒）具黄褐色环；腹部每节后缘背面中间黑色，侧面具黄色斑，腹面两侧黄色斑后缘黑色。前翅黑褐色翅痣内具4条横脉；后翅Cu区小室3排，且中排小室多于3 个。

分布：北京、甘肃、河北、河南、四川、云南；日本。

注：北京6～7月可见成虫，具趋光性。

成虫（门头沟小龙门，2014.VII.8）

长翅蝶角蛉

Suhpalacsa longialata Yang, 1992

前翅长31～35毫米。体黑褐色，具灰白色、黑褐色和白色绒毛。触角褐色，触角棒大部分黄色；中胸前盾片具1卵形黄色斑，中胸小盾片具1桃形黄色斑。腹部背面每节端部两侧具黄色短横带，每节侧前方具黄色卵形大斑。翅透明，翅痣黑色，长稍大于宽，内具4根横脉。

分布： 北京*、陕西、河南、浙江、江西、湖北、湖南、广西、贵州、云南。

注： 经检标本中胸前盾片及后胸背板具分开的黄色斑，与原描述不同，暂鉴定为本种。北京8月见成虫于灯下。

雌成虫（平谷石片梁，2017.VIII.3）

长矛栉角蛉

Dilar hastatus Zhang et al., 2014

前翅长12.0～12.5毫米。体翅褐色，具黑褐色斑。雄虫触角29～31节，端部7节无栉枝，触角第3节的栉枝很短，与节长相近，其他鞭节的栉枝长于节长，最长的可达4倍；雌虫触角无栉枝。头顶具3个瘤突，品字形排列，上具细毛；前胸背板中部黑褐色，具2个相对的椭圆形黄褐色斑；中胸背板小盾片前端黑褐色，其两侧（中胸盾板的内侧）各具1个黑褐色斜斑。

分布： 北京、河北。

注： 北京6～7月灯下可见成虫，食性不明。已知本科的一种捕食树皮下生活的昆虫。

雄虫（延庆松山，2012.VI.29）

雌虫（昌平黄花坡，2016.VII.7）

日本螳蛉

Mantispilla japonica (MacLachlan, 1875)

前翅长11～14毫米。头部黄色，两触角基部上方具1黑色斑，可向下延伸至上唇，头顶具暗斑；触角黑色，基2节黄色具褐色斑；前胸暗褐色，前端具1对黄色斑，或不清楚；前足黄褐色，腿节内侧暗褐色，外侧具黑色斑或无。

分布： 北京*、黑龙江、吉林、辽宁、安徽、浙江、湖北、湖南、四川、贵州；日本，朝鲜，俄罗斯。

注： 过去多用*Mantispilla japonica*，最近被转移到*Mantispilla* (Snyman et al., 2018)。北京9月可见成虫于灯下。《北京林业昆虫图谱（I）》介绍了汉优螳蛉*Eumantispa harmandi* (Navás, 1909)。

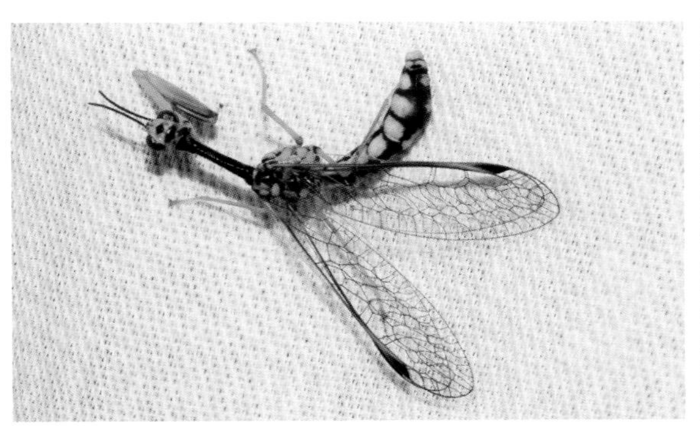

成虫（密云雾灵山，2014.IX.17）

成虫（密云雾灵山，2014.IX.16）

北方螳蛉

Mantispa mandarina Navás, 1914

前翅长12～14毫米。头部黄色，头顶具暗红褐色斑；触角褐色（有时端半部分黑褐色），基节黄色，上方具褐色斑。前胸黄褐色，具小刺毛及横向皱纹，前端常具“T”形褐色斑（偶尔呈黑褐色斑），长约是前端宽的3倍。前足多黄褐色（偶尔黑褐色），有时腿节内侧颜色常常更深。翅痣红褐色，其内侧黄色。

分布： 北京。

注： 新拟的中文名，从产地。原描述于中国北部，没有具体地点（Navás, 1914），北京较为常见，它在我国的分布可能较广。欧洲等地记录的本种为误记（Aspöck & Aspöck, 1994）。《王家园昆虫》一书中的未定种即为本种（该书的右下图并非本种的幼虫）。幼虫捕食蜘蛛的卵。北京6～8月可见成虫，捕食其他小昆虫，具趋光性。

成虫（榆，延庆蔡家河，2015.VI.9）

成虫（昌平王家园，2015.VII.13）

叶色草蛉

Chrysopa phyllochroma Wesmael, 1841

体长8～10毫米。头绿色，具9个黑褐色斑点，其中中斑近长方形。触角第1节同头色，第2节黑褐色，鞭节黄褐色；触角短于前翅，约达翅痣。前胸背板四周长黑色刚毛。前翅前缘横脉列绿色，仅基部黑褐色；翅痣黄绿色，内有绿色的横脉；阶脉均绿色。

分布： 北京、陕西、宁夏、甘肃、新疆、黑龙江、吉林、辽宁、内蒙古、河北、山西、河南、山东、江苏、安徽、浙江、福建、湖北、湖南、四川、西藏；日本，朝鲜，俄罗斯，欧洲。

注： 本种头部具9个黑色斑，且触角第2节黑褐色，可与其他种区分。《北京林业昆虫图谱（Ⅰ）》中介绍了5种草蛉。

成虫（怀柔喇叭沟门，2014.VIII.26）

白线草蛉

Cunctochrysa albolineata (Killington, 1935)

体长9.5毫米，前翅12.0毫米。触角淡黄色，基部2节浅绿色；具黑色颊斑和唇基斑，较小，相互分开；胸腹部背中具白色纵带。前翅横脉列22条、径横脉11条，均两端黑色；内外阶脉=5/7条，黑色；后翅阶脉=4/6条，外阶脉黑褐色，内阶脉浅色。

分布： 北京、陕西、山西、江西、福建、湖北、四川、贵州、云南、西藏；朝鲜，俄罗斯，阿富汗，吉尔吉斯斯坦，伊朗，欧洲。

注： 经检标本的前胸背板两侧具细毛，但并不是粗大的黑毛。北京5月见成虫于灯下，幼虫见于栓皮栎叶片上，捕食螨类及其他小昆虫。

幼虫（栓皮栎，平谷石片梁，2018.V.30）

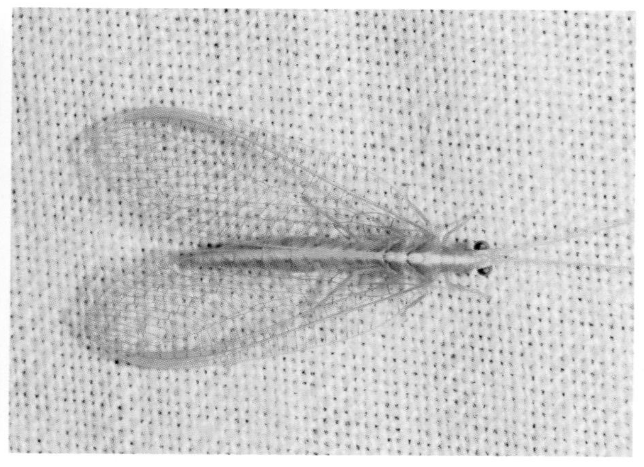

成虫（平谷石片梁，2018.V.30）

北京意草蛉
Italochrysa beijingana Yang et Wang, 2005

体长13.5毫米，前翅长28毫米。头及口器鲜黄色，触角基部2节鲜黄色，余黑色，端半部黑褐色；胸及腹部鲜黄色，腹部带有绿色；足黄白色，胫节色稍暗，跗节褐色；翅黄白色，前翅前缘区基部8～9根横脉黑色，且粗大。

分布：北京。

注：北京7～8月可见成虫，具趋光性。

成虫（板栗，平谷石片梁，2018.VII.6）

玉带尼草蛉
Nineta vittata (Wesmael, 1841)

前翅长20.5～22.0毫米。头部无斑，下颚须第3～4节背面黑褐色，下唇须浅色；触角柄节同头色，其余黄褐色。胸部绿色，具黄色纵带；前胸背板短，宽大于长。前翅翅脉多绿色，仅基部具数条脉褐色；前缘横脉列32～57条，基部数条褐色，径横脉20条，内外阶脉=12～13/12～14条。

分布：北京*、陕西、宁夏、内蒙古、黑龙江、台湾、湖北、湖南、四川；日本，朝鲜，俄罗斯，欧洲。

注：本种个体大，触角柄节长形，长约为端部宽的2倍，易与其他种区分。

成虫（门头沟东灵山，2014.VIII.21）

鲁叉草蛉

Pseudomallada cognatellus (Okamoto, 1914)

前翅长10.0～14.5毫米。头淡绿色，触角基2节与头同色；颊斑、唇基斑和触角之间的中斑黑褐色，其中颊斑和唇基斑相连；颚唇须黑褐色；复眼金红色。胸部绿色，前胸背板两侧前方微染红褐色。翅透明，前翅翅脉多黑褐色，但纵脉绿色。

分布：北京、山东、台湾；日本。

注：本图触角之间未见中斑，或许此斑可以消失。北京8～9月灯下可见成虫。

成虫（怀柔中榆树店，2017.IX.13）

弓弧叉草蛉

Pseudomallada prasinus (Burmeister, 1839)

前翅长12毫米。头部触角间具1中斑，唇基斑较小，不明显；下颚须端部黑褐色，前2节基部黑褐色。前胸背板中后部两侧各具1黑色斑，侧缘各具3个黑色斑。前后翅基部前缘各具1黑色点；前缘横脉列21条，黑色（其中最基部1条仅一半黑色，最外1条浅色），径横脉12条，最内侧1条黑色，其他黑色，但端部浅色，或最端部黑褐色；内外阶脉=6/7条，浅褐色；后翅横脉列18条，黑褐色；径横脉12条，褐色（有时仅端部浅色）；阶脉4/6条，无色；翅基具3根横脉黑色，外侧尚有6～7条横脉具黑色部分。

分布：北京、黑龙江；日本，俄罗斯，蒙古国，阿富汗至欧洲。

注：经检标本的前胸背板具1对黑色斑，两侧各有3对黑色点，这与日本的并不相同。本种可能存在隐种（Yi et al., 2018）。

成虫（蒙桑，延庆黄峪口，2015.VI.9）

秦岭叉草蛉

Pseudomallada qinlingensis (Yang et Yang, 1989)

体长8毫米，前翅11毫米。头玉白色，触角浅褐色，基部2节同头色，长度与前翅相近。头具黑色颊斑及唇基斑，并连成一线；下颚须黑褐色，下唇须浅色，端2节背面褐色；胸背玉白色，前胸背板两侧红褐色；足浅色，布满褐色短毛。前缘横脉列18～20条，径横脉11～12条，前翅内外阶脉=5～6/6～7条，后翅阶脉3～4/6条。

分布：北京、陕西、甘肃、安徽、湖北、四川。

注：过去我国本属学名用*Dichochrysa* Yang。本种的前翅横脉、阶脉均呈黑色（阶脉有变化），易与常见种区分。北京6月可见成虫于灯下。

成虫（昌平长峪城，2016.VI.22）

中华啮粉蛉

Conwentzia sinica Yang, 1974

前翅长3.0～3.7毫米。体翅白色，被有蜡粉。触角31～35节，基部2节淡黄色，柄节粗大，梗节稍细，长为宽的1.5倍，鞭节褐色。前翅脉如图（前翅横脉的Sc_2及 r横脉均无色透明，后者仅在近R_{2+3}处显现，图中用红色箭头指出）。后翅短小，约为前翅长的1/2，除前2脉淡褐色外，其余翅脉无色。中后足胫节在中部膨大，比腿节粗而长，跗节5节。

分布：北京、陕西、甘肃、吉林、辽宁、河北、山西、江苏、浙江、福建、广东、广西、云南。

注：原始描述前翅2.5～3.0 毫米，触角31～36节（杨集昆，1974）。捕食多种叶螨（尤其是竹类上的叶螨），成虫具趋光性。

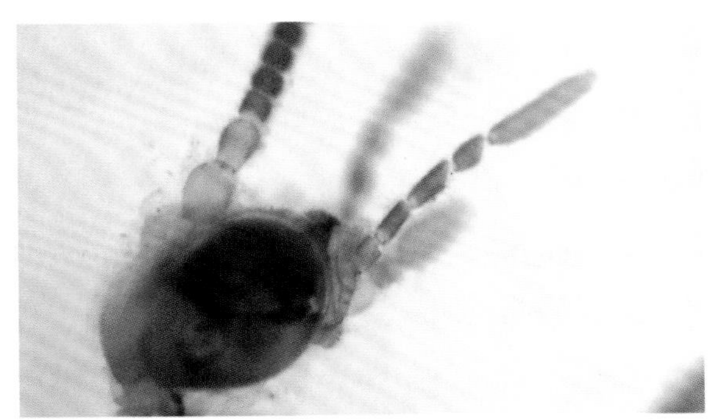

头部示触角基部及小颚须

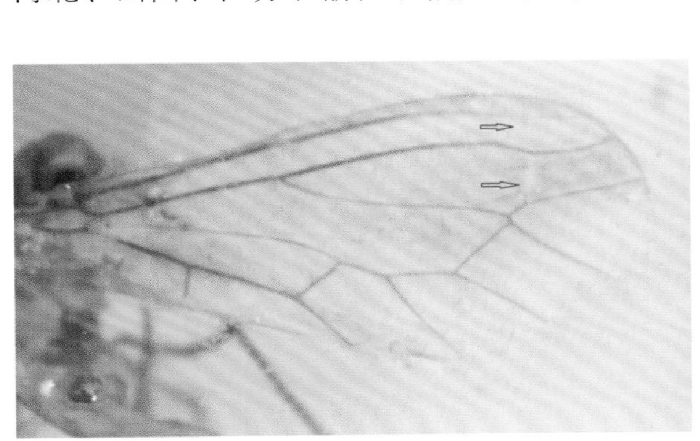

前翅翅脉

成虫（竹，北京市农林科学院，2020.X.26）

双刺褐蛉
Hemerobius bispinus Banks, 1940

前翅长5毫米。头及触角淡黄褐色，复眼后方褐色；颚唇须黄褐色，但端部第2节暗褐色。胸部淡黄褐色，两侧褐色；腹部淡黄褐色，背板两侧暗褐色，腹面两侧具细暗褐色纵带。前翅淡褐色，纵脉布短褐色带，肘脉具3个较大的黑色点；阶脉内外组=5/6个，褐色。

分布：北京、甘肃、新疆、四川、西藏。

注：与全北褐蛉 *Hemerobius humuli* Linnaeus, 1761很像，但本种个体更小、颜色更浅；在雄性外生殖器上明显不同，本种臀板下角长，与上方的刺突围成“U”形，刺突端部上方具2枚齿，后者臀板下角短，刺突端部上方具1枚齿。

成虫（门头沟小龙门，2015.VIII.19）

埃褐蛉
Hemerobius exoterus Navás, 1936

前翅长6.8毫米。头黄褐色，复眼前两颊至上颚处暗褐色；颚唇须褐色，端部前1节颜色加深；胸部褐色，背中线黄褐色。前翅外缘及后缘的缘脉Y形，其间具小褐色点，与脉端的褐色点相近；内外阶脉=6/7条，褐色。雄虫臀板长形，略呈牛角形，但端部不尖。

分布：北京、河南、江西、福建、四川；俄罗斯。

注：本种从翅痣带绛红色、前翅外缘及后缘颜色较深可与其他种区分。北京5月、8～9月见成虫于灯下。

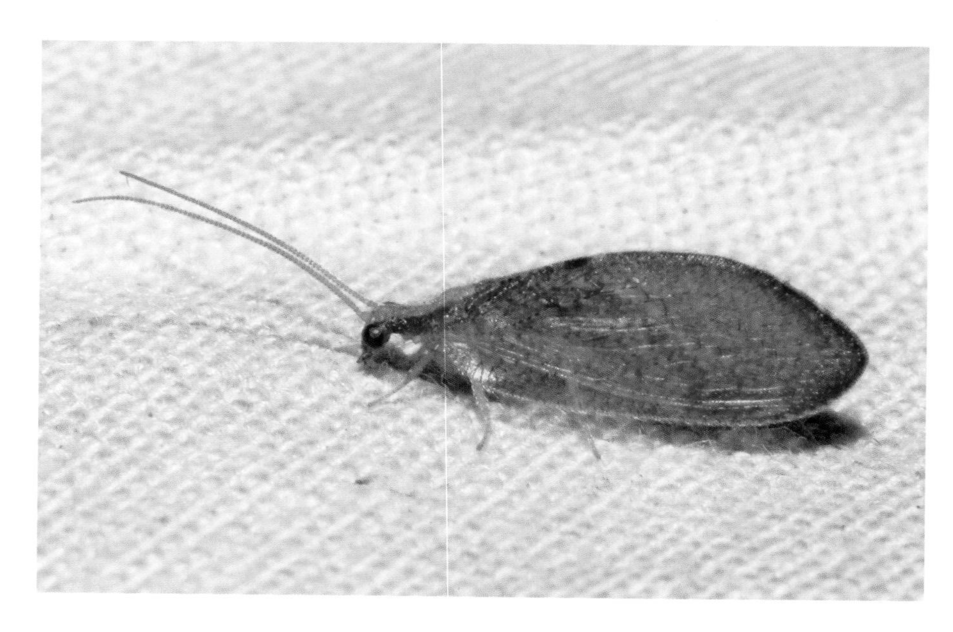
成虫（门头沟小龙门，2015.VIII.19）

全北褐蛉

Hemerobius humulius Linnaeus, 1761

前翅长6～8毫米。头顶至后胸背中央具黄色宽带，以中胸处最宽，前胸两侧深褐色，中后胸背板两侧褐色。触角黄褐色，59～61节。腹部黄褐色，背板色较深。前翅翅脉黄白色，具黑褐色或黑色小点，翅面具断续的灰褐色波状横纹，两组阶脉黑褐色，在近翅基的后角（Cu脉）外具2个黑色斑点，明显大于其他翅脉上的黑色点。

分布： 北京、陕西、甘肃、内蒙古、吉林、辽宁、河北、山西、山东、江苏、浙江、江西、湖北、四川；日本，俄罗斯，欧洲，北美洲。

注： 《王家园昆虫》中本种名误写为*humuli*。较为常见的种类，捕食多种蚧、蚜和螨等。北京3～9月可见成虫，具趋光性。

成虫（竹，北京市农林科学院，2012.VI.13）

日本褐蛉

Hemerobius japonicus Nakahara, 1915

前翅长8.0毫米。头黄褐色，复眼前后部分、上颚（除基部）、颚唇须（除端节）暗褐色；触角黄褐色，短，远不及翅长。前胸背板黄褐色，两侧暗褐色。前翅透明，具许多褐色纹，多呈齿形相连；翅脉具黑褐色斑点，肘脉上尤其明显；内外阶脉=6/7条。

分布： 北京、陕西、甘肃、河北、河南、西藏；日本。

注： 与赵旸（2016）所附的翅脉图有差异。北京4月见成虫于灯下。

成虫（平谷石片梁，2019.IV.17）

点线褐蛉
Hemerobius sp.

前翅长5.5～6.8毫米。头黑褐色，头顶褐色，具褐色毛；颚唇须黑褐色，端节均浅色；触角长于前翅，基2节黑褐色，鞭节褐色（每节基部浅色）；前胸背板褐色，无浅色纵纹，具褐色长毛。前翅褐色，纵脉上密布小褐色点（褐色点间距大于褐色点），每个褐色点具1根浅褐色毛；阶脉内外=5/6条，横脉颜色较浅（个别脉稍显），翅基部的2根横脉无色。

分布：北京。

注：雄虫外生殖器和外形上与*Hemerobius handschini* Tjeder, 1957接近，但后者前胸背板及腹部具暗黑色毛。北京4月、8～9月见于灯下。

成虫（怀柔喇叭沟门，2016.IX.19）

双弧褐蛉
Hemerobius sp.

前翅长5.5～6.5毫米。头黄褐色，额部褐色；颚唇须褐色，但均端节暗褐色（顶部浅色）；触角黄褐色，并向端部颜色加深。前翅透明，具黑褐色斑，翅脉淡白色，多具褐色短纹；阶脉内外=6/7条，黑褐色。雄腹端侧视，臀板近菱形向后斜伸，下角末端细长，顶端不收尖，弯向内侧，与另一侧的下角端部相对；臀板背缘2/3处具刺突，比下角尖细且顶端尖锐，与另一侧的刺突相对，基半部具毛。

分布：北京。

注：本种与赵旸（2016）和Yi等（2018）从北京记录的亚三角褐蛉*Hemerobius subtriangulus* Yang, 1987为同一种，但与原描述（杨集昆，1987）并不相同，系误定。北京6～7月见成虫于灯下。

成虫（房山蒲洼东村，2016.VII.12）

角纹脉褐蛉

Micromus angulatus (Stephens, 1836)

前翅长6.0～6.2毫米。体红褐色，触角褐色，颚唇须黄褐色。胸部背面具浅色纵纹。前翅椭圆形，翅面具大小不等的褐色斑和黄褐色波状纹；翅脉呈黄褐色，内外阶脉=4～5/6～7条，暗褐色；前翅后缘具小黑褐色点及较为粗壮的刚毛。

分布：北京、陕西、宁夏、内蒙古、河北、河南、浙江、台湾、湖北、云南；日本，朝鲜，俄罗斯，蒙古国至欧洲，北非，北美洲。

注：翅的放置方式与双翅啬褐蛉*Psectra diptera* (Burmeister, 1839) 相近，但后者触角暗褐色、颚唇须黑褐色而不同。北京较为常见种。

成虫（门头沟小龙门，2013.V.23）

农脉褐蛉

Micromus paganus (Linnaeus, 1767)

前翅长10毫米。体浅红褐色，颚唇须、触角及足黄褐色。触角可伸达翅的中部，柄节膨大。前翅浅褐色，边缘具褐色斑；翅脉浅褐色，偶具褐色部分；内外阶脉=5/7条，褐色。

分布：北京、新疆、内蒙古、黑龙江、河北、山西、湖北、湖南、广西、四川、云南；日本，俄罗斯，蒙古国，哈萨克斯坦，欧洲。

注：本种个体稍大（前翅可超过10毫米）、触角柄节膨大、颚唇须黄褐色。

成虫（密云雾灵山，2014.IX.17）

薄叶脉线蛉
Neuronema laminatum Tjeder, 1937

前翅长11毫米。头黄褐色，具许多黑褐色斑点；触角柄节腹面具暗褐色斑，下颚须端节基半部背面黑褐色（分界不明）。前翅宽大，内外阶脉=11/13条，黑褐色，翅面具3条暗褐色横纹，其中中线直，中部稍弯或较明显曲折；前翅后缘中央具1透明斑，三角形，翅脉白色。

分布： 北京、陕西、宁夏、甘肃、内蒙古、黑龙江、吉林、辽宁、河北、山西、河南、安徽、福建、湖北、湖南、广西、四川；俄罗斯。

注： 国内记录的3个亚种（杨集昆，1964）均被认为是异名。北京7～8月可见成虫，具趋光性。

成虫（门头沟小龙门，2014.VII.8）

丫形脉线蛉
Neuronema ypsilum Zhao, Yan et Liu, 2013

前翅11.7毫米。头黄褐色，头顶具多个褐色斑点；触角褐色，基部2节浅褐色；颚唇须端节淡黄色，基部背面褐色（或黑褐色）。前胸背板黑褐色，中央两侧各具褐色纵条。前翅褐色，基半部中央具三角形黑褐色斑，外侧和下缘为黑色，其外侧具前端稍钩形的黑褐色点线。

分布： 北京、陕西。

注： 本种的模式产地为北京小龙门（Zhao et al., 2013）。与北京有分布的薄叶脉线蛉*Neuronema laminatum* Tjeder, 1937相近，但前翅后缘近中部无透明三角形斑。

成虫（门头沟小龙门，2015.VIII.19）

双翅啬褐蛉

Psectra diptera (Burmeister, 1839)

前翅长4.2～4.5毫米。头暗褐色，头顶褐色，颚唇须黑褐色；触角窝黄褐色；触角暗褐色，长于前翅；柄节褐色，长稍不及端宽的2倍。胸腹部褐色，胸部背板具暗褐色斑点；足黄褐色，爪简单；前、中足胫节和股节一样粗，长度相近，后足胫节明显长于股节。前翅浅褐色，散布大小不等的褐色斑，内外阶脉=6/1条，黑褐色。

分布： 北京*、黑龙江、河北；日本，俄罗斯，格鲁吉亚，欧洲，北美洲。

注： 这种褐蛉还有另一种形态，后翅退化。我国首先由严冰珍（2006）记录于河北和黑龙江；但有关足的描述并不相同。北京7月、9月见成虫于灯下。

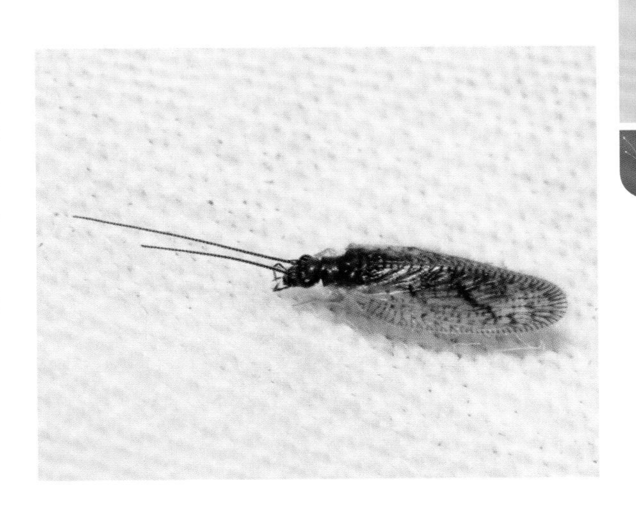

雌成虫（怀柔汤河口，2019.VII.3）

满洲益蛉

Sympherobius manchuricus Nakahara, 1960

前翅长4.5～4.7毫米。头（包括颚唇须）黑褐色，触角黄褐色；胸部褐色至黑褐色，中部具浅色带（中胸尤其明显）；足黄褐色。前翅浅褐色至褐色，翅脉暗褐色，在横脉处及翅后缘具黑褐色斑，分界不明显；从胫脉中分出2支Rs脉。

分布： 北京、陕西、青海、甘肃、内蒙古、黑龙江、河北；朝鲜，俄罗斯，蒙古国。

注： 北京4～5月、9月灯下可见成虫。

成虫（平谷金海湖，2016.IX.14）

云松益蛉

Sympherobius yunpinus Yang, 1986

前翅长4.0毫米。体褐色，体腹面（包括足）浅褐色，端跗节稍深。头部褐色至暗褐色，颚唇须暗褐色，其端节色均稍浅；触角褐色，55节，稍短于前翅。前翅透明，翅脉暗褐色，翅面布满灰褐色小碎斑。前翅内外阶脉=4/4条，内组4段，略分2组，各组内稍错开，外组也与此相近。

分布：北京、宁夏、河北、福建、云南。

注：本种个体较小，前翅布满灰褐色碎斑，雄性臀板具3枚刺，其中背刺长而直，腹刺短而内弯，各刺的顶端均为黑色。

成虫（平谷金海湖，2016.V.10）

双钩齐褐蛉

Wesmaelius bihamitus (Yang, 1980)

前翅长7.2毫米。体黄褐色，触角基2节黄褐色，余暗褐色；两复眼间具2个长方形褐色斑，占满整个额间；头顶具众多褐色小点。前胸背板两侧缘具黑褐色纵纹。前翅较狭长，顶角略尖，布满褐色斑，后缘基半部颜色较深；翅脉褐色与透明相间，肘脉上的黑色斑点强大而明显，阶脉4组，黑褐色。

分布：北京、陕西、宁夏、河北、天津、四川、西藏。

注：与尖顶齐褐蛉*Wesmaelius nervosus* (Fabricius, 1793) 相像，但后者前翅后缘颜色较浅、肘脉上的黑色点不特别粗大。北京4～5月、9月可见成虫，具趋光性。

成虫（平谷石片梁，2019.IV.17）

尖顶齐褐蛉
Wesmaelius nervosus (Fabricius, 1793)

前翅长约8毫米。体黄褐色，头部触角窝前黑褐色，触角柄节腹面具褐色斑，鞭节各节具褐色环；胸部两侧具黑褐色纵带；前足胫节具褐色斑。前翅卵圆形，翅端略尖，翅脉密布间断的黑色点，阶脉黑色，后缘基部1/3处具明显黑褐色斑，其外侧尚有几个缘斑。后翅半透明，无斑（翅脉颜色略深）。

分布：北京*、甘肃、内蒙古、辽宁、河北、西藏；俄罗斯，吉尔吉斯斯坦，欧洲，北美洲。

注：本种异名较多，描述于我国辽宁和河北的*Kimminsia acuminata* Yang, 1980为本种异名。北京见于杜梨叶片上，其上有木虱寄生。

成虫（杜梨，门头沟小龙门，2018.V.10）

雾灵齐褐蛉
Wesmaelius ulingensis (Yang, 1980)

前翅长8.8～10.0毫米。触角第1节具褐色斑（腹面），61～64节。头部及胸部中央具污黄色纵带，并具褐色斑；头在触角以下黑褐色。前翅褐色具暗褐色斑点，常在翅后缘的基半部形成明显的黑褐色斑（并与胸侧的黑色斑相连）；翅脉黑褐色，具断续白色部分。

分布：北京*、河北。

注：北京3～5月、9月可见成虫，具趋光性。

成虫（门头沟小龙门，2018.V.11）

栉形等鳞蛉

Isoscelipteron pectinatum (Navás, 1905)

雌虫体长7.0毫米，前翅长9.6毫米，后翅8.6毫米。身体、触角、翅及足均多毛。前翅翅缘（尤其后缘）具暗色斑，翅端斜突成尖角，外缘弧凹。腹端具1对细长的侧生殖突，约与腹末4节长度相近；第8腹节腹面具1对膜质的指形突，其端部可接近侧生殖突的中部。

分布： 北京*、山东、上海、浙江、贵州、四川。

注： 我国已知等鳞蛉*Isoscelipteron* 5种（Li et al., 2018），经检的标本个体略小。北京8月见成虫于灯下。

雌虫（房山蒲洼村，2020.VIII.6）

蛇蛉目

《北京林业昆虫图谱（Ⅱ）》

盲蛇蛉
Inocellia sp.

雄虫体长8.0毫米，前翅7.5毫米。头黑色，唇基黄褐色，触角基部数节黄褐色，其余褐色；胸部背板黑色，中后胸小盾片黄色，其前方各有1黄色斑；腹部黑色，每节后缘具黄色横带。翅无色透明，翅痣黑褐色。

分布：北京。

注：本种与福建盲蛇蛉*Inocellia fujiana* Yang, 1999很接近，该种雄虫臀板颜色浅，仅末端色较深；而本种的臀板基半部黑褐色，端半部黄色。北京6月见成虫于白桦上。《北京林业昆虫图谱（I）》介绍了蛇蛉科的戈壁黄痣蛇蛉*Xanthostigma gobicola* Aspock et Aspock, 1990。

雄虫（怀柔喇叭沟门，2015.VI.10）

广翅目

MEGALOPTERA

《北京林业昆虫图谱（Ⅱ）》

东方巨齿蛉

Acanthacorydalis orientalis (McLachlan, 1899)

前翅长67～80毫米。体黑褐色，头部单眼区黑色，其前方具1黄白色长形斑，后方具2个近三角形黄白色斑；触角窝的前方各具1大黄白色斑。前胸背板中线黄白色（有时呈树形），前侧各具1水滴状黄斑，其后具不规则斑。

分布： 北京、陕西、甘肃、天津、河北、山西、河南、福建、湖北、湖南、广东、重庆、四川、云南。

注： 齿蛉幼虫具强大的上颚，可捕食水生无脊椎动物，如蜉蝣、石蝇、小河虾等。雄虫的上颚明显比雌虫长，约为头长的1.5倍，而雌虫的上颚不及头长。北京6～7月见成虫于灯下。

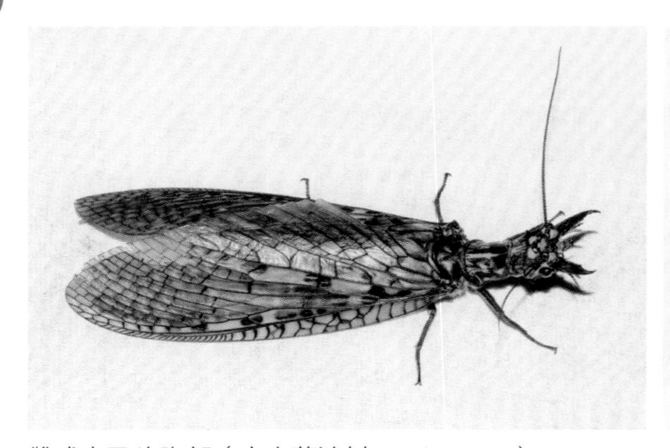

雌成虫及头胸部（房山蒲洼村，2019.VI.25）

炎黄星齿蛉

Protohermes xanthodes Navás, 1913

前翅长37～51毫米。体黄白色至黄褐色，触角（除柄节及梗节基部）、上颚端部、复眼、单眼基部黑色，复眼后部各具3个黑色斑（大小和形状有变化，其后尚有1～2个黑色斑）；前胸背板近侧缘各具1对黑色斑。前翅透明，稍带烟褐色，纵脉褐色，其中M_{3+4}和Cu_1具淡黄色部分。

分布： 北京、陕西、甘肃、辽宁、河北、山西、河南、山东、安徽、浙江、江西、湖北、湖南、广东、广西、重庆、四川、贵州、云南；朝鲜，俄罗斯。

注： 北京5～8月可见成虫于灯下。

成虫及头胸部（怀柔喇叭沟门，2014.VII.16）

圆端斑鱼蛉

Neochauliodes rotundatus Tjeder, 1937

前翅长35～45毫米。头部黄褐色至黑褐色；前胸黄褐色，背板两侧具褐色至黑褐色纵纹；足黑褐色；前翅前缘域近基部具1个褐色斑，翅基部具少量褐色（有时无），中横带较宽，翅端部呈大片相连的褐色斑。

分布：北京、陕西、甘肃、黑龙江、河北、河南、湖北、重庆、四川。

注：《秦岭昆虫志》中本种所附的图与小碎斑鱼蛉*Neochauliodes sparsus* Liu et Yang, 2005混淆，图应互换。北京7～8月可见成虫于灯下。

雄虫（平谷鱼子山，2019.VII.16）

鞘翅目

COLEOPTERA

《北京林业昆虫图谱（Ⅱ）》

远东龟铁甲

Cassidispa relicta Medvedev, 1957

体长4.7毫米。体黑色，具光泽，触角、前胸敞边及鞘翅敞边的前、中和后部棕红色，腹部腹面两侧黄棕色。前胸背板侧缘具齿13枚，齿较短粗，不甚尖锐。鞘翅侧缘中部凹入明显，共有锯齿37～38枚。

分布： 北京、内蒙古、河北、山西；俄罗斯。

注： 国内记录的黑龟铁甲 *Cassidispa mirabilis*（陈世骧等, 1986; 虞国跃, 2020; nec. Gestro, 1899）是本种的误定。*Cassidispa mirabilis* Gestro, 1899模式产地为四川，形态与本种明显不同：体长5.8～6.0毫米，前胸背板侧缘具16枚齿，鞘翅侧缘浅色，具2个黑色斑（两斑间的浅色区与黑色斑大小相近）（Gestro, 1899）。幼虫潜叶，寄主为白桦，偶见于其他植物（如榆、山杨、青杨和山杏）（Liao et al., 2018）。近年来在内蒙古大青山等地的白桦林上发生量较大（张志林等, 2020）。

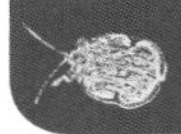

成虫背面和腹面（白桦，密云雾灵山，2015.V.12）

黑跗曲波萤叶甲
Doryxenoides tibialis Laboissière, 1927

体长10～12毫米。体黄色至黄褐色，头胸部色稍深，触角黑色，第1节基大部常浅色（有时浅色区较小），足腿节端部及以下黑色。触角第1节略弯，向端部膨大；第2节短，长不及第3节之半，第4节长，略长于第3节。前胸背板宽大于长，侧缘前半部近于平行，后半部明显向后收缩。小盾片舌形。每鞘翅具4条细纵线，后侧缘常扩展。

分布：北京、陕西、河北、湖北、云南；尼泊尔，朝鲜。

注：寄主栓皮栎、槲树、蒙古栎等栎类。1年1代，以卵块在寄主植物小枝上越冬。4月中旬开始孵化，低龄和中龄幼虫群集取食，并聚集在枝叉处一起脱皮，高龄后可分散生活。5月为幼虫发生高峰期。5月中下旬陆续下地，在表土中化蛹。8月中下旬出现成虫，可持续至10月下旬，具趋光性。有时发生量较大，幼虫可造成栎类大片失叶。其他北京甲虫可参见《北京甲虫生态图谱》（虞国跃, 2020）。

卵（蒙古栎，密云雾灵山，2019.X.17）

幼虫（蒙古栎，门头沟小龙门，2018.V.11）

成虫（槲树，怀柔中榆树店，2017.IX.13）

为害状（蒙古栎，门头沟小龙门，2018.V.11）

鳞翅目

《北京林业昆虫图谱（Ⅱ）》

齿纹丛螟

Epilepia dentata (Matsumura & Shibuya, 1927)

前翅长10.7～12.7毫米。体背及前翅黄褐色，具黑褐色或黑色斑纹，有时胸部及前翅基半部染有绿色。下唇须灰白色或淡黄色，第2节端部及第3节黑褐色，第2节长大，伸过头顶，第3节短小，尖细。雄虫下颚须端部着生淡黄色长毛丛（基半部锈红色），有时隐藏在下唇须内而不易见。触角褐色，雄虫腹面具淡白色纤毛，较密，明显长于触角直径。前翅内横线黑色，在前缘部分消失或不明显；中室端具1个黑色斑，此斑内侧与内横线之间具另1黑色斑；外横线略呈锯齿状，在翅中部明显向外突出；缘线黑褐色，翅脉处黄褐色。

分布： 北京、河北、天津、山西、河南、浙江、福建、台湾、湖北、湖南、广西、海南、四川、贵州；日本，朝鲜。

注： 本种名也有用*dentatum*。2018年8月下旬房山区（蒲洼等地）5万多亩[1]鹅耳枥林叶片被食，山林枯黄，齿纹丛螟是最主要的食叶昆虫。过去除形态外，寄主、幼虫、生物学等均未有记载。成虫具强趋光性。北京蛾类常见种可参考《北京蛾类图谱》（虞国跃，2015）。

① 1 亩≈ 666.7m²

幼虫（鹅耳枥，房山蒲洼，2019.VIII.11）

雄虫（平谷鱼子山，2019.VII.16）

膜翅目

HYMENOPTERA

《北京林业昆虫图谱（Ⅱ）》

榆突瓣叶蜂
Nematus ulmicola Togashi, 1998

体长雌虫8.7毫米，雄虫6.5～6.7毫米。体黑色。触角9节，基部2节黑色，鞭节黑褐色或黑色。前翅透明，淡烟色，黑色翅痣下的两翅室颜色稍深。足黑色，但基节端部（前足基大部分、中足基半部黑色）、转节及腿节基部，以及前、中足胫节和跗节黄白色（中足胫节端褐色），后足黑色，腿节基部、胫节基半部黄白色；爪端部具双齿，无扩大的基部。雄虫腹部第8背板中央向后突出，略呈“T”形；雌虫无此类突出结构。

分布：北京*、河北；朝鲜。

注：中国新记录种，新拟的中文名，从学名。翅基片侧缘白色纹不明显，这与原始描述有异（Togashi, 1998）。寄主为榆。1年1代，以老熟幼虫在土中（深约10厘米）越冬。6月下旬至8月初可见成虫。雌虫产卵于叶背主脉一侧或两侧。幼虫多见于8～9月，成群生活（老龄后分开）。卵期天敌有黑头通草蛉*Chrysoperla nigrocapitata* Henry et al., 2015、朝鲜环盲蝽*Cimicicapsus koreanus* (Linnavuori, 1963) 等，幼虫期天敌有蠋蝽*Arma chinensis* (Fallou, 1887)。

卵（榆，平谷金海湖，2013.VIII.15）

低龄幼虫（榆，平谷金海湖，2013.VIII.15）

大龄幼虫（榆，平谷金海湖，2014.VIII.4）

雄虫（榆，平谷金海湖，2014.VIII.4）

雌虫（榆，平谷金海湖，2014.VIII.4）

主要参考文献

卜文俊, 郑乐怡 . 2001. 中国动物志 昆虫纲 第 24 卷 半翅目 毛唇花蝽科 细角花蝽科 花蝽科 . 北京 : 科学出版社 : 258.

卜云 . 2018. 双尾纲 Diplura. 见 : 廉振民 . 秦岭昆虫志 低等昆虫及直翅类 . 西安 : 世界图书出版公司 : 547.

彩万志, 赵萍, 曹明亮 . 2017. 十三、猎蝽科 Reduviidae. 见 : 彩万志等 . 河南昆虫志 半翅目 : 异翅亚目 . 北京 : 科学出版社 : 783, +28 图版 .

蔡波, 乐大春, 卜文俊 . 2018. 十六、跷蝽科 Berytidae. 见 : 卜文俊, 刘国卿 . 秦岭昆虫志 半翅目 异翅亚目 . 西安 : 世界图书出版公司 : 679, +5 图版 .

蔡平, 何俊华 . 1997. 耳叶蝉科四新种记述 (同翅目 : 叶蝉总科). 武夷科学 , 13: 8-15.

蔡平, 墨铁路 . 1992. 角胸叶蝉属一新种及二其它种雄性记述 (同翅目 : 叶蝉总科 : 耳叶蝉科). 安徽农业大学学报 , 19 (2): 133-137.

蔡平, 孟绪武 . 1991. 耳叶蝉属一新种 . 安徽农业大学学报 , 18 (3): 169-171.

蔡平, 申效诚 . 1998. 河南省叶蝉科新种记述 (同翅目 : 叶蝉总科). 见 : 申效诚, 时振亚 . 伏牛山区昆虫 . 北京 : 中国农业科技出版社 : 368.

蔡平, 申效诚 . 1998. 伏牛山区片角叶蝉亚科八新种 (同翅目 : 叶蝉总科). 见 : 申效诚, 时振亚 . 伏牛山区昆虫 . 北京 : 中国农业科技出版社 : 368.

蔡平, 沈雪林 . 2010. 中国长突叶蝉属三新种记述 (半翅目 : 叶蝉科 : 叶蝉亚科). 昆虫分类学报 , 32 (增刊): 13-19.

曹文秋, 林思雨, 王雨晴, 等 . 2017. 吐鲁番葡萄园葡萄阿小叶蝉发生规律及寄生蜂资源调查 . 环境昆虫学报 , 39 (2): 396-404.

柴金艳 . 2019. 中国蝈螽属分子界定和整合分类研究 . 保定 : 河北大学硕士学位论文 : 112.

陈世骧等 . 1986. 中国动物志 昆虫纲 第二卷 鞘翅目 铁甲科 . 北京 : 科学出版社 : 653.

陈祥盛, 杨琳, 李子忠 . 2012. 中国竹子叶蝉 . 北京 : 中国林业出版社 : 218.

陈一心, 马文珍 . 2004. 中国动物志 昆虫纲 第 35 卷 革翅目 . 北京 : 科学出版社 : 414, +8 图版 .

陈振耀 . 1989. 匙同蝽属 (*Elasmucha* Stål) 一新种 (半翅目 : 同蝽科). 中山大学学报 (自然科学版), 28 (3): 80-81.

戴仁怀, 邢济春 . 2010. 突茎叶蝉属——中国新纪录 (半翅目 : 叶蝉科 : 角顶叶蝉亚科). 山地农业生物学报 , 29 (6): 544-546.

丁丹, 孙桂华, 刘国卿 . 2009. 三十四、同蝽科 Acanthosomatidae. 见 : 刘国卿, 卜文俊 . 河北动物志 半翅目 : 异翅亚目 . 北京 : 中国农业科学技术出版社 : 527, +8 图版 .

傅强，何佳春，谢茂成 . 2012. 中国稻区常见飞虱原色图鉴 . 杭州：浙江科学技术出版社：108.

葛钟麟 . 1966. 中国经济昆虫志 第十册 叶蝉科 . 北京：科学出版社：170.

葛钟麟 . 1980. 飞虱科五新种描述 . 昆虫学报 , 23 (2): 195-201.

葛钟麟，蔡平 . 1994. 耳叶蝉属四新种 (同翅目：耳叶蝉科). 动物分类学报 , 19 (2): 195-201.

韩吐雅 . 2017. 蒙古高原姬缘蝽科 (Hemiptera; Heteroptera; Rhopalidae) 昆虫的分类学研究 (半翅目 , 异翅亚目 , 姬缘蝽科). 呼和浩特：内蒙古师范大学硕士学位论文：55.

扈丹，闫小英，黄敏 . 2015. 关中地区葡萄二黄斑叶蝉生物学特性及种群消长规律 . 西北农林科技大学学报 (自然科学版), 43 (6): 59-66.

黄敏 . 2003. 中国小叶蝉族分类研究 (同翅目：叶蝉科：小叶蝉亚科). 杨凌：西北农林大学博士学位论文：274.

焦猛 . 2017. 中国眼小叶蝉族和叉脉叶蝉族系统分类研究 . 贵阳：贵州大学博士学位论文：249.

经希立 . 1981. 网蝽科 . 见：萧采瑜等编 . 中国蝽类昆虫鉴定手册 (半翅目 异翅亚目) 第二册 . 北京：科学出版社：654, +85 图版 .

李法圣 . 2011. 中国木虱志 昆虫纲：半翅目 (上下卷). 北京：科学出版社：1976, +19 图版 .

李法圣，孙力华 . 1995. 辽宁地区木虱科 5 新种 (同翅目：木虱总科). 沈阳农业大学学报 , 26 (1): 72-75.

李鸿阳，郑乐怡 . 1991. 斜唇盲蝽属中国种类初记 (半翅目：盲蝽科). 南开大学学报 (自然科学), (3): 88-97.

李建达 . 2010. 中国叶蝉亚科区系分类研究 . 贵阳：贵州大学硕士学位论文：108.

李俊兰，能乃扎布 . 2004. 内蒙古长蝽科昆虫新种新记录记述 (半翅目：长蝽科). 昆虫分类学报 , 26 (3): 166-170.

李帅，杨春，杨文，周玉锋，张玉波，孟泽洪 . 2018. 茶扁叶蝉 *Chanohirata theae* (Matsumura) 的生物学特性 . 植物保护 , 44 (3): 156-162.

李玉建 . 2009. 中国耳叶蝉亚科区系分类研究 (半翅目：叶蝉科). 贵阳：贵州大学硕士学位论文：123.

李子忠，曹巍，李建达 . 2010. 为害柳树的叶蝉 1 新种 (半翅目：叶蝉科：片角叶蝉亚科). 林业科学 , 46 (10): 89-90.

李子忠，戴仁怀，邢济春 . 2011. 中国角顶叶蝉 (半翅目：叶蝉科). 北京：科学普及出版社：336, +12 图版 .

李子忠，宋月华，闫家河 . 2009. 为害白榆的叶蝉 1 新种 (半翅目：叶蝉科：殃叶蝉亚科). 林业科学 , 45 (1): 88-89.

李子忠，汪廉敏 . 1993. 贵州短头叶蝉属五新种 (同翅目：叶蝉科). 动物学研究 , 14 (1): 15-20.

李子忠，张斌，闫家河．2008. 中国新纪录属（半翅目 叶蝉科 片角叶蝉亚科）及二新种记述．动物分类学报，33 (3): 595-599.
李子忠，张斌．2005. 中国拟菱纹叶蝉属分类研究（半翅目，叶蝉科，殃叶蝉亚科）. 动物分类学报，30 (4): 794-797.
梁爱萍，蔡平，葛钟麟，何俊华．1997. 同翅目：叶蝉科．见：杨星科．长江三峡库区昆虫，上册．重庆：重庆出版社：974.
梁铬球．1991. 台蚱属三新种（直翅目：蚱科）. 中山大学学报，30 (2): 113-118.
梁铬球，郑哲民．1998. 中国动物志 昆虫纲 第 12 卷 直翅目 蚱总科．北京：科学出版社：272.
刘国卿，郑乐怡．2014. 中国动物志 昆虫纲 第 62 卷 半翅目 盲蝽科（二） 合垫盲蝽亚科．北京：科学出版社：282, +13 图版．
卢葳，张宏瑞，李正跃，陆星星．2016. 领针蓟马 (*Helionothrips*) 识别及其对芋头的危害．南方农业学报，47 (5): 667-671.
罗强，陈祥盛，杨琳．2017. 中国额垠叶蝉属的形态比较研究．四川动物，36 (1): 75-81.
齐宝瑛，能乃扎布．1994. 中国内蒙古齿爪盲蝽亚科新种和新纪录（半翅目：异翅亚目：盲蝽科）. 动物分类学报，19 (4): 458-464.
任树芝．1998. 中国动物志 昆虫纲 第 13 卷 半翅目 异翅亚目 姬蝽科．北京：科学出版社：244, +12 图版．
任树芝，杨集昆．1988. 中国树蝽科新属及新种记述（半翅目：异翅亚目）. 昆虫分类学报，10 (1/2): 75-82.
沈雪林．2009. 河南叶蝉分类、区系及系统发育研究．苏州：苏州大学硕士学位论文：308.
孙晶．2009. 中国耳叶蝉亚科分类研究（半翅目：叶蝉科）. 杨凌：西北农业大学硕士学位论文：74.
孙智泰．2004. 甘肃叶蝉及所传病害 同翅目 叶蝉科．兰州：甘肃文化出版社：282.
王焯，周佩珍，于保文，姜秀英，张承安．1984. 枣疯病媒介昆虫——中华拟菱纹叶蝉生物学和防治的研究．植物保护学报，11 (4): 247-252.
王瀚强，刘宪伟．2018. 螽斯总科 Tettigonioide. 见：廉振民．秦岭昆虫志 低等昆虫及直翅类．西安：世界图书出版公司：547.
王锦，刘奇志．2020. 我国梨园发现苏嘎梨喀木虱为害．植物保护，46 (4): 291-295.
王思政，黄桔．1989. 中国蜡蝉总科新属新种记述（二）（同翅目：蜡蝉总科）. 华北农学报，1989（增刊）: 127-132.
萧采瑜．1962. 我国北部常见苜蓿盲蝽属种类初记（半翅目，盲蝽科）. 昆虫学报，11 (Sl): 80-89.
萧采瑜．1976. 中国猎蝽亚科简记（半翅目：猎蝽科）. 昆虫学报，19 (1): 77-93.
萧采瑜，等．1977. 中国蝽类昆虫鉴定手册（半翅目 异翅亚目）第一册．北京：科学出版社：330, +52 图版．

谢映平 . 1994. 朴平刺巢沫蝉生物学特性的研究 . 林业科学 , 30 (5): 445-450.
徐翩 , 梁爱萍 . 2012. 齿茎马颖蜡蝉的再研究 (半翅目 : 蜡蝉总科 : 颖蜡蝉科). 四川动物 , 31 (1): 102-103.
许兵红 , 郑乐怡 . 2002. 植盲蝽属九新种记述 (半翅目 : 盲蝽科). 动物分类学报 , 27 (2): 189-204.
严冰珍 . 2006. 中国钩翅褐蛉亚科、绿褐蛉亚科和益蛉亚科 (脉翅目 : 褐蛉科) 的分类研究 . 北京 : 中国农业大学硕士学位论文 : 151.
杨集昆 . 1964. 中国脉线蛉属记述 (脉翅目 : 褐蛉科). 动物分类学报 , 1 (1): 261-280.
杨集昆 . 1974. 粉蛉记 (二) 粉蛉属 *Conwentzia* Enderlein (脉翅目 : 粉蛉科). 昆虫学报 , 17 (1): 83-91.
杨集昆 . 1987. 脉翅目 . 见 : 章士美 . 西藏农业病虫及杂草 (一). 拉萨 : 西藏人民出版社 : 463.
杨集昆 . 1997. 同翅目 : 扁叶蝉科 . 见 : 杨星科 . 长江三峡库区昆虫 , 上册 . 重庆 : 重庆出版社 : 974.
杨集昆 , 李法圣 . 1980. 黑尾大叶蝉考订—— 凹大叶蝉属 22 新种记述 . 昆虫分类学报 , 2 (3): 191-210.
杨集昆 , 李法圣 . 1985. 毛个木虱属的修订及五新种 (同翅目 : 木虱科). 昆虫分类学报 , 7 (4): 301-312.
杨丽元 . 2014. 中国及周边国家广头叶蝉亚科分类研究 (半翅目 : 叶蝉科). 杨凌 : 西北农林科技大学硕士学位论文 : 118.
杨玲环 . 2001. 中国横脊叶蝉系统分类 . 杨凌 : 西北农林科技大学博士学位论文 : 98, +98 图版 .
印象初 , 夏凯龄 , 等 . 2003. 中国动物志 昆虫纲 第 32 卷 直翅目 蝗总科 槌角蝗科 剑角蝗科 . 北京 : 科学出版社 : 264.
于晓飞 , 孟泽洪 , 杨茂发 , 周玉锋 , 韩畅 , 邹晓 . 2015. 贵州及南方其他部分省区茶树小绿叶蝉种类调查与考订 . 应用昆虫学报 , 52 (5): 1277-1287.
虞国跃 . 2015. 北京蛾类图谱 . 北京 : 科学出版社 : 478.
虞国跃 . 2017. 我的家园 , 昆虫图记 . 北京 : 电子工业出版社 : 423.
虞国跃 . 2019 北京访花昆虫图谱 . 北京 : 电子工业出版社 : 357 .
虞国跃 . 2020. 北京甲虫生态图谱 . 北京 : 科学出版社 :417.
虞国跃 , 王合 , 冯术快 . 2016. 王家园昆虫 : 一个北京乡村的 1062 种昆虫图集 . 北京 : 科学出版社 : 544.
虞国跃 , 王合 . 2018. 北京林业昆虫图谱 (I). 北京 : 科学出版社 : 390.
虞国跃 , 王合 . 2019. 北京蚜虫生态图谱 . 北京 : 科学出版社 : 266.
袁锋 . 1988. 中国耳角蝉属的分类研究 (同翅目 : 角蝉科). 昆虫分类学报 , 10 (3/4): 255-267.

袁锋, 田润刚, 徐秋园. 1997. A new genus and four new species of Membracidae (Homoptera) from China. 昆虫分类学报, 19 (3): 31-36.
袁锋, 周尧. 2002. 中国动物志 昆虫纲 第28卷 同翅目 角蝉总科 犁胸蝉科 角蝉科. 北京: 科学出版社: 580.
张斌. 2014. 内蒙古叶蝉. 赤峰: 内蒙古科学技术出版社: 227.
张君明, 虞国跃. 2020. 葡萄上二种常见叶蝉的识别. 中外葡萄与葡萄酒, 2020 (5): 35-37.
张莉, 苏生, 李帅, 孟泽洪, 周玉锋. 2017. 危害贵州黑麦草与豆禾混播人工草地的叶蝉种类及发生动态. 贵州农业科学, 45 (2): 74-76.
张旭. 2010. 中国叶盲蝽亚科的系统学研究(半翅目: 异翅亚目: 盲蝽科). 天津: 南开大学博士学位论文: 341, + 图版.
张雅林. 1990. 中国叶蝉分类研究(同翅目: 叶蝉科). 杨凌: 天则出版社: 218.
张雅林, 吕林, 戴武, 等. 2017. 叶蝉科 Cicadellidae. 见: 张雅林. 秦岭昆虫志 半翅目 同翅亚目. 西安: 世界图书出版公司: 891, +95 图版.
张雅林, 张文珠, 陈波. 1997. 河南伏牛山缘脊叶蝉亚科种类记述(同翅目: 叶蝉科). 昆虫分类学报, 19 (4): 3-13.
张玉波, 蒋丽娜, 张斌. 2018. 片角叶蝉属中国三新记录种(半翅目: 叶蝉科: 片角叶蝉亚科). 曲阜师范大学学报(自然科学版), 44 (4): 63-66.
张志林, 李国军, 侯建利, 姜雄, 高爱军, 段立清. 2020. 远东龟铁甲的生活史和种群动态研究. 中国森林病虫, 39 (3): 13-15.
赵旸. 2016. 中国脉翅目褐蛉科的系统分类研究. 北京: 中国农业大学博士学位论文: 309.
郑乐怡. 1979. 松果长蝽属三新种(半翅目: 长蝽科). 昆虫分类学报, 1 (1): 60-66.
郑乐怡, 董建臻. 1995. 棘缘蝽属中国种类的修订(半翅目: 缘蝽科). 动物学研究, 16 (3): 199-206.
郑乐怡, 凌作培. 1989. 碧蝽属亚洲东部种类的修订(半翅目: 蝽科). 动物分类学报, 14 (3): 309-326.
郑乐怡, 吕楠, 刘国卿, 许兵红. 2004. 中国动物志 昆虫纲 第33卷 半翅目 盲蝽科 盲蝽亚科. 北京: 科学出版社: 785, +8 图版.
郑乐怡, 马成俊. 2004. 点盾盲蝽属中国种类记述(半翅目, 盲蝽科, 齿爪盲蝽亚科). 动物分类学报, 29 (3): 474-485.
郑乐怡, 袁士云. 1994. 全蝽属一新种(半翅目: 蝽科). 动物学研究, 15 (3): 1-4.
郑哲民. 1985. 云贵川陕宁地区的蝗虫. 北京: 科学出版社: 406.
周尧, 路进生, 黄桔, 王思政. 1985. 中国经济昆虫志 第36册 同翅目 蜡蝉总科. 北京: 科学出版社: 152.
周尧, 袁锋, 梁爱萍. 1992. 同翅目: 尖胸沫蝉科. 见: 陈世骧. 横断山区昆虫(第一册). 北京: 科学出版社: 865.
周志军, 张艳霞, 常岩林, 杨明茹. 2011. 暗褐蝈螽不同地理种群间的遗传分化. 遗传,

33 (1): 75-80.
邹环光，郑乐怡．1980. 中国古铜长蝽属记述（半翅目：长蝽科）. 动物分类学报，5 (4): 404-408.
Aspöck U, Aspöck H. 1994. Zur nomenklatur der mantispiden europas (Insecta: Neuroptera: Mantispidae). Annalen des Naturhistorischen Museums in Wien, 96B: 99-114.
Benediktov AA. 2014. The new data on distribution of the pygmy grasshopper *Tetrix tartara* s.l. (Orthoptera: Tetrigoidea: Tetrigidae) and its vibrational signals. Russian Entomological Journal, 23 (1): 1-4.
Bey-Bienko GJ. 1929. Studies on the dermaptera and orthoptera of manchuria. Konowia, 8: 97-110.
Bolívar I. 1887. Essai sur les Acridiens de la tribu des Tettigidae. Annales de la Société Entomologique de Belgique, 31: 175-313, pl. 4-5.
Boonsoong B, Braasch D. 2013. Heptageniidae (Insecta, Ephemeroptera) of Thailand. ZooKeys, 272: 61-93.
Burr M. 1905. Descriptions of five new Dermaptera. The Entomologist's Monthly Magazine, 41 (488-499): 84-86.
Cao Y, Yang MX, Lin SH, Zhang YL. 2018. Review of the leafhopper genus *Anufrievia* Dworakowska (Hemiptera: Cicadellidae: Typhlocybinae: Erythroneurini). Zootaxa, 4446 (2): 203-232.
Cascarón MC, Morrone JJ. 1995. Systematics, cladistics, and biogeography of the *Peirates collarti* and *P. lepturoides* species groups (Heteroptera, Reduviidae, Peiratinae). Entomologica Scandinavica, 26: 191-228.
Chen FY, Dai W, Zhang YL. 2015. Review of species of the *Scaphoideus albovittatus* group (Hemiptera, Cicadellidae, Deltocephalinae) from China, with a checklist and distribution summary for Chinese species in the genus. Zootaxa, 3904 (1): 334-358.
Cho GH, Burckhardt D, Inoue H, Luo XY, Lee SW. 2017. Systematics of the east Palaearctic pear psyllids (Hemiptera: Psylloidea) with particular focus on the Japanese and Korean fauna. Zootaxa, 4362 (1): 75-98.
Cho GH, Burckhardt D, Lee SH. 2017. On the taxonomy of Korean jumping plant-lice (Hemiptera: Psylloidea). Zootaxa, 4238 (4): 531-561.
Choe KR. 1981. Three new species of leafhoppers (Cicadellidae, Homoptera) from Korea. Korean Journal of Plant Protection, 20 (3): 151-154.
Dai RH, Li H. 2013. Notes on the leafhopper genus *Pediopsis* (Hemiptera: Cicadellidae: Macropsinae) with description of one new species from China. Florida Entomologist, 96 (3): 957-963.
Dai W, Viraktamath CA, Zhang Y. 2010. A review of the leafhopper genus *Hishimonoides*

Ishihara (Hemiptera: Cicadellidae: Deltocephalinae). Zoological Science, 27 (9): 77-781.

Duan Y, Zhang Y. 2012. Review of the grass feeding leafhopper genus *Paramesodes* Ishihara (Hemiptera: Cicadellidae: Deltocephalinae: Deltocephalini) from China. Zootaxa, 3151 (1): 53-62.

Duwal RK, Jung S, Lee S. 2010. Review of the genus *Plagiognathus* Fieber (Heteroptera: Miridae: Phylinae) from Korea. Journal of Asia Pacific Entomology, 13 (4): 325-331.

Duwal RK, Lee S. 2015. Additional descriptions of the plant bug genus *Psallus* from the Korean Peninsula (Hemiptera: Heteroptera: Miridae: Phylinae). Zootaxa, 3926 (4): 585-594.

Duwal RK, Lee SH. 2012. A new genus, three new species, and new records of plant bugs from Korea (Hemiptera: Heteroptera: Miridae: Phylinae: Phylini). Zootaxa, 3049: 47-58.

Duwal RK, Yasunaga T, Jung S, Lee S. 2012. The plant bug genus *Psallus* (Heteroptera: Miridae) in the Korean Peninsula with descriptions of three new species. European Journal of Entomology, 109: 603-632.

Evdokarova TG, Vierbergen G. 2018. The first record of *Sericothrips kaszabi* Pelikan, 1984 (Thysanoptera, Thripidae) from Russia. Entomological Review, 98 (2): 192-196.

Fennah RG. 1956. Fulgoroidea from southern China. Proceedings of the California Academy of Science, 28: 441-527.

Fu X, Zhang YL. 2015. Description of two new species and a new combination for the leafhopper genus *Reticuluma* (Hemiptera: Cicadellidae: Deltocephalinae: Penthimiini) from China. Zootaxa, 3931 (2): 253-260.

Funkhouser WD. 1918. Malayan membracidae. Journal of the Straits Branch of the Royal Asiatic Society, 79: 1-14.

Gao CQ, Kondorosy E, Bu WJ. 2013. A review of the genus *Arocatus* from Palaearctic and Oriental regions (Hemiptera: Heteroptera: Lygaeidae). Raffles Bulletin of Zoology, 61 (2): 687-704.

Gestro R. 1899. Nuove forme del gruppo delle *Platypria*. Annali del Museo Civico di Storia Naturale di Genova, 2 (40): 172-176.

Guglielmino A. 2005. Observations on the genus *Orientus* (Rhynchota Cicadomorpha Cicadellidae) and description of a new species: *O. amurensis* n. sp. from Russia (Amur Region and Maritime Territory) and China (Liaoning Province). Marburger Entomologische Publikationen, 3(3): 99-110.

Han CS, Jablonski PG. 2009. Female genitalia concealment promotes intimate male courtship in a water strider. PLoS ONE, 4 (6): 1-10.

Horváth G. 1903. Pentatomidae novae extraeuropaeae. Annales Musei Nationalis Hungarici, 1: 400-409.

Hossain MDS, Kwon JH, Suh SJ, Kwon YJ. 2019. Taxonomic revision of the microleafhopper genus *Naratettix* Matsumura (Homoptera: Cicadellidae: Typhlocybinae) from Korea. Zootaxa, 4657 (1): 148-158.

Ishikawa T, Cai WZ, Tomokuni M. 2005. A revision of the Japanese species of the subfamily Reduviinae (Insecta: Heteroptera: Reduviidae). Species Diversity, 10 (4): 269-288.

Jacobi A. 1943. Zur Kenntnis der Insekten von Mandschuko. 12. Beitrag. Eine Homopterenfaunula der Mandschurei (Homoptera: Fulgoroidea, Cercopoidea & Jassoidea). Arbeiten über morphologische und taxonomische Entomologie, 10: 21-31.

Jung SH, Duwal RK, Yasunaga T, Heiss E, Lee SH. 2010. A taxonomic review of the genus *Dryophilocoris* (Hemiptera Heteroptera Miridae Orthotylinae Orthotylini) in the Far East Asia with the description of a new species. Zootaxa, 2692: 51-60.

Kang JX, Zhang YL. 2015. Review of the genus *Sobrala* Dworakowska (Hemiptera Cicadellidae: Typhlocybinae: Alebrini) with description of four new species and a new record from China. Zootaxa, 3974 (2): 245-256.

Kanyukova EV. 2001. 35. Family Cydnidae, 196-199. In: Anufriev GA et al. Keys to the Insects of the Far East of the USSR. U.S. Depart of Agri, 2: 211.

Kerzhner IM. 2001. Family Miridae, 54-136. In: Anufriev GA et al. Keys to the Insects of the Far East of the USSR. U.S. Depart of Agri, 2: 1-211.

Kerzhner IM, Brailovsky H. 2003. On *Hygia opaca* (Uhler), *H. lativentris* (Motschulsky) and *H. obscura* (Dallas) (Heteroptera: Coreidae). Zoosystematica Rossica, 12 (1): 99-100.

Kim J, Jung S. 2016a. Taxonomic review of the genus *Harpocera* Curtis (Hemiptera: Heteroptera: Miridae: Phylinae) from the Korean Peninsula, with description of a new species and key to the Korean *Harpocera* species. Entomological Research, 46 (5): 306-313.

Kim J, Jung S. 2016b. First record of the genus *Pseudoloxops* Kirkaldy (Hemiptera: Heteroptera: Miridae: Orthotylinae) from the Korean Peninsula. Journal of Asia-Pacific Biodiversity, 9 (3): 399-401.

Kim J, Lee H, Jung SH. 2019. Three new records of the subfamily Mirinae (Hemiptera: Heteroptera: Miridae) from the Korean Peninsula. Journal of Asia-Pacific Biodiversity, 11: 255-258.

Kóbor P. 2018. *Geocoris margaretarum*: description of a new species from the oriental region with remarks on allied taxa (Heteroptera: Lygaeoidea: Geocoridae). The Raffles Bulletin of Zoology, 66: 580-586.

Komatsu T. 1997. A revision of the froghopper genus *Aphrophora* Germar (Homoptera, Cercopoidea, Aphrophoridae) from Japan, Parts 3. Japanese Journal of Entomology, 65: 502-514.

Krivokhatsky VA. 2011. Antlions (Neuroptera: Myrmeleontidae) of Russia. Saint Petersburg: KMK: 334 (In Russian) .

Kulik SA. 1965. New species of capsid-bugs (Heteroptera, Miridae) from East Siberia and from the Far East. Zoologicheskii Zhurnal, 44: 1497-1505. [In Russian]

Kuwayama S. 1908. Die psylliden Japans. I. Transaction of the Sapporo Natural History Society, 2: 149-189.

Kwon S, Oh SM, Jung SH. 2017. A new species and two new records of the leafhopper genus *Iassus* Fabricius (Hemiptera Auchenorrhyncha Cicadellidae) from Korea, with a key to the Korean Iassus species. Zootaxa, 4341 (1): 144-150.

Kwon YJ. 1985. Classification of the leafhopper pests of the subfamily Idiocerinae from Korea. Korean Journal of Entomology, 15 (1): 61-73.

Lethierry LF. 1876. Homopteres nouveaux d`Europe et des contrees voisines in Annales de la Societe entomologique de Belgique, 19: LXXVI-LXXXVIII.

Li D, Aspöck H, Aspöck U, Liu XY. 2018. A review of the beaded lacewings (Neuroptera: Berothidae) from China. Zootaxa, 4500 (2): 235-257.

Li F, Liu XY. 2009. Discovery in China of *Dorypteryx* Aaron (Psocoptera: Trogiomorpha: Psyllipsocidae), with one new species. Zootaxa, 1983: 63-65.

Li H, Dai RH, Li ZZ, Tishechkin DY. 2012. Taxonomic study of Chinese species of the genus *Macropsis* (Hemiptera: Cicadellidae: Macropsinae) new species, new records, synonymy and replacement name. Zootaxa, 3420: 41-62.

Li H, Tishechkin DY, Dai RH, Li ZZ. 2012. Colour polymorphism in a leafhopper species *Macropsis notata* (Prohaska, 1923) (Hemiptera: Cicadellidae: Macropsinae) with new synonyms. Zootaxa, 3351: 39-46.

Li XM, Liu GQ. 2014. A study on the genus *Compsidolon* Reuter, 1899 from China (Hemiptera: Heteroptera: Miridae: Phylinae), with descriptions of three new species. Zootaxa, 3784 (4): 469-483.

Li XM, Liu GQ. 2016. The genus *Tuponia* Reuter, 1875 of China (Hemiptera: Heteroptera: Miridae: Phylinae: Exaeretini) with descriptions of three new species. Zootaxa, 4114 (2): 101-122.

Liang AP. 1995. A new name for a homonym in *Jembrana* (Homoptera: Cercopoidea, Aphrophoridae). Proceedings of the Entomological Society of Washington, 97 (4): 887.

Liao CQ, Zhang ZL, Xu JS, Staines CL, Dai XH. 2018. Description of immature stages and biological notes of *Cassidispa relicta* Medvedev, 1957, a newly recorded species from China (Coleoptera, Chrysomelidae, Cassidinae, Hispini). ZooKeys, 780: 71-88.

Lin CS. 2004. Seven new species of Isometopinae (Hemiptera: Miridae) from Taiwan. Formosan Entomologist, 24: 317-326.

Lindskog P, Polhemus JT. 1992. Taxonomy of *Saldula* revised genus and species group definitions, and a new species of the pallipes group from Tunisia (Heteroptera: Saldidae).

Entomologica Scandinavica, 23 (1): 63-88.

Lis JA. 2000. A revision of the burrower-bug genus *Macroscytus* Fieber, 1860 (Hemiptera:Heteroptera: Cydnidae). Genus, 11 (3): 359-509.

Liu CX. 2013. Review of *Atlanticus* Scudder, 1894 (Orthoptera: Tettigoniidae: Tettigoniinae) from China, with description of 27 new species. Zootaxa, 3647 (1): 1-42.

Liu GQ, Zheng LY. 1999. New species on the *Zanchius* Distant from China (Hemiptera: Miridae). Acta Zootaxonomica Sinica, 24 (4): 388-392.

Long JK, Yang L, Chen XS. 2015. A review of Chinese tribe Achilini (Hemiptera: Fulgoromorpha: Achilidae), with descriptions of *Paracatonidia webbeda* gen. & sp. nov. Zootaxa, 4052 (2): 180-186.

Luo XY, Li FS, Ma YF, Cai WZ. 2012. A revision of Chinese pear psyllids (Hemiptera: Psylloidea) associated with *Pyrus ussuriensis*. Zootaxa, 3489: 58-80.

Malzacher P. 1996. *Caenis nishinoae*, a new species of the family Caenidae from Japan (Insecta: Ephemeroptera). Stuttgarter Beitrage zur Naturkunde Serie A, 547: 1-5.

Matsumura S. 1902. Monographie der Jassinen Japans. Természetrajzi Füzetek Kiadja a Magyar Nemzeti Muzeum Budapest, 25: 353-404.

Matsumura S. 1911. Erster Beitrag zur Insecten-Fauna von Sachalin. Journal of the College of Agriculture, Tohoku Imperial University, Sapporo, 4 (1): 1-145.

Matsumura S. 1912. Die Acocephalinen and Bythoscopinen Japans. The Journal of the Agriculture, Tohoku Imperial University, Sapporo, 4 (7): 279-325.

Matsumura S. 1931. A revision of the Palaearctic and Oriental Typhlocybid-genera with descriptions of new species and new genera. Insecta Matsumurana, 6 (2): 55-91, pl. II-III.

Mirab-balou M, Hu QL, Feng JN, Chen XX. 2011. A new species of Sericothripinae from China (Thysanoptera: Thripidae), with two new synonyms and one new record. Zootaxa, 3009: 55-61.

Miyatake Y. 1964. A revision of the subfamily Psyllinae from Japan. II (Hemiptera: Psyllidae). Journal of Faculty of Agriculture, Kyushu University, 13 (1): 1-37.

Morrison WP. 1973. A revision of the Hecalinae (Homoptera) of the Oriental Region. Pacific Insects, 15 (3-4): 379-438.

Mukai H, Hironaka M, Baba N, Yanagi T, Inadomi K, Filippi L, Nomakuchi S. 2010. Maternalcare behaviour in *Adomerus variegatus* (Hemiptera: Cydnidae). Canadian Entomologist, 142 (1): 52-56.

Nakatani Y. 1996. Three new species of *Deraeocoris* Kirschbaum from Japan (Heteroptera, Miridae). Japanese Journal of Entomology, 64 (2): 289-299.

Namyatova AA, Konstantinov FV. 2009. Revision of the genus *Orthocephalus* Fieber, 1858 (Hemiptera: Heteroptera: Miridae: Orthotylinae). Zootaxa, 2316: 1-118.

Navás L. 1914. Neurópteros nuevos o poco conocidos (Tercera [III] serie). Memorias de la Real Academia de Ciencias y Artes de Barcelona, (3) 11: 193-215.

Oh MS, Duwal RK, Lee SH. 2020. Taxonomic review of genus *Sejanus* Distant (Heteroptera Miridae Phylinae) from Korea, with a new species. Journal of Asia-Pacific Entomology, 20: 196-203.

Oh MS, Lee SH. 2018. First record of the plant bug genus *Ulmica* Kerzhner (Heteroptera: Miridae: Orthotylinae) from Korea, with one new species. Journal of Asia-Pacific Entomology, 21: 1054-1058.

Oh MS, Yasunaga T, Duwal RK, Lee SH. 2018. Annotated checklist of the plant bug tribe Mirini (Heteroptera: Miridae: Mirinae) recorded on the Korean Peninsula, with descriptions of three new species. European Journal of Entomology, 115 (3): 467-492.

Oh SM, Choe KR, Jung S. 2015. Two new species of the genus *Arboridia* Zachvatkin (Hemiptera Auchenorrhyncha: Cicadellidae: Typhlocybinae) from Korea. Zootaxa, 3918 (3): 446-450.

Oh SM, Lim JO, Jung SH. 2016. A new species of the genus *Eurhadina* Haupt (Hemiptera: Auchenorrhyncha: Cicadellidae: Typhlocybinae) from Korea, with a key to Korean species. Zootaxa, 4103 (1): 68-70.

Oh SM, Pham HT, Jung SH. 2016. Taxonomic review of the genus *Tautoneura* Anufriev (Hemiptera: Auchenorrhyncha: Cicadellidae: Typhlocybinae) from Korea, with description of one new species. Zootaxa, 4169 (1): 194-200.

Poppius B. 1912. Neue Miriden aus dem Russischen Reiche. Öfversigt af Finska Vetenskapssocietetens Förhandlingar, 54A (29): 1-26.

Qin Y, Wang HQ, Liu XW, Li K. 2018. Divided the genus *Tachycines* Adelung (Orthoptera, Rhaphidophoridae: Aemodogryllinae: Aemodogryllini) from China. Zootaxa, 4374 (4): 451-475.

Qu L, Li H, Dai RH. 2014. Key to species of leafhopper genus *Drabescoides* Kwon & Lee (Hemiptera, Cicadellidae), with description of a new species from Southern China. Zootaxa, 3811 (3): 347-358.

Rahman MA, Kwon YJ, Suh SJ. 2012a. Two newly recorded genera and three new species of the tribe Cedusini (Hemiptera: Fulgoromorpha: Derbidae) from Korea. Zootaxa, 3261: 59-68.

Rahman MA, Kwon YJ, Suh SJ. 2012b. Sexual dimorphism documented in *Reptalus iguchii* (Matsumura) (Hemiptera: Fulgoromorpha: Cixiidae) with a description of males. Entomological Research, 42: 35-43.

Rakitov R. 2000. Nymphal biology and anointing behaviors of *Xestocephalus desertorum* (BERG) (Hemiptera: Cicadellidae), a leafhopper feeding on grass roots. Journal of the New York Entomological Society, 108 (1-2): 171-180.

Rédei D. 2018. A review of the species of the tribe Chorosomatini of China (Hemiptera Heteroptera Rhopalidae). Zootaxa, 4524 (3): 308-328.

Rédei D, Tsai JF. 2012. The assassin bug genus *Haematoloecha* in Taiwan, with notes on species occurring in the neighbouring areas (Hemiptera: Heteroptera: Reduviidae: Ectrichodiinae). Zootaxa, 3332 (1): 1-26.

Reuter OM. 1888. Hemiptera sinensia Enumeravit ac novas species descripsit. Revue d' Entomologie, 7: 63-69.

Sánchez JA, Lacasa A. 2008. Impact of the zoophytophagous plant bug *Nesidiocoris tenuis* (Heteroptera: Miridae) on tomato yield. Journal of Economic Entomology, 101 (6): 1864-1870.

Schmid F. 1965. Quelques Trichopteres de Chine II. Bonner Zoologische Beitrage, 16: 127-154.

Semenov AP. 1901. First Paleanarctic representative of the genus *Opisthocosmia* Dohrn. Revue Russe d' Entomologie, 1 (3): 98-100. (In Russian with Latin diagnosis)

Shi WF, Tong XL. 2014. The genus *Labiobaetis* (Ephemeroptera: Baetidae) in China, with description of a new species. Zootaxa, 3815 (3): 397-408.

Smithers CN. 1958. A new genus and species of domestic psocid (Psocoptera) from Southern Rhodesia. Journal of the Entomological Society of Southern Africa, 21 (1): 113-116.

Snyman LP, Sole CL, Ohl M. 2018. A revision of and keys to the genera of the Mantispinae of the Oriental and Palearctic regions (Neuroptera: Mantispidae). Zootaxa, 4450 (5): 501-549 .

Storozhenko SY. 2002. To the knowledge of the genus *Chorthippus* Fieber, 1852 and related genera (Orthoptera: Acrididae). Far Eastern Entomologist, 113: 1-16.

Storozhenko SY, Paik JC. 2009. The correct name of *Timomenus komarowi* (Semenov, 1901) (Dermaptera: Forficulidae, Opisthocosmiinae) with lectotypification. Far Eastern Entomologist, 199: 7-8.

Tishechkin DY. 2007. Review of *Neoaliturus* gr. *fenestratus* (Herrich-Schäffer, 1834) (Homoptera: Cicadellidae) of the fauna of Russia. Russian Entomological Journal, 16 (4): 415-424.

Togashi I. 1998. A new sawfly, *Nematus* (*Pteronidea*) *ulmicola* (Hymenoptera, Tenthredinidae) injurious to *Ulmus japonica* Sargent in Japan. Japanese Journal of Systematic Entomology, 4 (1): 21-24.

Tóth M, Orosz A, Rédei D. 2017. Another alien on the horizon? First European record of *Tautoneura polymitusa*, an East Asian leafhopper (Hemiptera: Auchenorryncha: Cicadellidae). Zootaxa, 4311 (1): 137-144.

Tsai JF, Rédei D. 2015. Redefinition of *Acanthosoma* and taxonomic corrections to its included species (Hemiptera: Heteroptera: Acanthosomatidae). Zootaxa, 3950 (1): 1-60.

Uvarov BP. 1924. Notes on the Orthoptera in the British Museum, 3. Some less known or new genera and species of subfamilies Tettigoniidae and Decticinae. Transactions of the Royal Entomological Society of London, 71 (3-4): 492-537.

Vinokurov NN. 2006. Species of the genus *Harpocera* Curt. from the Russian Far East (Heteroptera: Miridae). Zoosystematica Rossica, 15 (1): 83-85.

Viraktamath CA. 1979. Studies of the Iassinae (Homoptera: Cicadellidae) described by Dr. S. Matsumra. Oriental Insects, 13 (1-2): 93-105.

Walker F. 1858. Supplement to the list of the specimens of homopterous insects in the collection of the British Museum. London: Order of Trustees: 1-307.

Wang XL, Ao WG, Wang ZL, Wan X. 2012. Review of the genus *Gatzara* Navás, 1915 from China (Neuroptera: Myrmeleontidae). Zootaxa, 3408: 34-46.

Wei X, Xing J. 2019. Review of Chinese species of the genus *Nakaharanus* Ishihara (Hemiptera: Cicadellidae: Deltocephalinae), with description of a new species. Zootaxa, 4615 (1): 165-175.

Westwood JO. 1838. Natural history of the insects of China - A new edition with additional observations. London: Rob Havell: 96, +50 Pl.

Willemse C. 1925. Revision der Gattung *Oxya* Serville (Orthoptera, Subfam. Acridiodea, trib. Cyrtacanthacrinae). Tijdschrift voor Entomologie, 68: 1-60.

Wilson MR. 1983. A revision of the genus *Paramesodes* Ishihara (Homoptera, Auchenorrhyncha: Cicadellidae) with descriptions of eight new species. Insect Systematics & Evolution, 14 (1): 17-32.

Xing JC. 2017. New substitute name for *Sobara* Oman, 1949 and recognization on Chinese *Orientus* species (Hemiptera: Cicadellidae: Deltocephalinae). Zootaxa, 4353 (2): 399-400.

Xing JC, Li ZZ. 2011. New taxonomic status and new replacement name for *Macednus* Emeljanov, 1962 (Hemiptera: Cicadellidae: Deltocephalinae). Zootaxa, 3097: 53-56.

Xue QQ, Viraktamath CA, Zhang YL. 2017. Checklist to Chinese Idiocerine leafhoppers, key to genera and description of a new species of *Anidiocerus* (Hemiptera: Auchenorrhyncha: Cicadellidae). Entomologica Americana, 122 (3): 405-417.

Xue QQ, Zhang YL. 2014. First record of genus *Nabicerus* Kwon (Hemiptera: Cicadellidae: diocerinae) from China, with descriptions of two new species. Zootaxa, 3765 (4): 389-396.

Yamada K, Yasunaga T, Miyamoto S. 2010. A review of Japanese species of the genus *Montandoniola* (Hemiptera: Heteroptera: Anthocoridae). Zootaxa, 2530 (1): 19-28.

Yang LF, Morse JC. 2000. Leptoceridae (Trichoptera) of the People's Republic of China. Memoirs of the American Entomological Institute, 64: 1-309.

Yasunaga T. 1992. A revision of the plant bug genus *Lygocoris* Reuter from Japan: Part IV (Heteroptera, Miridae, *Lygus* complex). Japanese Journal of Entomology, 60:10-25.

Yasunaga T. 2000. The mirid subfamily Cylapinae (Heteroptera: Miridae), or fungal inhabiting plant bugs in Japan. Tijdschrift voor Entomologie, 143: 183-209.

Yasunaga T, Nakatani Y. 1998. The eastern Palearctic relatives of European *Deraeocoris olivaceus* (Fabricius) (Heteroptera: Miridae). Tijdschrift voor Entomologie, 140: 237-247.

Yi P, Yu P, Liu JY, Xu H, Liu XY. 2018. A DNA barcode reference library of Neuroptera (Insecta, Neuropterida) from Beijing. ZooKeys, 807: 127-147.

Zahniser JN, Dietrich CH. 2013. A review of the tribes of Deltocephalinae (Hemiptera: Auchenorrhyncha: Cicadellidae). European Journal of Taxonomy, 45: 1-211.

Zakhvatkin AA. 1945. A *Chunra* -like bythoscopid homoptera from East Siberia. Proceedings of the Royal Entomological Society of London (B), 14: 2-5.

Zeng LY, Liu GQ. 1998. Descriptive notes of nymphal stage of Malcidae and its bearing on systematics (Hemiptera: Heteroptera). Acta Zootaxonomica Sinica, 23 (2): 191-197.

Zhang JY, Song DX, Zhou KY. 2008. The complete mitochondrial genome of the bristletail *Pedetontus silvestrii* (Archaeognatha: Machilidae) and an examination of mitochondrial gene variability within four bristletails. Annals of the Entomological Society of America, 101 (6): 1131-1136.

Zhang W, Liu XY, Aspöck H, Aspöck U. 2014. Revision of Chinese Dilaridae (Insecta Neuroptera) (Part I) Species of the genus *Dilar* Rambur from Northern China. Zootaxa, 3753 (1): 10-24.

Zhang X, Liu GQ. 2009. Revision of the Pilophorine plant bug genus *Pherolepis* Kulik, 1968 (Hemiptera: Heteroptera: Miridae: Phylinae). Zootaxa, 2281: 1-20.

Zhang YL, Dai W. 2005. A taxonomic review of *Matsumurella* Ishihara (Hemiptera: Cicadellidae: Deltocephalinae) from China. Proceedings of the Entomological Society of Washington, 107 (1): 218-228.

Zhang YL, Dai W. 2006. A taxonomic study on the leafhopper genus *Scaphoidella* Vilbaste (Hemiptera: Cicadellidae: Deltocephalinae) from China. Zoological Science, 23 (10): 843-851.

Zhang YL, Duan YN. 2011. Review of the *Deltocephalus* group of leafhoppers (Hemiptera: Cicadellidae: Deltocephalinae) in China. Zootaxa, 2870: 1-47.

Zhang YL, Huang M. 2007. Taxonomic study of the leafhopper genus *Warodia* Dworakowska (Hemiptera: Cicadellidae: Typhlocybinae), with descriptions of six new species. Proceedings of the Entomological Society of Washington, 109 (4): 886-896.

Zhang YL, Lu L, Kwon YJ. 2013. Review of the leafhopper genus *Macrosteles* Fieber (Hemiptera: Cicadellidae: Deltocephalinae) from China. Zootaxa, 3700 (3): 361-392.

Zhang YL, Webb MD. 1996. A revised classification of the Asian and Pacific Selenocephaline leafhoppers (Homoptera: Cicadellidae). Bulletin of the Natural History Museum (Entomology), 65 (1): 1-103.

Zhao GY, Li H, Zhao P, Cai WZ. 2015. Comparative mitogenomics of the assassin bug genus Peirates (Hemiptera: Reduviidae: Peiratinae) reveal conserved mitochondrial genome organization of *P. atromaculatus*, *P. fulvescens* and *P. turpis*. PLoS ONE, 10 (2): 1-14.

Zhao Q, Rédei D, Bu WJ. 2013. A revision of the genus *Pinthaeus* (Hemiptera: Heteroptera: Pentatomidae). Zootaxa, 3636 (1): 59-84.

Zhao Y, Yan B, Liu Z. 2013. New species of *Neuronema* Mclachlan, 1869 from China (Neuroptera, Hemerobiidae). Zootaxa, 3710: 557-564.

Zhi Y, Yang L, Zhang P, Chen XS. 2018. Two new species of genus *Oecleopsis* Emeljanov from China, with descriptions of female genitalia of five species (Hemiptera, Fulgoromorpha, Cixiidae). ZooKeys, 768: 1-17.

Zhou CF, Zheng LY. 2003. Two synonyms and a new species of the genus *Ephemera* from China (Ephemeroptera: Ephemeridae). Acta Zootaxonomica Sinica, 28 (4): 665-668.

Zhu GP, Liu GQ, Lis JA. 2010. A study on the genus *Macroscytus* Fieber, 1860 from China (Hemiptera: Heteroptera: Cydnidae). Zootaxa, 2400: 1-15.

中文名索引

学名索引

（种或亚种的本名放在前面，属名在后。按字母顺序排列）

I

J

K

L

M

N

O

P

图 片 索 引

（图片下方数字为对应页码）

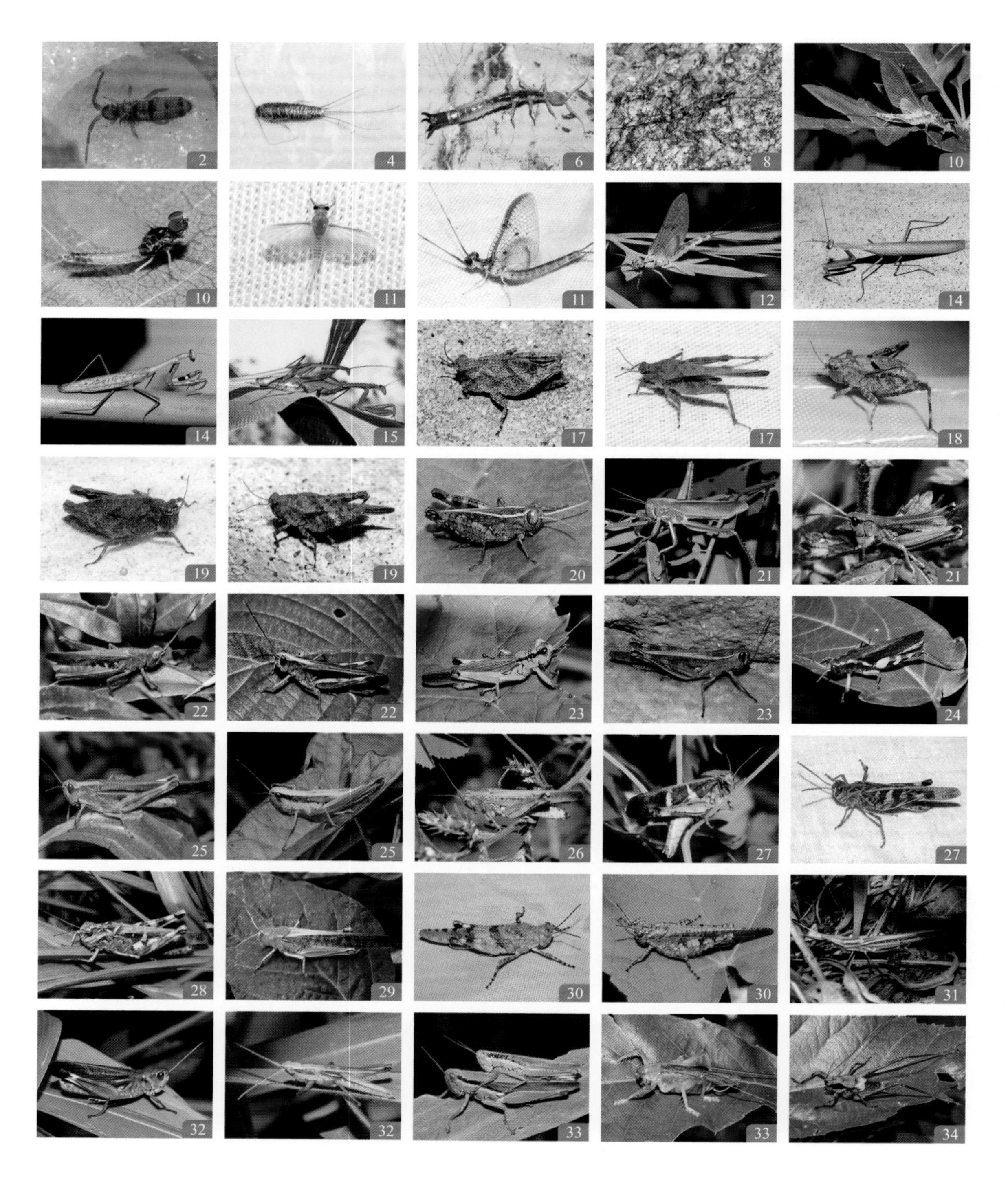

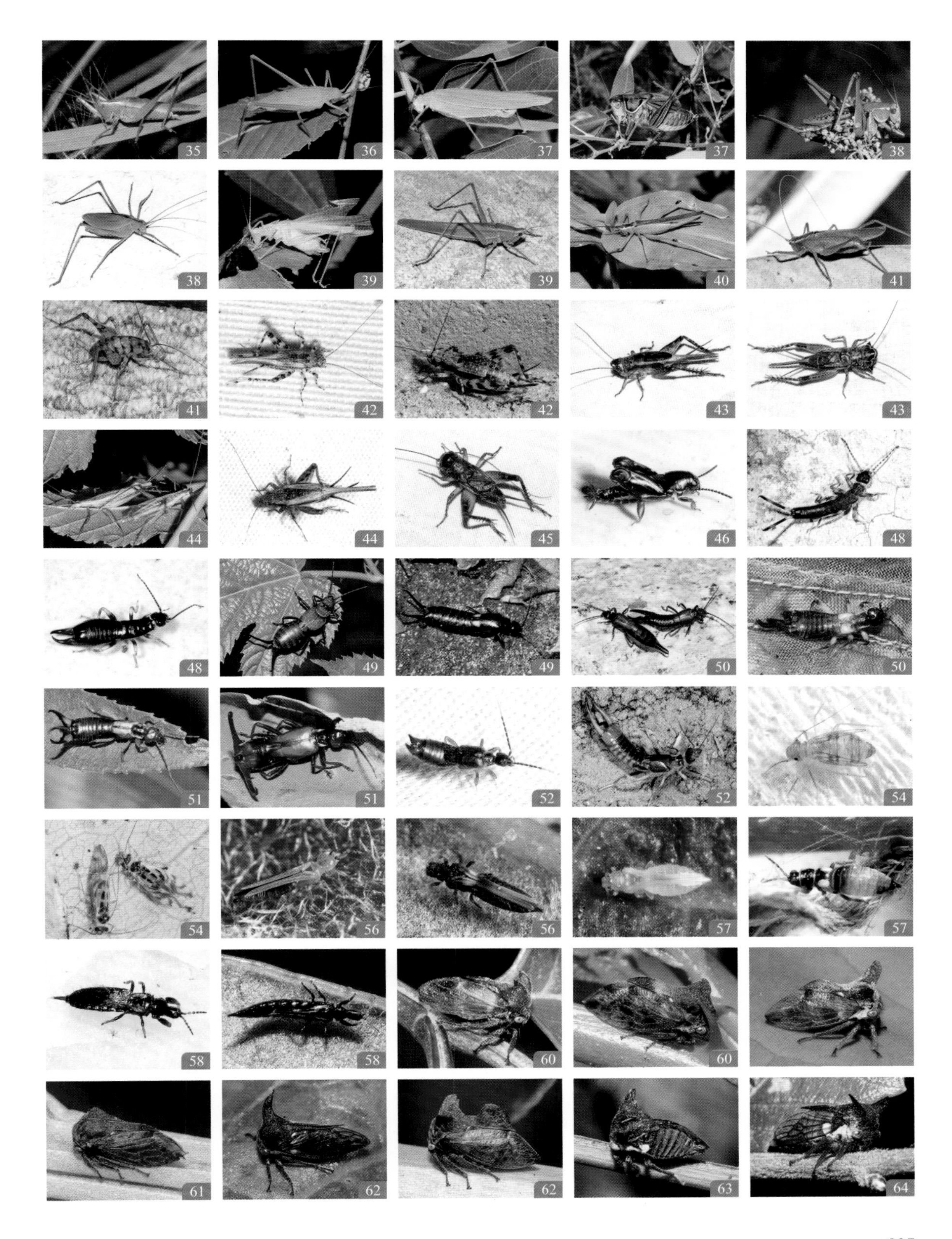
35
36
37
37
38
38
39
39
40
41
41
42
42
43
43
44
44
45
46
48
48
49
49
50
50
51
51
52
52
54
54
56
56
57
57
58
58
60
60
60
61
62
62
63
64

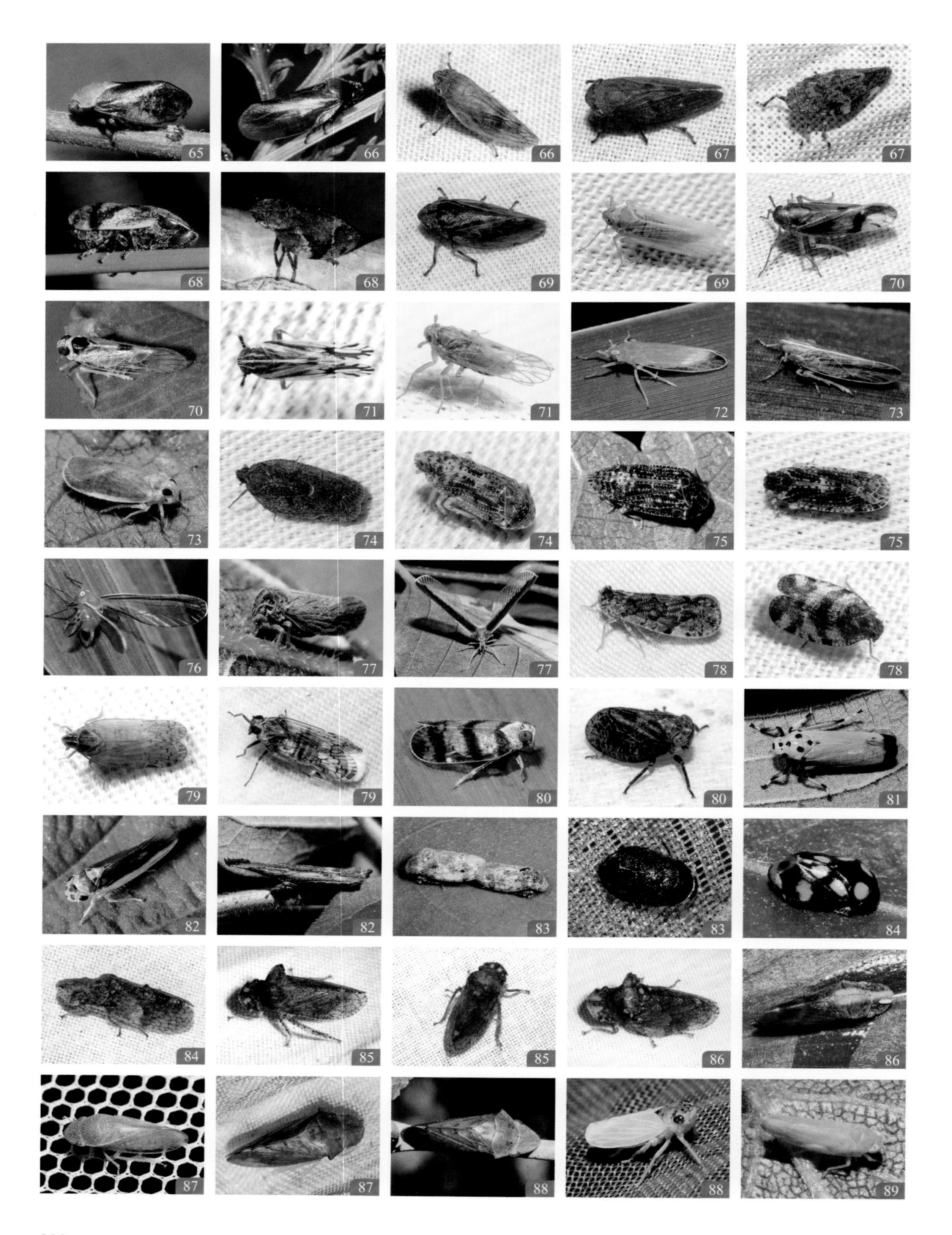
65
66
66
67
67
68
68
69
69
70
70
71
71
72
73
73
74
74
75
75
76
77
77
78
78
79
79
80
80
81
82
82
83
83
84
84
85
85
86
86
87
87
88
88
89

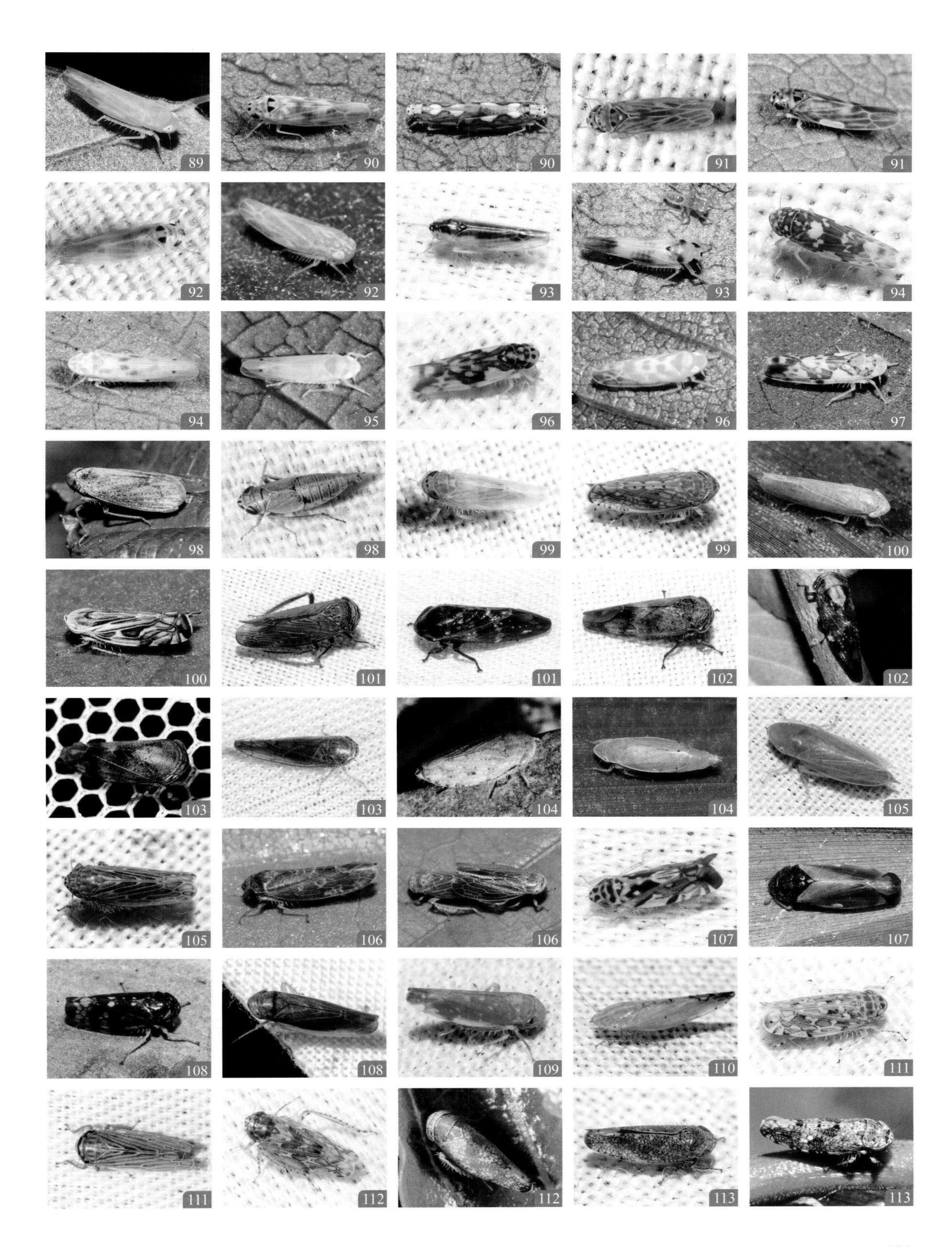
89
90
90
91
91
92
92
93
93
94
94
95
96
96
97
98
98
99
99
100
100
101
101
102
102
103
103
104
104
105
105
106
106
107
107
108
108
109
110
111
111
112
112
113
113

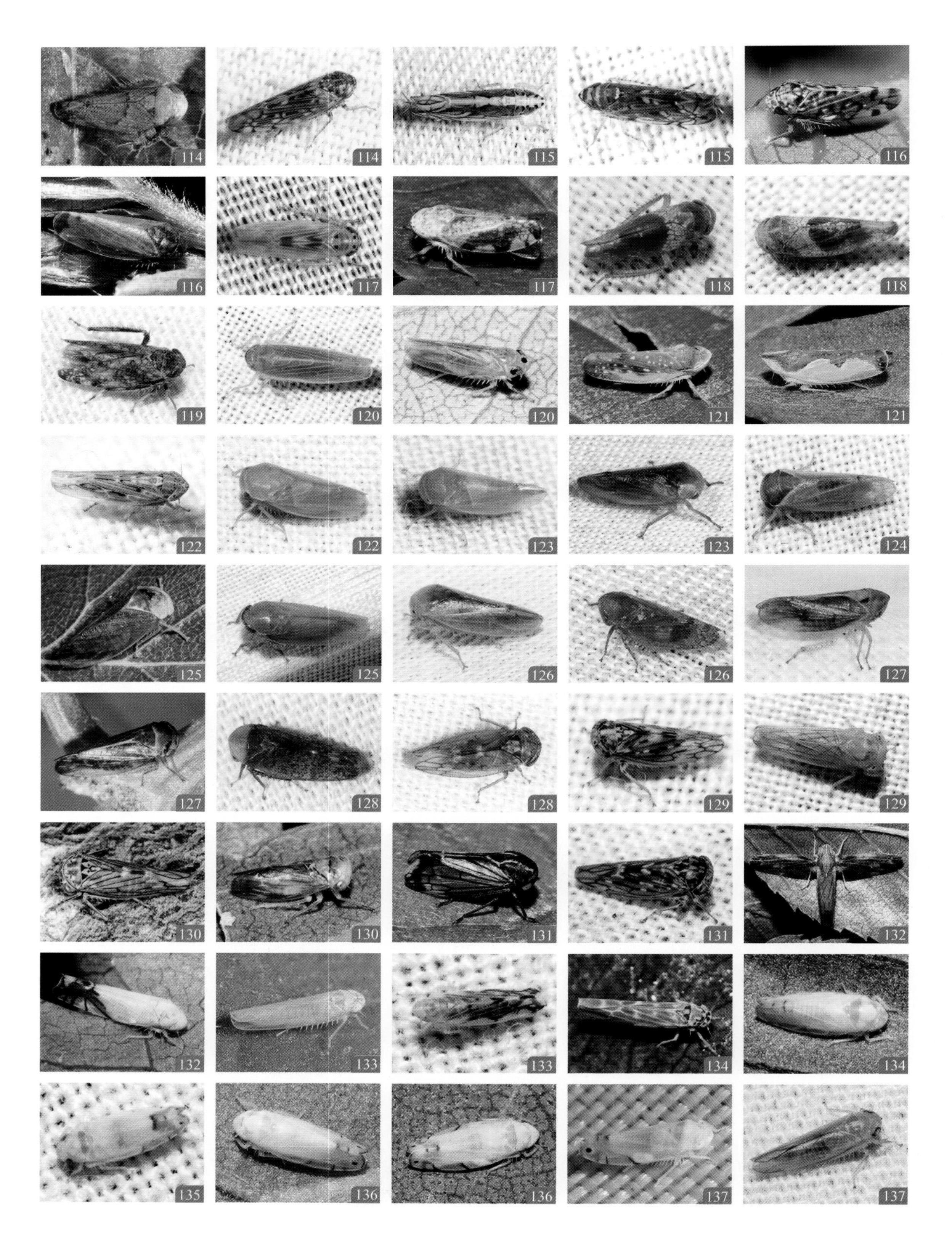

114
114
115
115
116
116
117
117
118
118
119
120
120
121
121
122
122
123
123
124
125
125
126
126
127
127
128
128
129
129
130
130
131
131
132
132
133
133
134
134
135
136
136
137
137

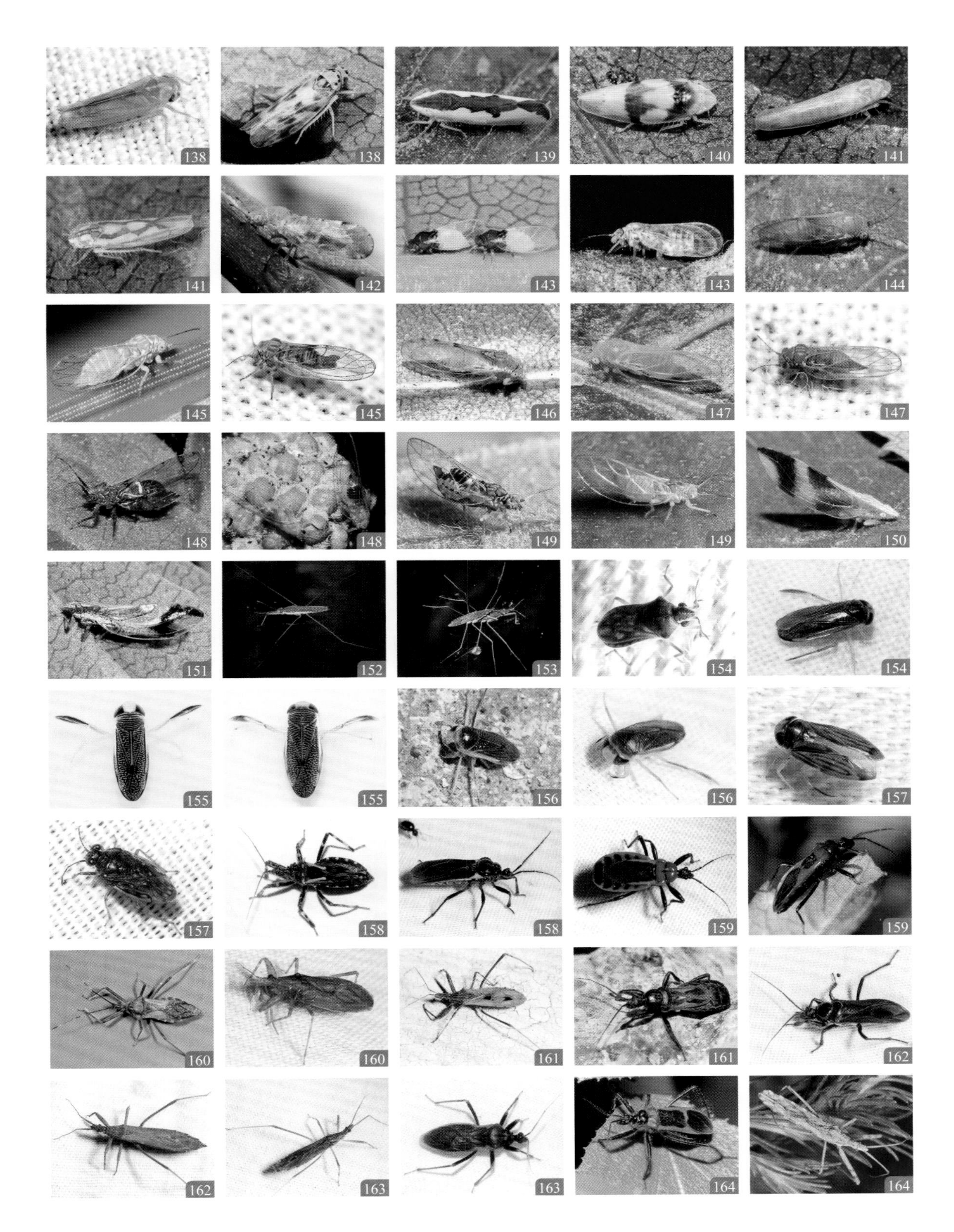
138
138
139
140
141
141
142
143
143
144
145
145
146
147
147
148
148
149
149
150
151
152
153
154
154
155
155
156
156
157
157
158
158
159
159
160
160
161
161
162
162
163
163
164
164

165
165
166
166
167
167
168
168
169
169
170
170
171
171
172
172
173
173
174
174
175
175
176
176
177
177
178
178
179
179
180
180
181
181
158
182
183
183
184
184
185
185
186
186
187

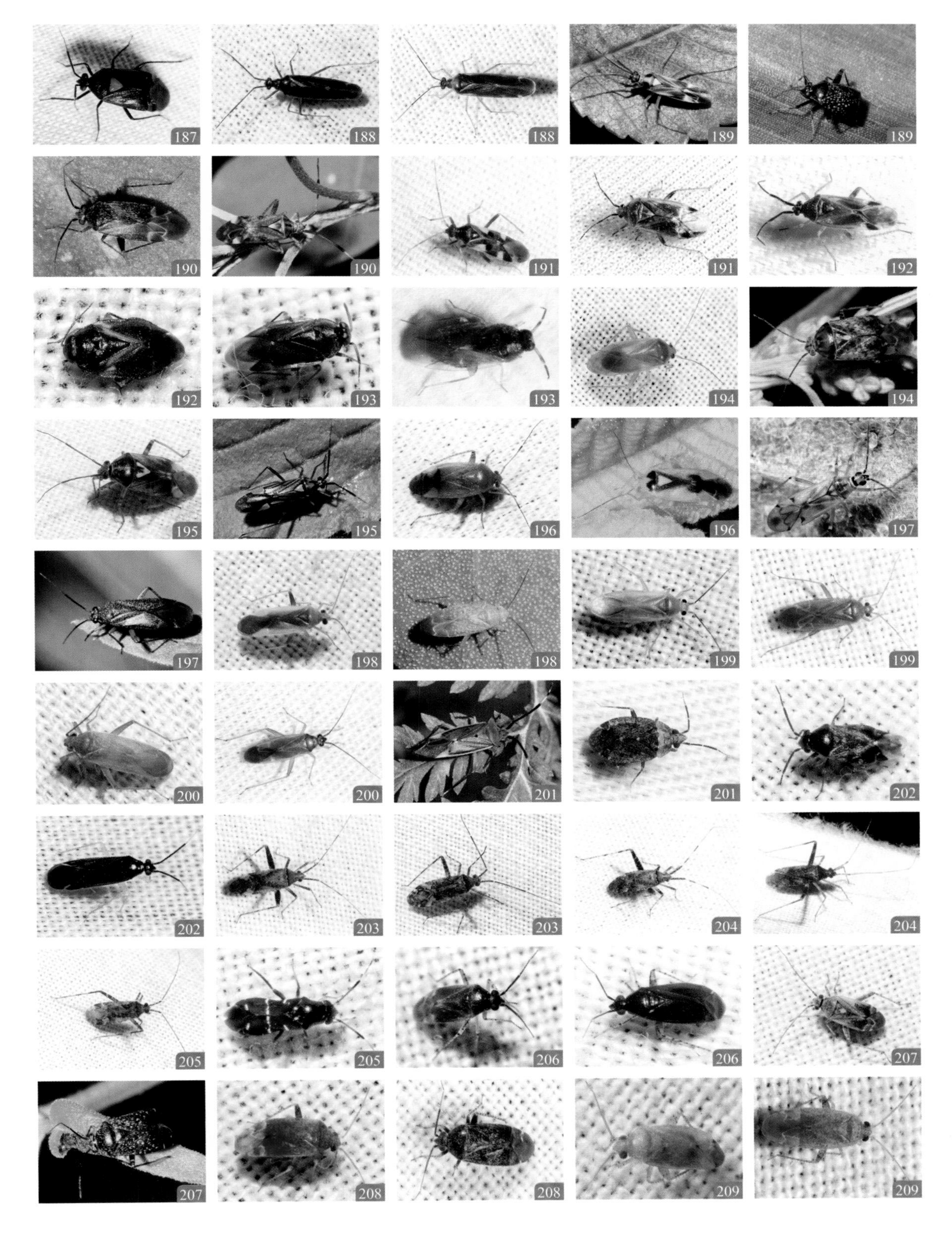
187
188
188
189
189
190
190
191
191
192
192
193
193
194
194
195
195
196
196
197
197
198
198
199
199
200
200
201
201
202
202
203
203
204
204
205
205
206
206
207
207
208
208
209
209

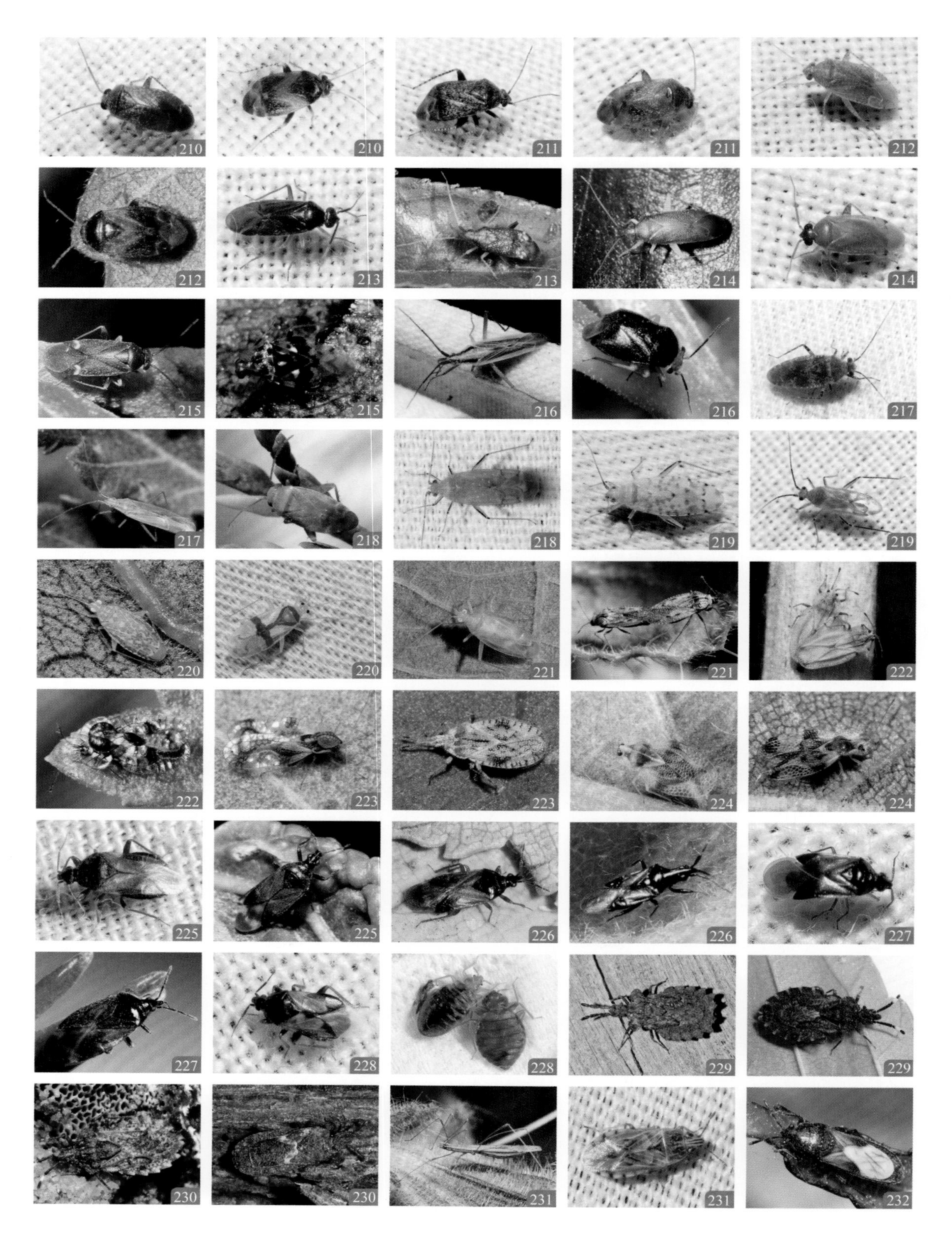
210 210 211 211 212
212 213 213 214 214
215 215 216 216 217
217 218 218 219 219
220 220 221 221 222
222 223 223 224 224
225 225 226 226 227
227 228 228 229 229
230 230 231 231 232

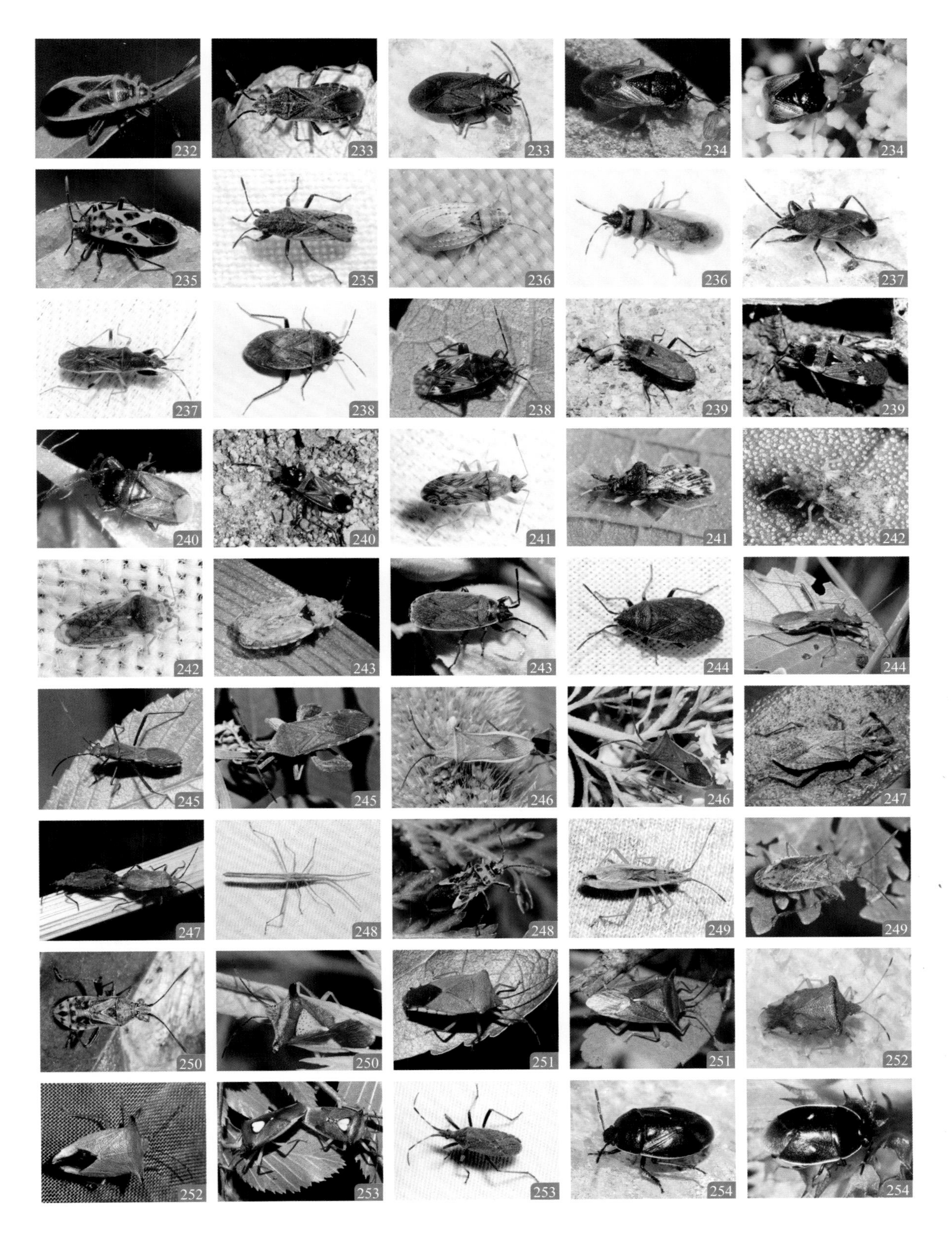
232
233
233
234
234
235
235
236
236
237
237
238
238
239
239
240
240
241
241
242
242
243
243
244
244
245
245
246
246
247
247
248
248
249
249
250
250
251
251
252
252
253
253
254
254

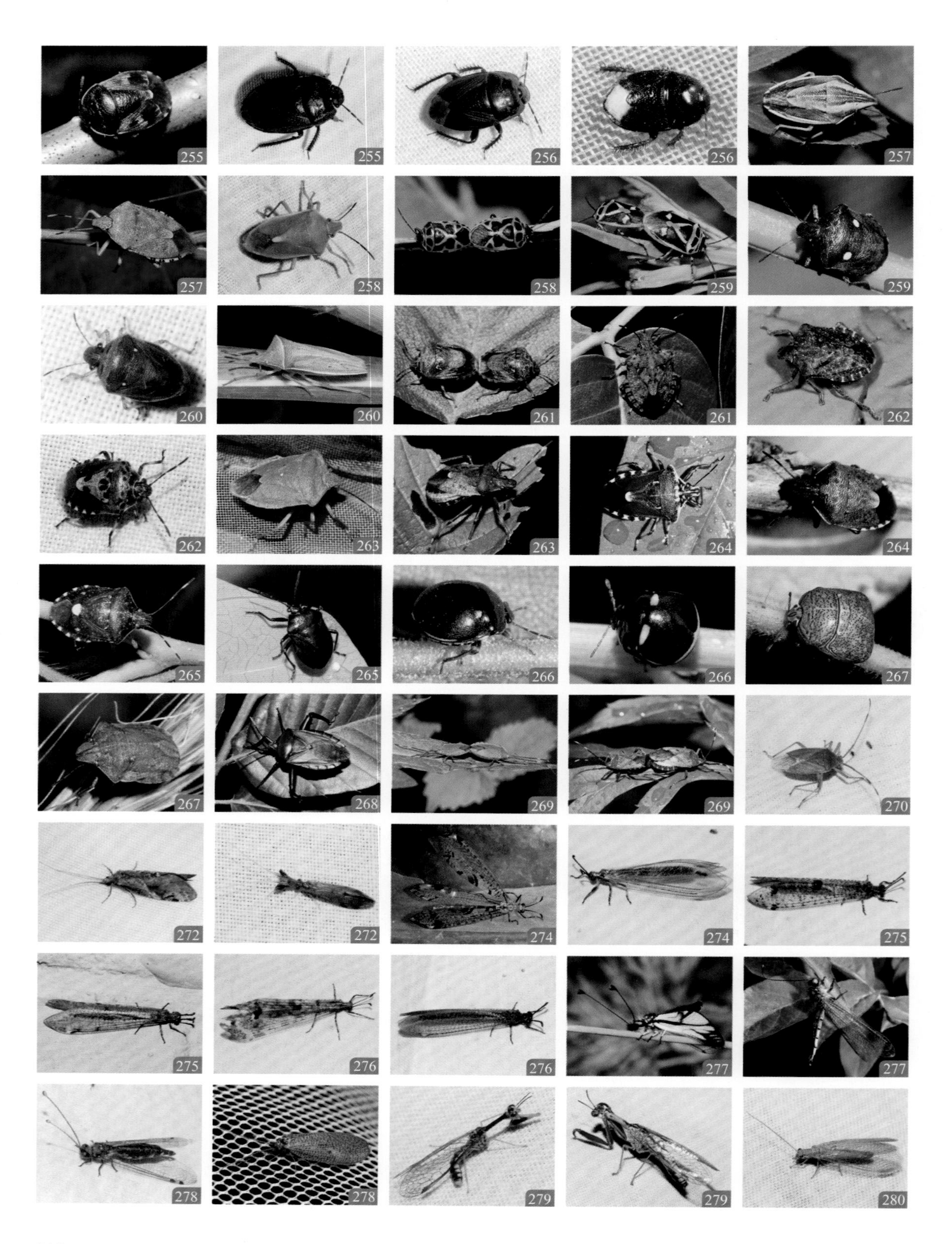
255
255
256
256
257
257
258
258
259
259
260
260
261
261
262
262
263
263
264
264
265
265
266
266
267
267
268
269
269
270
272
272
274
274
275
275
276
276
277
277
278
278
279
279
280

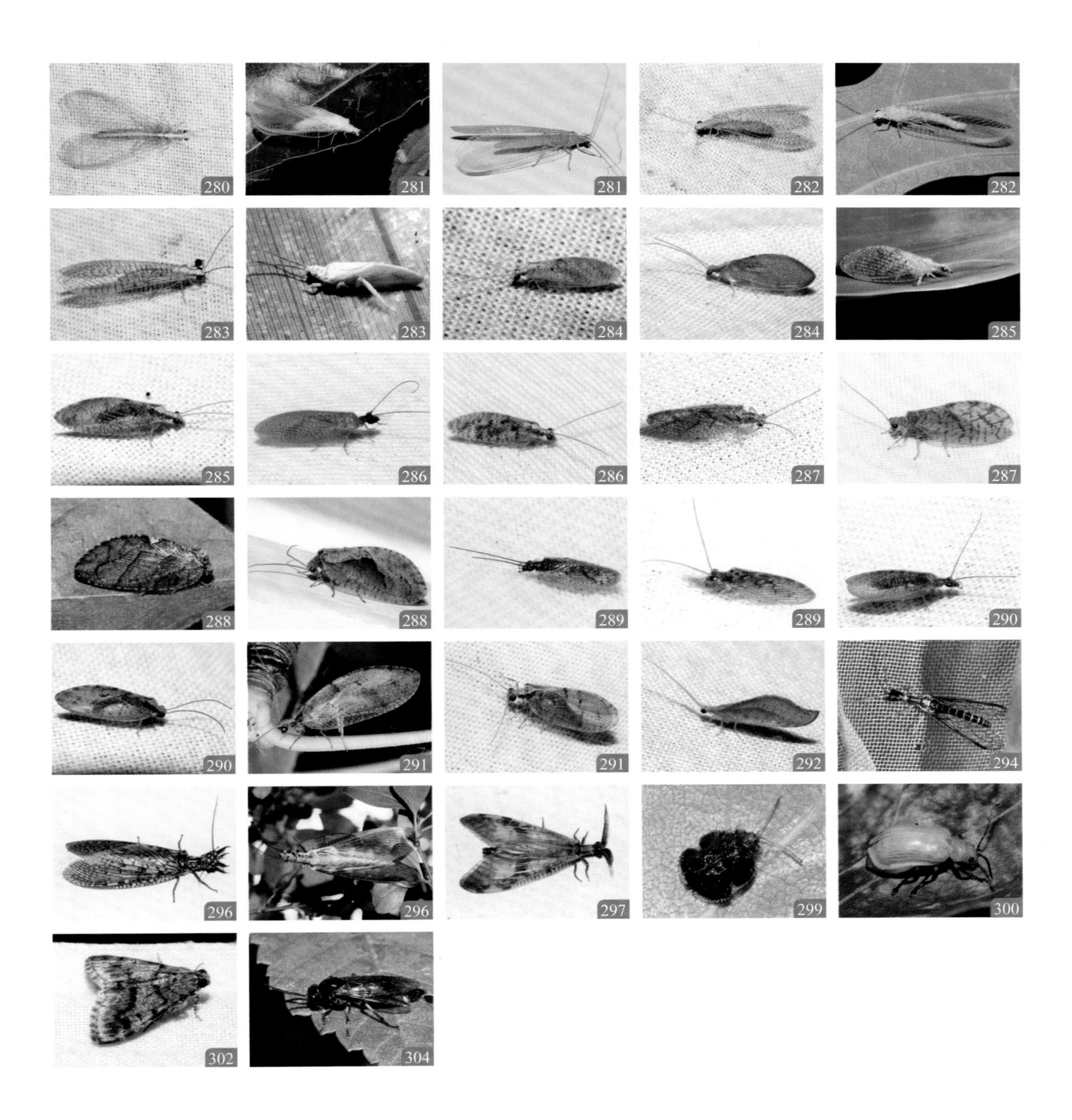
280
281
281
282
282
283
283
284
284
285
285
286
286
287
287
288
288
289
289
290
290
291
291
292
294
296
296
297
299
300
302
304